高等职业院校计算机教育规划教材

Gaodeng Zhiye Yuanxiao Jisuanji Jiaoyu Guihua Jiaocai

SQL Server 2005 实用教程

SQL Server 2005 SHIYONG JIAOCHENG

蒋文沛 主编　韦善周 梁凡 副主编

人 民 邮 电 出 版 社

北 京

图书在版编目（CIP）数据

SQL Server 2005实用教程 / 蒋文沛主编. —北京：人民邮电出版社，2009.6
高等职业院校计算机教育规划教材
ISBN 978-7-115-20626-8

Ⅰ. S… Ⅱ.蒋… Ⅲ.关系数据库—数据库管理系统，SQL Server 2005—高等学校：技术学校—教材 Ⅳ. TP311.138

中国版本图书馆CIP数据核字（2009）第048562号

内 容 提 要

本书介绍了 Microsoft SQL Server 2005 数据库应用系统各种功能的应用和开发技术。全书共 12 章，主要内容包括 SQL Server 2005 的安装和配置、SQL Server 2005 数据类型、数据库和表、数据库的查询、索引、视图、Transact-SQL 程序设计、存储过程、触发器、用户自定义函数与事务、SQL Server 2005 管理和数据库综合开发应用。

本书可作为高职高专院校计算机相关专业教材，也可作为各种数据库技术培训教材及数据库开发人员的参考书。

高等职业院校计算机教育规划教材

SQL Server 2005 实用教程

◆ 主　　编　蒋文沛
　副 主 编　韦善周　梁　凡
　责任编辑　潘春燕
　执行编辑　王　威

◆ 人民邮电出版社出版发行　　北京市崇文区夕照寺街 14 号
　邮编　100061　　电子函件　315@ptpress.com.cn
　网址　http://www.ptpress.com.cn
　三河市海波印务有限公司印刷

◆ 开本：787×1092　1/16
　印张：15.5
　字数：395 千字　　　　2009 年 6 月第 1 版
　印数：1 – 3 000 册　　2009 年 6 月河北第 1 次印刷

ISBN 978-7-115-20626-8/TP

定价：25.00 元

读者服务热线：(010)67170985　印装质量热线：(010)67129223
反盗版热线：(010)67171154

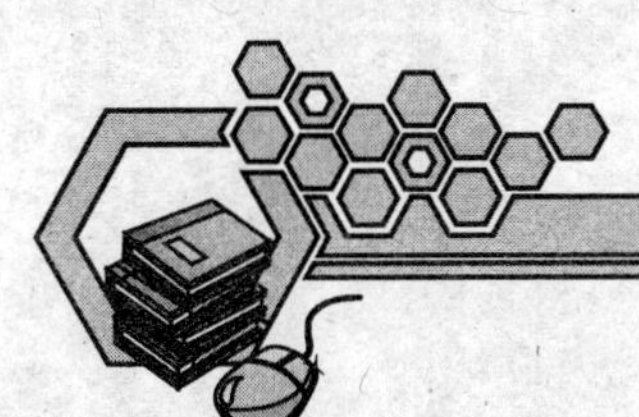

编者的话

数据库技术是计算机领域中最重要的技术之一，数据库技术的发展使得信息技术的应用从传统的计算方式转变到了现代化的数据管理方式。Microsoft SQL Server 因其良好的易用性和兼容性，以及对 Windows 环境全面的支持，已成为Windows平台下数据库系统的首选。Microsoft SQL Server 2005 版本作为Microsoft下一代的数据管理与商业智能平台，是 Microsoft 具有里程碑性质的企业级数据库产品。

《SQL Server 2000 实用教程》自 2005 年 9 月出版以来，受到了许多高职院校师生的欢迎。作者结合近几年的课程教学改革实践和广大读者的反馈意见，在保留原书特色的基础上，对教材进行了全面的修订，这次修订的主要工作如下。

- 将软件版本由 SQL Server 2000 升级为 SQL Server 2005。
- 根据实际教学情况，对章节分布、比例加以调整。
- 修订相关的习题、实训。
- 丰富教学辅助资源。

修订后的《SQL Server 2005 实用教程》主要讲述了 Microsoft SQL Server 2005 的各种功能的应用和开发，全书共 12 章，主要内容包括 SQL Server 2005 的安装和配置、SQL Server 2005 数据类型、数据库和表、数据库的查询、索引、视图、Transact-SQL 程序设计、存储过程、触发器、用户自定义函数与事务、SQL Server 2005 管理以及数据库综合开发应用。

本书各部分内容由一个数据库实例贯穿始终，前后衔接紧密，每一部分均先讲解理论知识，后分析实例，突出概念和应用，讲解由浅入深，强调数据库应用程序的开发技能，注重培养读者解决实际问题的能力，使读者能快速掌握 SQL Server 的基本操作。章后有课后习题，并配有上机实验指导，帮助读者巩固所学内容。

本书由蒋文沛组织编写并统稿，韦善周编写第 1 章、第 2 章，黄枢模编写第 3 章、第 10 章，梁凡编写第 4 章、第 5 章、第 6 章，农丹华编写第 7 章、第 8 章、第 9 章，万荣泽编写第 11 章、第 12 章。

由于时间仓促，编者水平有限，书中难免有不足之处，恳请广大读者不吝赐教并给予指正。

编　者

2009.3

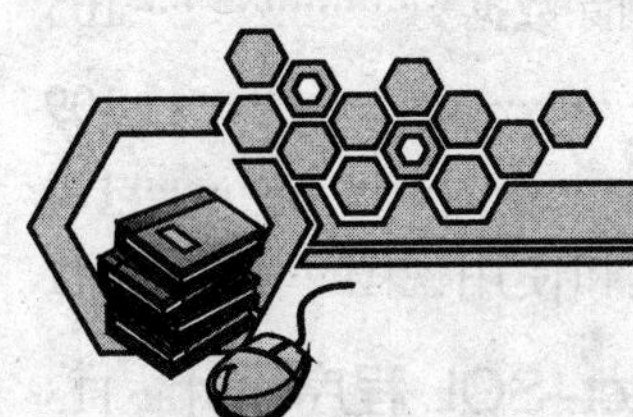

目　录

第1章 SQL Server 2005的安装和配置

本章首先介绍SQL Server 2005的发展历程，然后详细介绍SQL Server 2005的安装方法，并介绍SQL Server 2005的配置及描述被称作SQL Server Management Studio（SSMS）的组件，让读者对SQL Server 2005有初步的认识。

1.1 SQL Server 2005简介

SQL Server是由Microsoft公司开发和推广的高性能的C/S结构的关系数据库管理系统（DBMS），最初由Microsoft、Sybase和Ashton-Tate 3家公司共同开发，1988年推出第一个版本。1990年，Ashton-Tate公司退出开发，1992年，SQL Server被移植到Windows NT平台上，1994年两家公司分别开发，Microsoft公司专注于开发和推广SQL Server的Windows NT版本，而Sybase公司则专注于SQL Server在UNIX操作系统上的应用。

从1992年到1998年，Microsoft公司相继开发了SQL Server的Windows NT版本，包括运行于Windows NT 3.1的SQL Server 4.2、SQL Server 6.0、SQL Server 6.5和SQL Server 7.0。2000年Microsoft公司发行了SQL Server 2000，此款产品被Microsoft定义为企业级数据库系统，增加了XML支持、多实例支持等。

2005年Microsoft公司正式发行了SQL Server 2005，Microsoft称之为历时5年的重大变革，具有里程碑意义的产品。SQL Server 2005有助于企业数据的简化与分析应用的创建、部署和管理，并在解决方案的伸缩性、可用性和安全性方面实现重大改进。SQL Server 2005最大的飞跃是引入了.NET Framework。引入.NET Framework将允许构建.NET SQL Server专有对象，从而使SQL Server具有灵活的功能，正如包含Java的Oracle所拥有的那样。

SQL Server 2005分为5个新的版本：企业版（Enterprise Edition）、开发人员版（Developer

Edition)、标准版(Standard Edition)、工作组版(Workgroup Edition)、简易版(Express Edition)。

企业版:该版本是最全面的 SQL Server 版本,多作为生产数据库服务器使用。它的主要功能有高级数据库镜像、完全的联机和并行操作以及数据库快照、高级分析工具、完整的数据挖掘以及向外扩展的报表服务。

开发人员版:该版本使开发人员可以在 SQL Server 上生成任何类型的应用程序。它包括 SQL Server 2005 企业版的所有功能,但有许可限制,只能用于开发和测试系统,而不能作为生产服务器使用。SQL Server 2005 开发人员版是独立软件供应商(ISV)、咨询人员、系统集成商、解决方案供应商以及创建和测试应用程序的企业开发人员的理想选择,并可以根据生产需要升级至 SQL Server 2005 企业版。

标准版:该版本包括电子商务、数据仓库和业务流解决方案所需的基本功能,是需要全面的数据管理和分析平台的中小型企业的理想选择。

工作组版:该版本可以用作前端 Web 服务器,也可以用于部门或分支机构的运营。它包括 SQL Server 产品系列的核心数据库功能,并且可以轻松地升级至标准版或企业版,是理想的入门级数据库,并具有可靠、功能强大且易于管理的特点。对于那些需要在数据库的大小和用户数量上没有限制的小型企业,工作组版是理想的数据管理解决方案。

简易版:该版本是一个免费、易用且便于管理的数据库。简易版与 Microsoft Visual Studio 2005 集成在一起,可以轻松开发功能丰富、存储安全、可快速部署的数据驱动应用程序,是低端 ISV、低端服务器用户、创建 Web 应用程序的非专业开发人员以及创建客户端应用程序的编程爱好者的理想选择。

1.2 SQL Server 2005 的安装

1.2.1 软件需求

1. 网络软件要求

64 位版本的 SQL Server 2005 的网络软件要求与 32 位版本的要求相同。Windows Server 2003、Windows XP 和 Windows Server 2000 都具有内置网络软件。

SQL Server 2005 不支持 Banyan VINES 顺序包协议(SPP)、多协议、AppleTalk 和 NWLink IPX/SPX 网络协议。以前使用这些协议连接的客户端必须选择其他协议才能连接到 SQL Server 2005。

独立的命名实例和默认实例支持以下网络协议。

- Shared Memory。
- Named Pipes。
- TCP/IP。
- VIA。

在故障转移群集上不支持 Shared Memory。

2. Internet 要求

64 位版本的 SQL Server 2005 的 Internet 要求和 32 位版本的要求相同。SQL Server 2005 的 Internet 要求如表 1.1 所示。

表 1.1　Internet 要求

组　件	要　求
Internet 软件	所有 SQL Server 2005 的安装都需要 Microsoft Internet Explorer 6.0 SP1 或更高版本，因为 Microsoft 管理控制台（MMC）和 HTML 帮助需要它。只需 Internet Explorer 的最小安装即可满足要求，且不要求 Internet Explorer 是默认浏览器。 然而，如果只安装客户端组件且不需要连接到要求加密的服务器，则 Internet Explorer 4.01（带 Service Pack 2）即可满足要求
Internet 信息服务（IIS）	安装 Microsoft SQL Server 2005 Reporting Services（SSRS）需要 IIS 5.0 或更高版本。有关如何安装 IIS 的详细信息请查阅相关资料
ASP.NET 2.0	Reporting Services 需要 ASP.NET 2.0。安装 Reporting Services 时，如果尚未启用 ASP.NET，则 SQL Server 安装程序将启用 ASP.NET

3. 软件要求

SQL Server 安装程序需要 Microsoft Windows Installer 3.1 或更高版本以及 Microsoft 数据访问组件（MDAC）2.8 SP1 或更高版本。读者可以从 Microsoft 官方网站下载 MDAC 2.8 SP1。

SQL Server 安装程序安装该产品时所需的软件组件如下。

- Microsoft Windows .NET Framework 2.0。
- Microsoft SQL Server 本机客户端。
- Microsoft SQL Server 安装程序支持文件。

这些组件中的每一个都是分别安装的，安装所需组件之后，SQL Server 安装程序将验证要安装 SQL Server 的计算机是否也满足成功安装所需的所有其他要求。

安装 SQL Server 版本对操作系统的要求如表 1.2 所示。

表 1.2　SQL Server 版本对操作系统的要求

操 作 系 统	企业版	开发人员版	标准版	工作组版	简易版
Windows 2000	否	否	否	否	否
Windows 2000 Professional Edition SP4	否	是	是	是	是
Windows 2000 Server SP4	是	是	是	是	是
Windows 2000 Advanced Server SP4	是	是	是	是	是
Windows 2000 Datacenter Edition SP4	是	是	是	是	是
嵌入式 Windows XP	否	否	否	否	否
Windows XP Home Edition SP2	否	是	否	否	是
Windows XP Professional Edition SP2	否	是	是	是	是
Windows XP Media Edition SP2	否	是	是	是	是
Windows XP Tablet Edition SP2	否	是	是	是	是
Windows Server 2003 SP1	是	是	是	是	是

续表

操 作 系 统	企业版	开发人员版	标准版	工作组版	简易版
Windows Server 2003 Enterprise Edition SP1	是	是	是	是	是
Windows Server 2003 Datacenter Edition SP1	是	是	是	是	是
Windows Server 2003 Web Edition SP1	否	否	否	否	是
Windows Small Business Server 2003 Standard Edition SP1	是	是	是	是	是
Windows Small Business Server 2003 Premium Edition SP1	是	是	是	是	是

1.2.2 硬件需求

SQL Server 2005 图形工具需要 VGA 或更高分辨率，分辨率至少为 1024×768 像素。安装 SQL Server 2005 对硬件的要求为 Pentium III 兼容处理器或更高速度的处理器，主频最低为 600 MHz（建议 1 GHz 或更高），内存最小为 512 MB（建议 1 GB 或更大）。在安装 SQL Server 2005 的过程中，Windows 安装程序会在系统驱动器中创建临时文件，建议系统驱动器中应具有 1.6GB 的可用磁盘空间来存储这些文件。

1.2.3 安装 SQL Server 2005

本节将介绍在 Windows XP Professional Edition SP2 操作系统下安装 32 位 SQL Server 2005 开发人员版的过程，事实上每一种版本的安装过程几乎一样。

首先，确认以管理员身份登录，从而能够在机器上创建文件和文件夹，这是成功安装所必需的。

（1）将 SQL Server 2005 开发人员版安装光盘放入光驱后，出现如图 1.1 所示的安装开始画面。选择“基于 x86 的操作系统”，出现如图 1.2 所示页面后，选择“服务器组件、工具、联机丛书和示例”，在出现的对话框中，选中“接受许可条款和条件”并单击“下一步”按钮。

图 1.1 安装开始

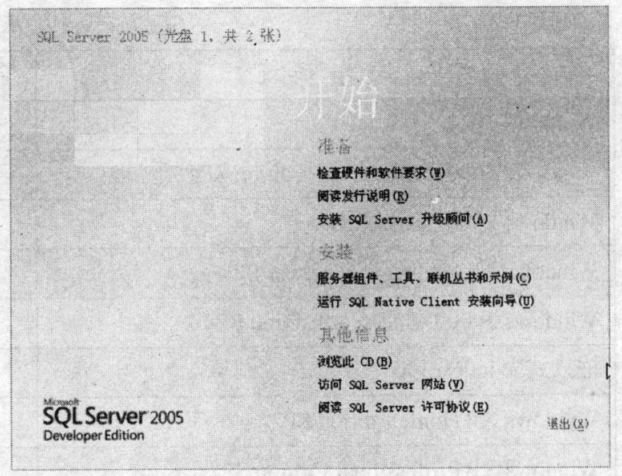

图 1.2 安装 SQL Server 2005 组件

（2）在出现的对话框中，单击“安装”按钮。在安装完所需组件后单击“下一步”按钮，出现如图 1.3 所示的“欢迎使用 Microsoft SQL Server 安装向导”窗口。

（3）单击“下一步”按钮，进入如图 1.4 所示的“系统配置检查”窗口，其主要作用是检查计算机是否满足硬件和软件要求，如不满足要求，可双击显示有红色警报“消息…”字样的消息栏，查看当前警报的主要内容。

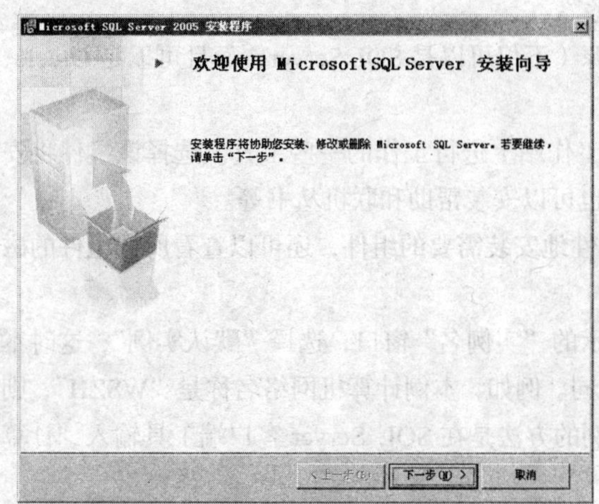

图 1.3　欢迎界面

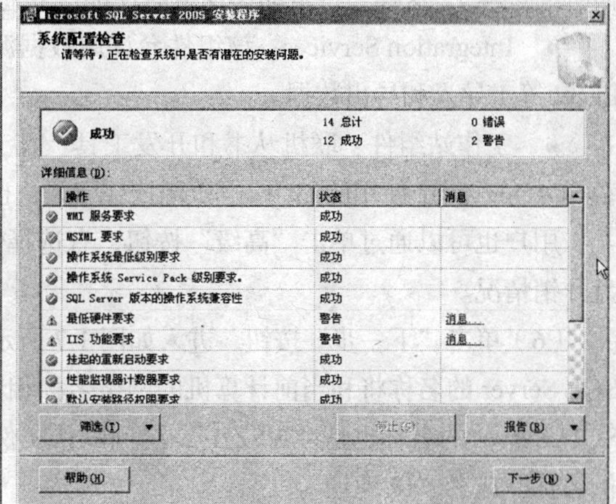

图 1.4　“系统配置检查”窗口

在本例中，消息提示服务器未安装 IIS 服务，未能满足 IIS 功能要求，可在不退出当前安装情况下，另外安装 IIS 组件服务。

（4）单击“下一步”按钮，进入如图 1.5 所示的“注册信息”窗口，输入注册姓名、公司名和产品密钥。

（5）单击“下一步”按钮，在如图 1.6 所示的“要安装的组件”窗口中，选择要安装的组件，此处选择安装所有的组件。下面简要说明一下图 1.6 中的每一个组件。

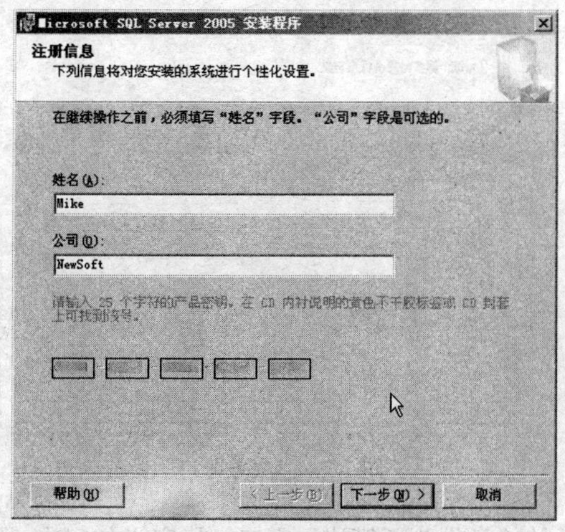

图 1.5　“注册信息”窗口

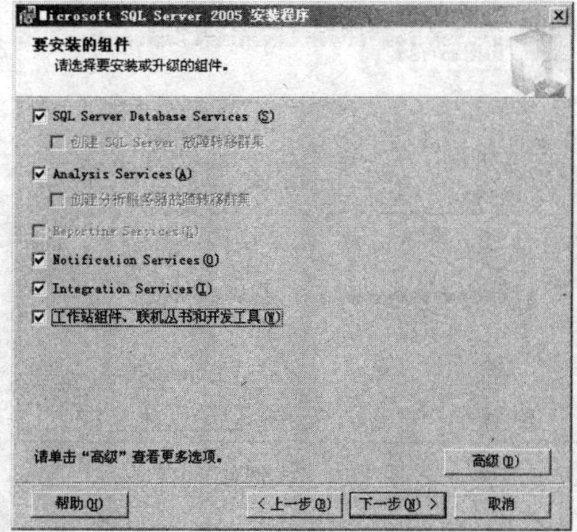

图 1.6　“要安装的组件”窗口

- SQL Server Database Services：这是 SQL Server 2005 的核心，其中包括安装 SQL Server 2005 运行所需的主要引擎、数据文件等。
- Analysis Services：通过使用该工具，可获取数据集并对数据切块、切片并分析其中所包含的信息。

● Reporting Services：该服务允许从 SQL Server 生成报表，而不必借助第三方工具，如水晶报表（Crystal Report）。

● Notification Services：该服务允许将通知（如消息）发送到目标区域（如 SMS 或任何在侦听的进程），这样当特定动作发生时便能“获悉”。

● Integration Services：该组件允许用数据源（不仅可以是 SQL Server，而且可以是 Oracle、Excel 等）导入和导出数据。

● 工作站组件、联机丛书和开发工具：在工作站上进行工作的一些工具。选择该组件将安装 SQL Server 中使用的 GUI（图形用户界面），也可以安装帮助和联机丛书等。

用户也可以通过单击“高级”按钮，有选择性地安装需要的组件，还可以查看所选组件的磁盘开销情况。

（6）单击“下一步”按钮，进入如图 1.7 所示的“实例名”窗口，选择“默认实例”，这时本 SQL Server 的名称将和当前计算机的网络名称相同。例如，本例计算机网络名称是“WSZH”，则 SQL Server 的名称也是“WSZH”，访问默认实例的方法是在 SQL Server 客户端工具输入“计算机名称”或者“IP 地址”。

SQL Server 2005 可以在同一台计算机上安装多个实例，即在一台计算机上多次安装 SQL Server，每一个安装称为一个实例，这时只需要选择“命名实例”，输入不同的实例名称即可。访问命名实例的方法是在 SQL Server 客户端工具输入“计算机名称/命名实例名称”或者“IP 地址”。

（7）单击“下一步”按钮，进入如图 1.8 所示的“服务账户”窗口，选择“使用内置系统账户/本地系统”。还可以定义当计算机启动时需要启动的服务，眼下保持界面中的默认值即可，因为以后可以通过“控制面板”里“管理工具”中的“服务”随时进行更改。

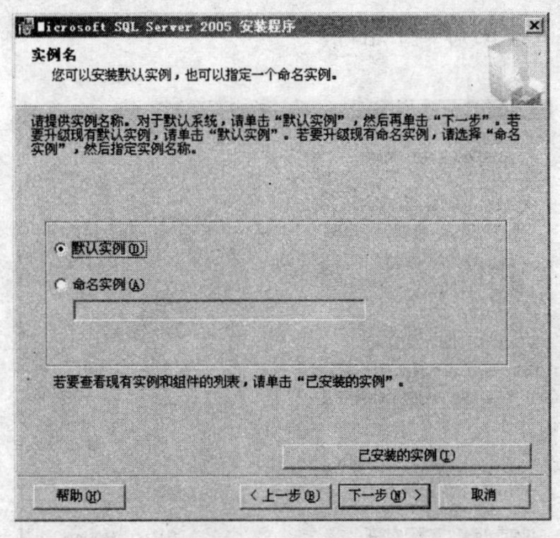

图 1.7 “实例名”窗口

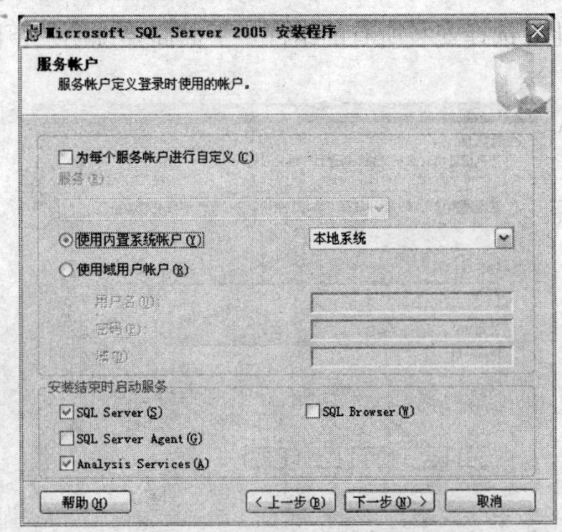

图 1.8 “服务账户”窗口

（8）单击“下一步”按钮，进入如图 1.9 所示的“身份验证模式”窗口，将定义如何在 SQL Server 2005 的安装中强制实施安全性。这里有两个选择，“Windows 身份验证模式”和“混合模式”。“Windows 身份验证模式”表明将使用 Windows 的安全机制维护 SQL Server 的登录；“混合模式”则使用 Windows 的安全机制或者使用 SQL Server 定义的登录 ID 和密码。“混合模式”需要为名为 sa 的特殊登录 ID 设置密码，必须为其输入一个有效的密码，建议使用有意义的、难以猜测的密码。关于这些，在后续章节将有更多介绍。

（9）单击“下一步”按钮，进入如图 1.10 所示的“排序规则设置”窗口，指明在 SQL Server 中如何对数据行进行排序和比较。例如，排序规则设置将告知 SQL Server 关于系统是否区分大小写等细节。如之前的设置步骤所示，可以为每一种 SQL 服务设置不同的排序规则，因此，在 Analysis Services 中使用的排序方法可以不同于主要的 SQL Server 安装所定义的排序规则。当在不止一种服务上进行这种处理时，会导致额外的处理复杂性，因而仅在特殊情况下才这样做。

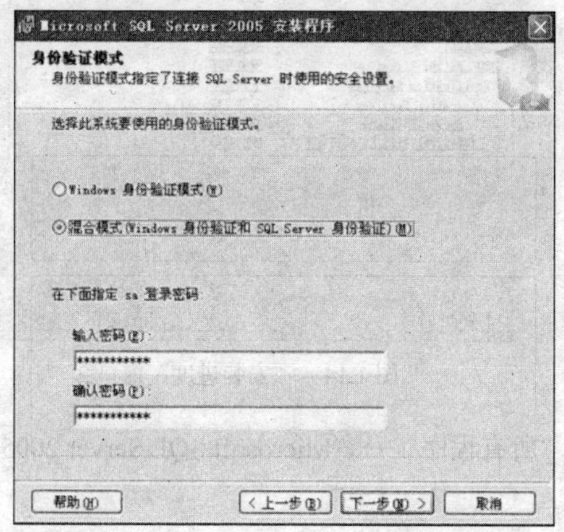

图 1.9　“身份验证模式”窗口

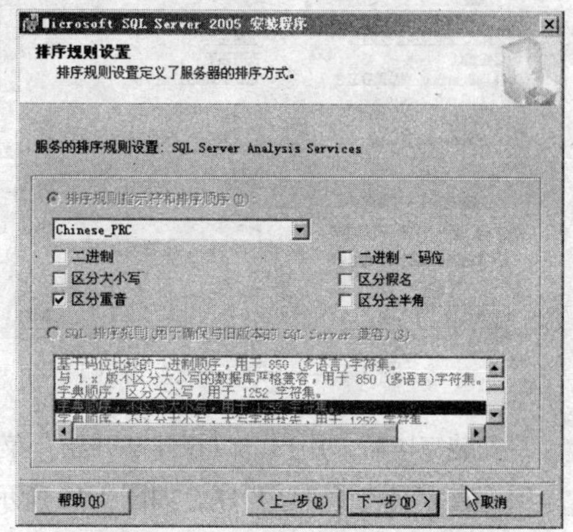

图 1.10　“排序规则设置”窗口

（10）单击“下一步”按钮，如果前面选择了安装 Reporting Services，将显示“报表服务器安装选项”窗口，否则将直接进入如图 1.11 所示的“错误和使用情况报告设置”窗口，可根据需要进行设置。

（11）单击“下一步”按钮，进入如图 1.12 所示的“准备安装”窗口，可以从列表框中查看要安装的 SQL Server 功能和组件的摘要。

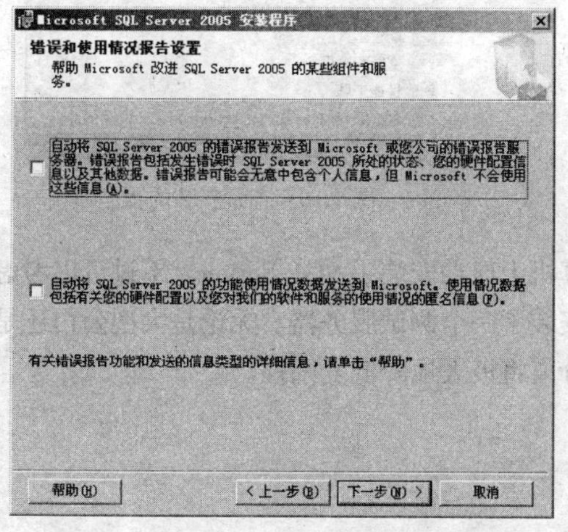

图 1.11　“错误和使用情况报告设置”窗口

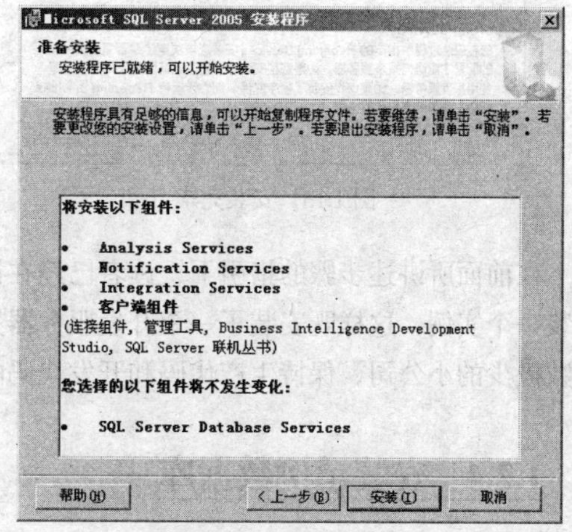

图 1.12　“准备安装”窗口

（12）单击“安装”按钮，进入如图 1.13 所示的“安装进度”窗口，通过它可以在安装过程中监视安装进度，在安装成功前可能会有很长的一段等待时间，在此期间不要对其进行任何操作。

（13）当出现如图 1.14 所示的“安装进度”窗口时，表示组件安装完成，单击“下一步”按钮，进入如图 1.15 所示的“完成 Microsoft SQL Server 2005 安装”窗口，单击“完成”按钮退出

SQL Server 安装向导。当屏幕出现要求重新启动计算机的指示时，单击“确定”按钮退出并重新启动计算机以完成 SQL Server 的安装。

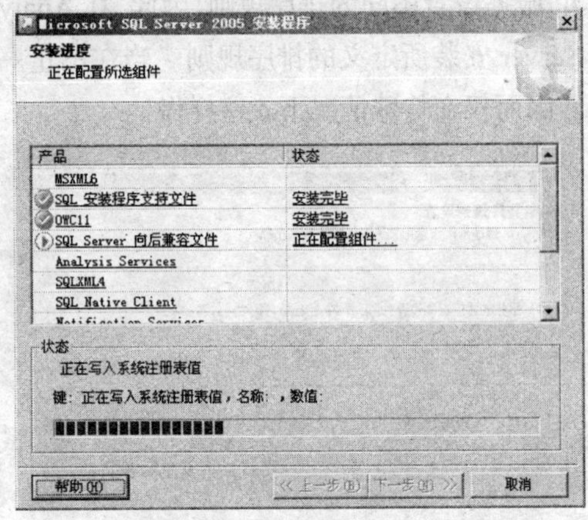

图 1.13 “安装进度”窗口 1

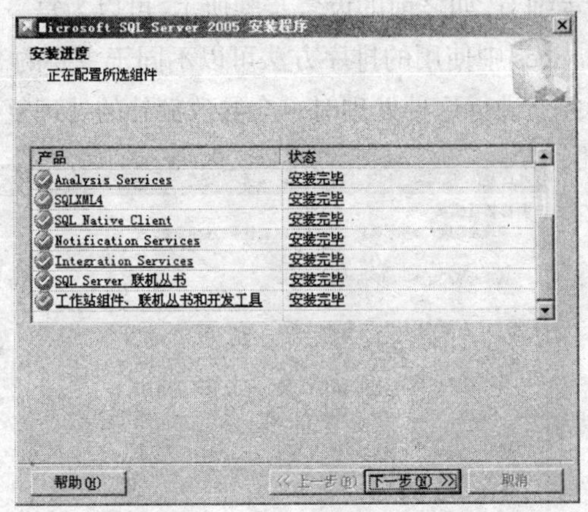

图 1.14 “安装进度”窗口 2

安装完毕后，用户可以打开“开始”菜单→“所有程序”→“Microsoft SQL Server 2005”程序项，查看安装了哪些程序，如图 1.16 所示。

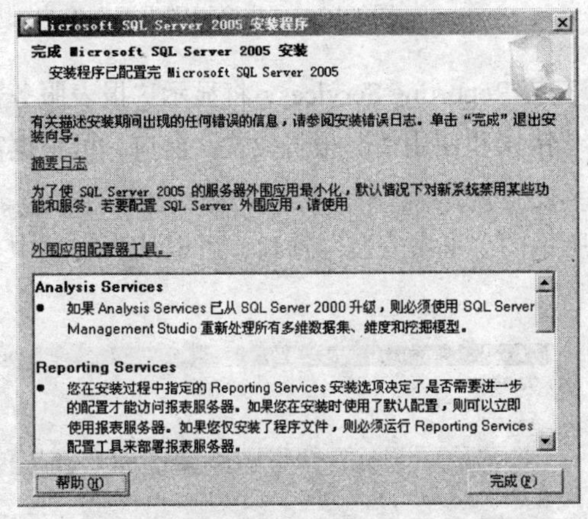

图 1.15 安装完毕

图 1.16 查看安装的程序项

在前面所讲述步骤的指引下，读者已经在计算机上成功安装了 SQL Server。不过可以考虑再安装一个实例，这样既安装了一个开发服务器又安装了一个测试服务器。无论是大型公司还是在人数极少的小公司，保持生产代码和开发代码的分离将极大地降低复杂性。

1.2.4 安装示例数据库

SQL Server 2005 中不再包含以前版本的 Northwind 和 Pubs 示例数据库，但这些数据库可以从 Microsoft 下载中心下载。在 SQL Server 2005 中提供的示例数据库是以一个虚拟的商业公司 Adventure Works Cycles 及其业务方案、雇员和产品作为示例数据库的基础，其中包括以下内容。

- Adventure Works 示例 OLTP 数据库。
- Adventure Works DW 示例数据库。

- Adventure Works AS 示例分析数据库。

默认情况下，SQL Server 2005 中不安装示例数据库和附带示例。示例数据库和附带示例可以在安装过程中安装，或安装完 SQL Server 之后再安装。这些数据库用于 SQL Server 2005 联机丛书的代码示例以及随产品一起安装的配套应用程序和代码示例中。除了用于学习 SQL Server 的数据库服务器外，其他服务器上不必安装示例数据库。

1. 安装过程中安装示例数据库和附带示例

（1）在 1.2.3 的安装过程中出现如图 1.6 所示的“要安装的组件”窗口时，选择“工作站组件、联机丛书和开发工具”，单击“高级”，然后展开“文档、示例和示例数据库”。

（2）单击“示例代码和应用程序”，并选择“整个功能安装到本地硬盘上”选项。

（3）展开“示例数据库”，然后以相同的方法选择要安装的示例数据库。

（4）要完成示例的安装，还要单击“开始”菜单→“所有程序”→“Microsoft SQL Server 2005”→“文档和教程”→“示例”→“Microsoft SQL Server 2005 示例”。

2. 在完成 SQL Server 2005 的安装后安装示例数据库和示例

如果在初始安装 SQL Server 2005 过程中没有安装示例数据库或示例，可以在以后安装。

（1）在“开始”菜单→“控制面板”→“添加或删除程序”中选择“Microsoft SQL Server 2005”，然后单击“更改”，如图 1.17 所示，按照“Microsoft SQL Server 维护”向导中的步骤操作。

（2）从“选择组件”中选择“工作站组件”，如图 1.17 所示，单击“下一步”按钮。

（3）在“欢迎使用 SQL Server 安装向导”中单击“下一步”，在“系统配置检查”中单击“下一步”。

（4）在“更改或删除实例”中单击“更改已安装的组件”按钮。

（5）出现如图 1.18 所示的“功能选择”窗口，展开“文档、示例和示例数据库”节点，然后选中“示例代码和应用程序”，并从弹出的菜单中选择“整个功能安装到本地硬盘上”。

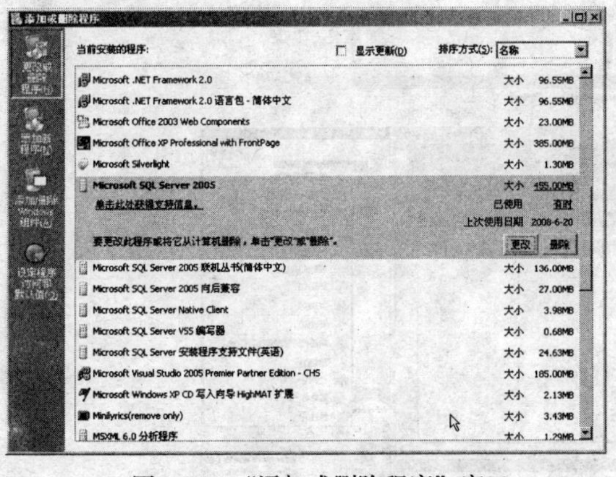

图 1.17　“添加或删除程序”窗口

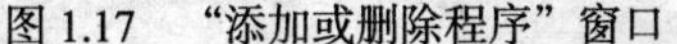

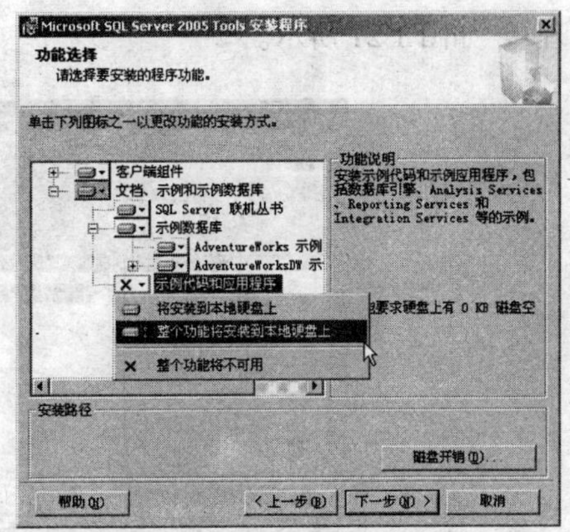

图 1.18　“功能选择”窗口

（6）展开“示例数据库”，然后以相同的方法选择要安装的示例数据库，单击“下一步”按钮。

（7）若要安装并附加示例数据库，请从“安装示例数据库”窗口中选择“安装并附加示例数据库”，如图 1.19 所示，然后单击“下一步”按钮。

（8）要完成示例的安装，还要单击“开始”菜单→“所有程序”→“Microsoft SQL Server 2005”→“文档和教程”→“示例”→“Microsoft SQL Server 2005 示例”。

3. 部署 Adventure Works DW Analysis Services 项目

确保已经安装了 Adventure Works DW 和 Adventure Works DW 数据库，以及已经安装了 Analysis Services。

（1）执行“开始”菜单→“所有程序”→“Microsoft SQL Server 2005”→“SQL Server Business Intelligence Development Studio”，打开如图 1.20 所示的窗口。

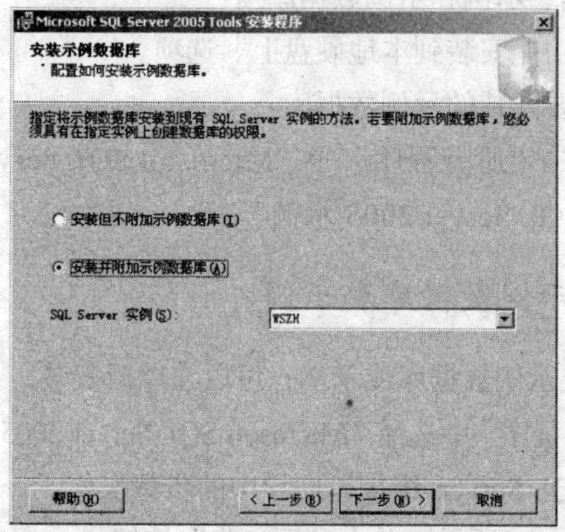

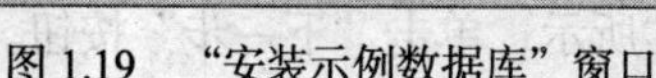

图 1.19 “安装示例数据库”窗口

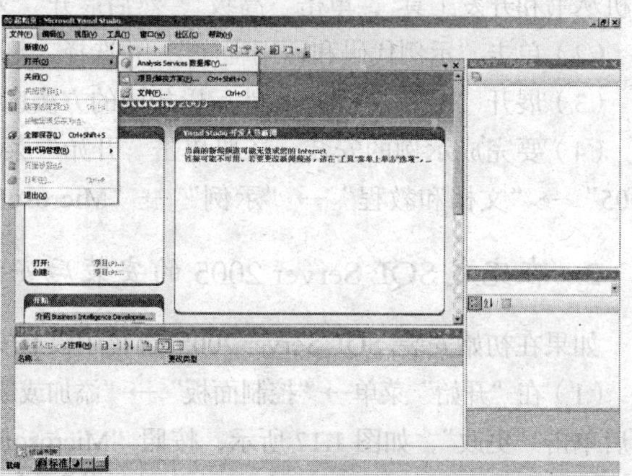

图 1.20 选择“项目/解决方案”

（2）在 SQL Server Business Intelligence Development Studio 工具栏中单击“文件”→“打开”→“项目/解决方案”，通过“打开项目”窗口，浏览到<drive>:\Program Files\Microsoft SQL Server\90\Tools\Samples\AdventureWorks Analysis Services Project，选择文件 Adventure Works.sln，然后单击“打开”按钮。

（3）从“解决方案资源管理器”中，鼠标右键单击 Adventure Works DW 并选择“部署”或“处理”，如图 1.21 所示。

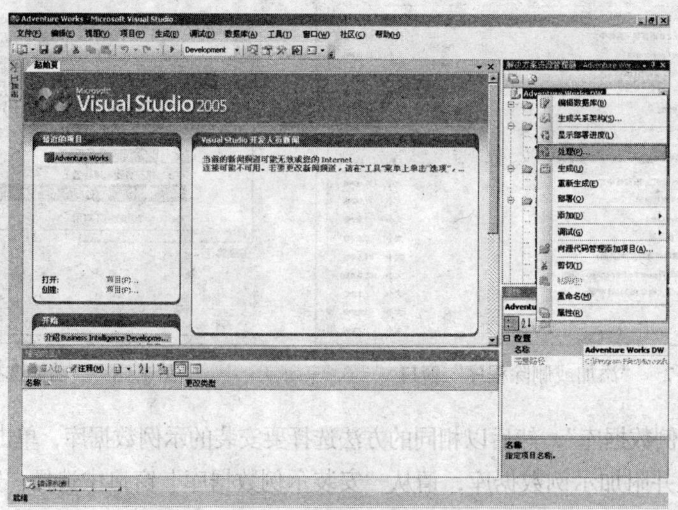

图 1.21 部署项目

1.3 使用 SSMS 配置 SQL Server 2005 服务器

在安装完 SQL Server 2005 之后，单击“开始”菜单→“所有程序”→“Microsoft SQL Server 2005”→“SQL Server Management Studio”项，出现如图 1.22 所示的“连接到服务器”窗口，使用默认选项，单击“连接”按钮，如果出现如图 1.23 所示的无法连接提示，这是由于数据库服务器没有启动，因此在开始使用 SQL Server 2005 之前必须执行多个配置任务。在图 1.23、图 1.22 中分别单击“确定”、“取消”按钮，出现如图 1.24 所示的“SQL Server Management Studio”窗口，在打开的 SQL Server Management Studio（SSMS）工具中进行配置。如果没有出现如图 1.23 所示的提示框，则已经连接到已启动的数据库服务器，打开了 SSMS。

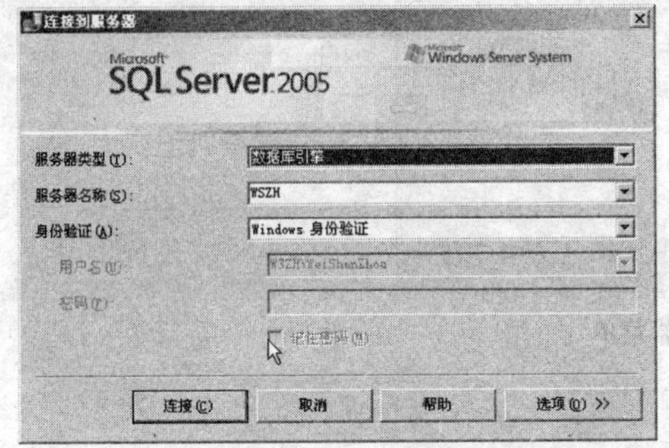

图 1.22　“连接到服务器”窗口

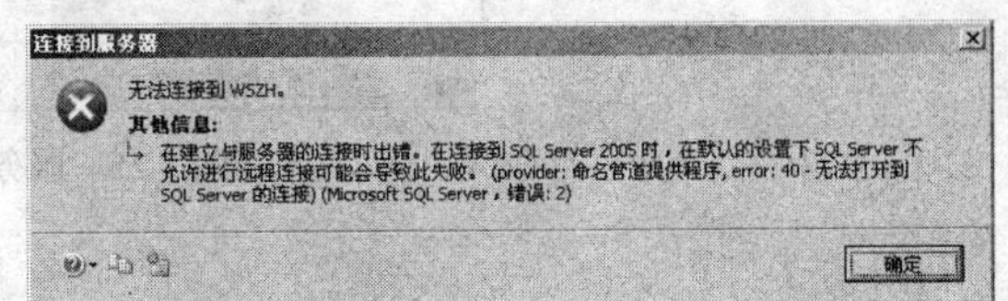

图 1.23　“无法连接”错误信息

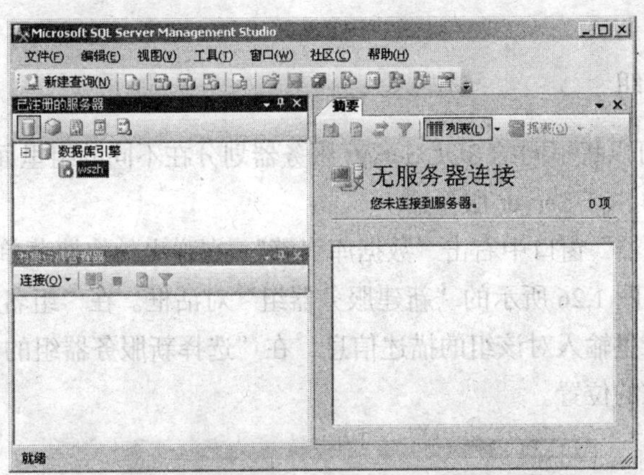

图 1.24　“SQL Server Management Studio”窗口

SSMS 是 SQL Server 管理员与系统交互的主要工具。它融合了原来 SQL Server 2000 中的企业管理器、查询分析器、OLAP 分析器等多种工具的功能。SSMS 是一个集成环境，用于访问、配置和管理所有 SQL Server 组件，并为数据库管理人员提供了一个简单的实用工具，使数据库管理人员能够通过易用的图形工具和丰富的脚本完成任务。

1.3.1　启动和停止 SQL Server 服务器

SQL Server 服务器启动之后，用户才能连接到该服务器上使用各种服务，如图 1.24 所示，在

“已注册的服务器”窗口中鼠标右键单击已注册的服务器“wszh”(“已注册的服务器”窗口可通过单击“视图”菜单下的“已注册的服务器”项来显示,“已注册的服务器”窗口中显示的服务器名称会因计算机的不同而不同),出现如图 1.25 所示的服务器菜单,选择“启动”菜单,在随后出现的对话框中单击“确定”按钮,服务器名称前的图标变为 ,则该服务器已启动。用这种方法还可以停止 、暂停 、恢复和重新启动服务器。

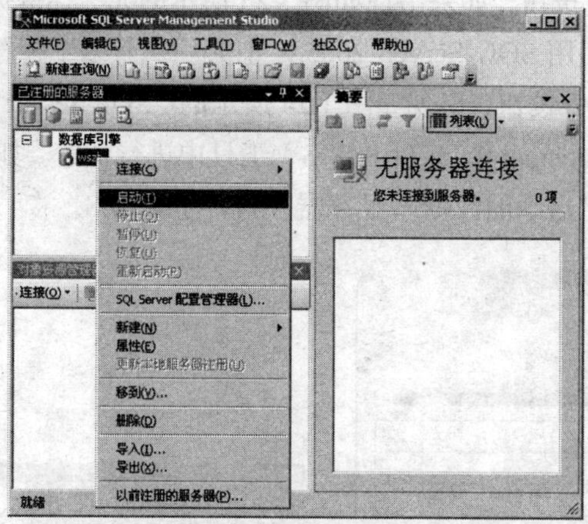

图 1.25 服务器菜单

1.3.2 添加服务器组与注册服务器

1. 添加服务器组

SQL Server 2005 可以将不同的 SQL Server 服务器划分在不同的组里面。利用组的划分,可以更方便地管理企业中的 SQL Server 服务器。

在“已注册的服务器”窗口中右击“数据库引擎”,在弹出的快捷菜单里选择“新建”→“服务器组”选项,弹出如图 1.26 所示的“新建服务器组”对话框。在“组名”里输入新建的服务器组名称,在“组说明”里输入对该组的描述信息,在“选择新服务器组的位置”列表框里可以选择新建的服务器组所在的位置。

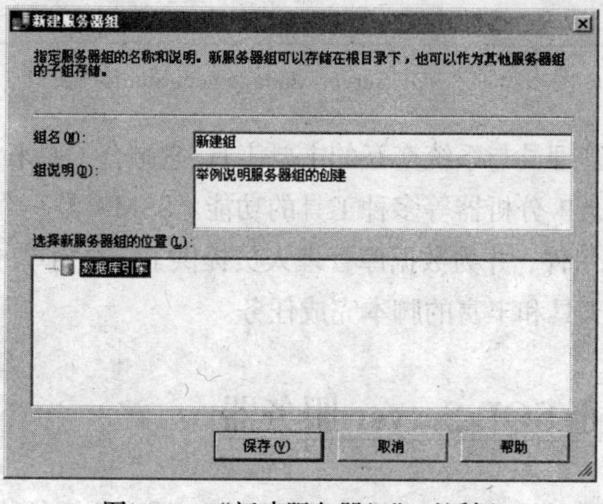

图 1.26 “新建服务器组”对话框

创建完新的服务器组之后，可以在“已注册的服务器”对话框中看到新建的服务器组。

2. 注册服务器

注册服务器实际上只是保存服务器的连接信息，并非已连接到服务器，将来需要时再连接到服务器上。注册服务器时必须要指定的内容有服务器类型、服务器名称和登录到服务器时使用的身份验证信息。

如图 1.29 所示，在“已注册的服务器”窗口中右击“数据库引擎”或已存在服务器组名，在本例中是右击“新建组”服务器组。在弹出的快捷菜单里选择“新建”→“服务器注册”选项，然后弹出如图 1.27 所示的“新建服务器注册”对话框。

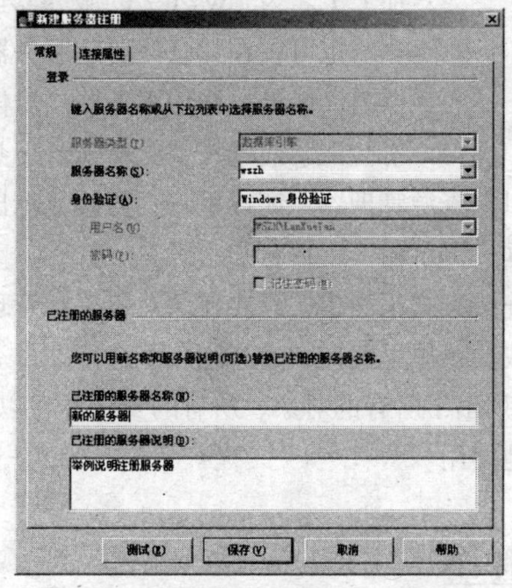

图 1.27　“新建服务器注册”对话框

在“服务器名称”下拉列表框里选择或输入要连接的服务器名（本例为 wszh），然后选择或输入正确的身份验证方式，单击“测试”按钮，如果出现如图 1.28 所示的对话框，则连接成功。

如果单击“测试”按钮后出现的是测试失败对话框，则有可能是身份验证未能通过，或者是登录名和密码不正确或者是服务器名称输入错误，或者是服务器没能正常运行，或者是服务器的防火墙阻止了连接。

测试连接正确后，单击如图 1.27 所示对话框中的“保存”按钮，可将此服务器注册信息保存在“已注册的服务器”窗口，如图 1.29 所示。

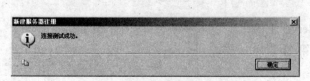

图 1.28　“连接测试成功”对话框

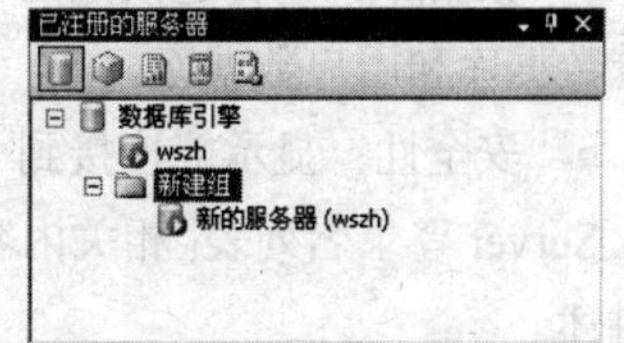

图 1.29　“已注册服务器”窗口

1.3.3 连接服务器

服务器启动之后，就可连接到该服务器上进行相应的操作，如创建数据库，添加、删除、更改数据等。

（1）在“已注册的服务器”下方如图 1.30 所示的“对象资源管理器”窗口里单击“连接”下拉列表框，选择要连接的服务器类型，本例中选择“数据库引擎”。如果看不见该窗口，可以选择菜单“视图”→“对象资源管理器”或按下【F8】键来重新显示该窗口。

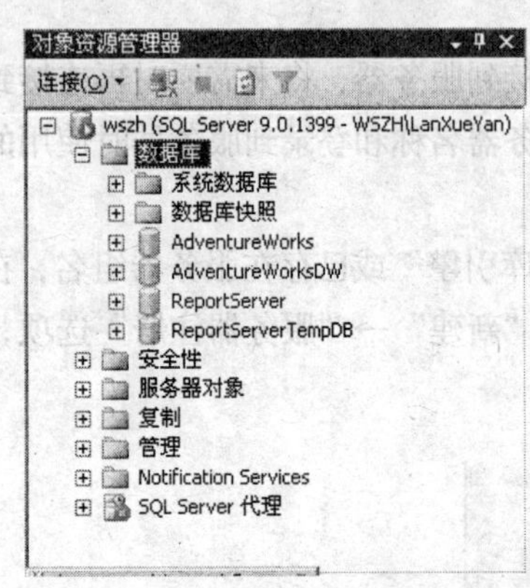

图 1.30　“对象资源管理器”窗口

（2）在弹出如图 1.22 所示的“连接到服务器”窗口里输入正确的服务器名称和身份验证信息，单击“连接”按钮。本例中连接的是“wszh”服务器。

（3）如图 1.30 所示，“对象资源管理器”窗口中已经添加上了名为“wszh”的服务器连接。

也可以在“已注册的服务器”窗口中双击要连接的服务器名，如果在添加服务器注册信息时选择的是“Windows 身份验证”或选择“SQL Server 身份验证”时选中了“记住密码”前的复选框，那么在“对象资源管理器”窗口里将会直接显示出该服务器的连接，否则会弹出“连接到服务器”的对话框，提示输入用户名和密码。

断开与数据库服务器的连接方式很简单，只要在“对象资源管理器”窗口里右击要断开的数据库服务器连接，在弹出的快捷菜单里选择“断开连接”选项即可。

“对象资源管理器”详细列出了所有的对象、所有的安全条目以及许多关于 SQL Server 的其他方面内容，因此会被频繁地使用。

1.3.4　SSMS 基本操作

（1）依次选择“开始”→“所有程序”→“Microsoft SQL Server 2005”→“SQL Server Management Studio”，如前所述，启动 SSMS，如图 1.31 所示。

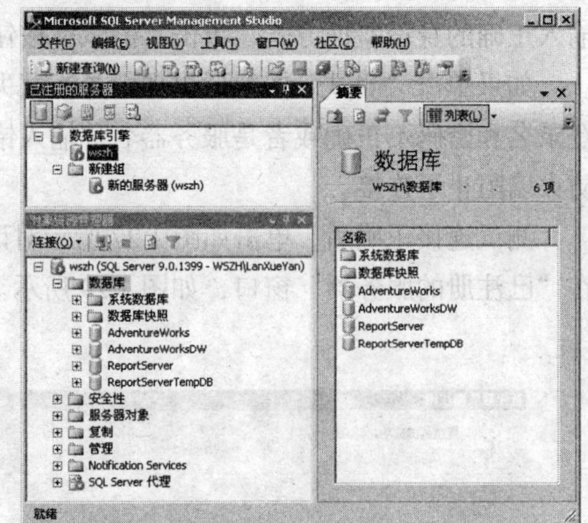

图 1.31　SSMS

（2）首个 SSMS 区域是“已注册的服务器”资源管理器窗口。

（3）“已注册的服务器”窗口下方是“对象资源管理器”窗口。接下来讨论图 1.31 中“对象资源管理器”窗口所示的各个节点。

- 数据库：包含连接到的 SQL Server 中的系统数据库和用户数据库。
- 安全性：显示能连接到 SQL Server 上的 SQL Server 登录名列表。相关内容将在第 11 章详细讲述。

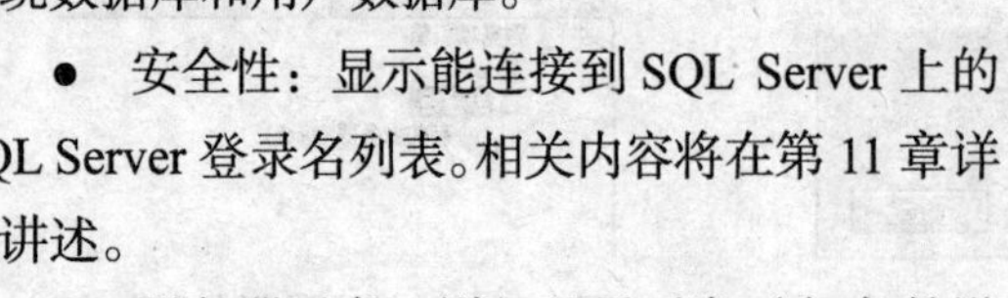

- 服务器对象：详细显示对象（如备份设备），并提供链接服务器列表。通过链接服务器把服务器与另一个远程服务器相连。
- 复制：显示有关数据复制的细节，数据从当前服务器的数据库复制到另一个数据库或另一台服务器上的数据库，或者相反。
- 管理：详细显示维护计划，并提供信息消息和错误消息日志，这些日志对于 SQL Server

的故障排除非常有用。

- Notification Services：通过电子邮件或短消息服务（SMS）等通信媒介，将数据或对象改变的通知发送到“外部世界”。人们可以订阅这些通知。该节点中包含这些通知的详细信息。
- SQL Server 代理：在特定时间建立和运行 SQL Server 中的任务，并把成功或失败的详细情况发送给 SQL Server 中定义的操作员、寻呼机或电子邮件。SQL Server 代理处理作业的运行以及成功或失败通知，该节点中包含了相关的细节。

（4）占 SSMS 窗口右方大部分的是“文档”窗口，该窗口以选项卡（分页）的形式显示不同对象内容。第一次启动 SSMS 时，出现一个“摘要”页，显示当前计算机上 SQL Server 默认实例的信息。在“对象资源管理器”选中不同的对象，则在摘要页中显示当前对象所包含的对象信息。

下面来查看一个数据库表的内容。

用鼠标在“对象资源管理器”窗口中单击“数据库”前的加号“+”，可以看到两个示例数据库“AdventureWorks”和“AdventureWorksDW”（如果没有，请参看 1.2.4 安装示例数据库），再单击“AdventureWorks”数据库前的加号“+”，接着单击“AdventureWorks”下方的“表”，则在右边的“摘要”页中列出了该数据库包含的表，如图 1.32 所示。

在图 1.32 所示的窗口中右键单击“Employee”表，在弹出菜单选择“打开表”，则在“文档”窗口的“摘要”页前增加了“表-HumanResources.Employee”页，该页显示 “Employee”表中的所有数据，如图 1.33 所示。接下来可以往 Employee 表中添加一行数据，例如仿照表中的数据在最后一行的第二列开始输入数据后单击“执行 SQL”按钮 ，然后看该页中是否添加了该行数据。至此，我们使用了 SSMS 的图形界面查看表的数据及往表添加数据（对数据库及表的操作在第 3 章有更详细的介绍）。

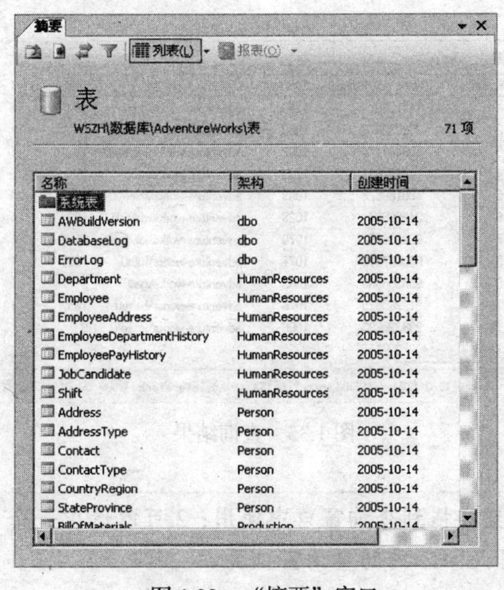

摘要

表

W5ZH\数据库\AdventureWorks\表　　71 项

名称	架构	创建时间
系统表		
AWBuildVersion	dbo	2005-10-14
DatabaseLog	dbo	2005-10-14
ErrorLog	dbo	2005-10-14
Department	HumanResources	2005-10-14
Employee	HumanResources	2005-10-14
EmployeeAddress	HumanResources	2005-10-14
EmployeeDepartmentHistory	HumanResources	2005-10-14
EmployeePayHistory	HumanResources	2005-10-14
JobCandidate	HumanResources	2005-10-14
Shift	HumanResources	2005-10-14
Address	Person	2005-10-14
AddressType	Person	2005-10-14
Contact	Person	2005-10-14
ContactType	Person	2005-10-14
CountryRegion	Person	2005-10-14
StateProvince	Person	2005-10-14
BillOfMaterials	Production	2005-10-14

图 1.32　“摘要”窗口

表 - HumanResources.Employee　摘要

EmployeeID	NationalIDNum...	ContactID	LoginID	Manage...	Title
1	14417807	1209	adventure-w...	16	Production T
2	253022876	1030	adventure-w...	6	Marketing As
3	509647174	1002	adventure-w...	12	Engineering I
4	112457891	1290	adventure-w...	3	Senior Tool D
5	480168528	1009	adventure-w...	263	Tool Designe
6	24756624	1028	adventure-w...	109	Marketing Ma
7	309738752	1070	adventure-w...	21	Production S
8	690627818	1071	adventure-w...	185	Production T
9	695256908	1005	adventure-w...	3	Design Engin
10	912265825	1076	adventure-w...	185	Production T
11	998320692	1006	adventure-w...	3	Design Engin
12	245797967	1001	adventure-w...	109	Vice Presider
13	844973625	1072	adventure-w...	185	Production T
14	233069302	1067	adventure-w...	21	Production S
15	132674823	1073	adventure-w...	185	Production T
16	446466105	1068	adventure-w...	21	Production S
17	565090917	1074	adventure-w...	185	Production T
18	494170342	1069	adventure-w...	21	Production S

1 / 290　单元格是只读的。

图 1.33　“Employee”表中的数据

（5）在 SSMS 的菜单栏中，“视图”菜单可以重新打开被关闭的组件窗口。

（6）这些可以通过“工具”菜单得到。通过“工具”菜单→“选项”可以根据需要访问不同

选项来配置 SSMS 的设置，比如设置 SSMS 的字体、颜色、结果的显示方式等。

（7）在 SQL Server 2005 的使用过程中，会遇到大量的通过书写 T-SQL 代码来创建对象、操作数据以及执行代码的情形。SSMS 提供了名为“查询编辑器”的工具，可以在其中键入任何需要的文本。

该编辑器以选项卡窗口的形式存在于右边的文档窗口中，可以通过单击标准工具栏的“新建查询”按钮，或者选择“文件”→“新建”→“数据库引擎查询”来打开一个新的查询窗口。在打开新的查询窗口之前，首先打开如图 1.22 所示的“连接到服务器”窗口。在对话框中指定连接到哪个类型的服务器，选择服务器并设置正确的身份验证方式，单击“确定”按钮，即可打开查询窗口。如图 1.34 所示为查询窗口的初始屏幕显示。

下面使用查询窗口来执行 SQL 语句查询表内的数据。

在查询窗口中输入如下的 SQL 语句（--符号及其后的文字为注释语句，可以不输入）：

```
use AdventureWorks  --将当前数据库切换为 AdventureWorks 数据库
go    --批处理命令
select * from HumanResources.Employee    --查询 Employee 表的所有记录
```

输入完毕，可以单击工具栏上的“分析”按钮 ✓ 来分析输入的脚本是否有语法错误，如果没有语法错误，就可以单击“执行”按钮 ! 执行(X) 或选择菜单“查询”→“执行”或按【F5】键执行该语句组，在查询窗口将得到如图 1.35 所示的执行结果，该结果显示“pubs”数据库中“Employee”表的内容。至此，我们通过 SSMS 输入 T-SQL 语句查看了表的数据（T-SQL 语句将在后续章节有更详细的介绍）。

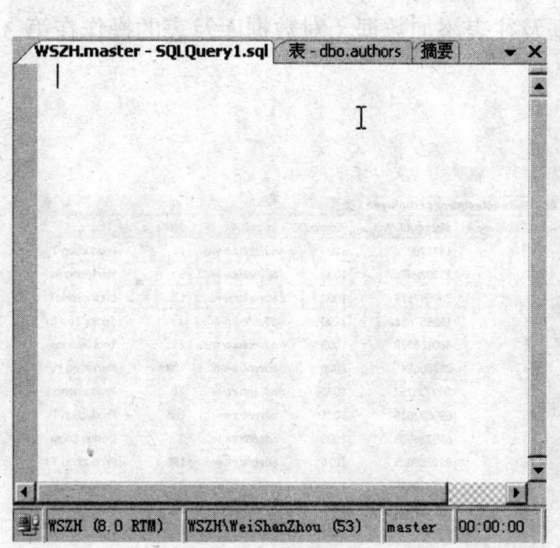

图 1.34　查询窗口

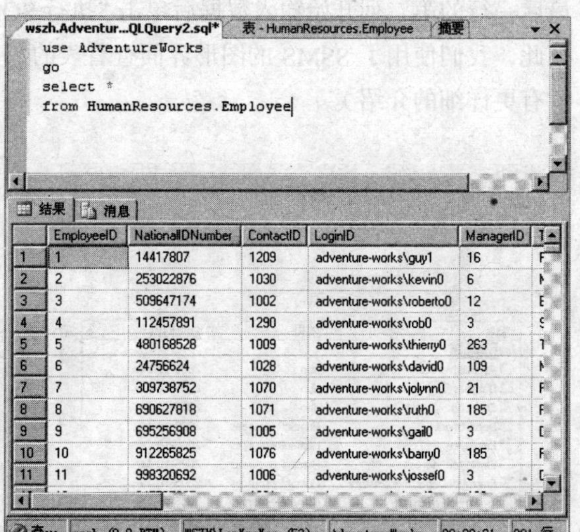

图 1.35　查询结果

注意　1.可以将“对象资源管理器”中的对象直接拖到查询窗口中使用；2.可以选中一个或几个 T-SQL 语句后单独执行；3.可以打开几个不同的查询窗口页。

（8）接下来介绍一下查询编辑器工具栏的常用按钮。新建一个查询之后，将会显示如图 1.36 所示的查询编辑器工具栏。

图 1.36　查询编辑器工具栏

该工具栏的前 3 个按钮处理到服务器的连接。第一个按钮请求一个到服务器的连接（如果当前尚未建立任何连接的话），第二个按钮断开当前查询编辑器与服务器的连接，第三个按钮允许更改当前使用的连接。

master 下拉列表框列出了当前与查询编辑器建立连接的服务器上的所有数据库，可以在这里选择数据库。执行前述“use pubs”语句后，这里的 master 将会变成 pubs。

执行(X) 3 个按钮中第一个按钮用于执行代码，第二个按钮将对代码进行语法分析，但并不真正运行它，第三个按钮可以向 SQL Server 发送取消命令。

的前两个按钮将影响查询结果的显示方式，将查询结果分别以文本和网格格式显示，第三个按钮将查询结果保存到文件。

中的第一个按钮可以用来注释掉多行代码，第二个按钮可以用来取消对代码的注释，第三个和第四个按钮可以用来减少或增加代码的缩进。所有这些按钮只作用于当前选中的代码行。

1.4　配置 SQL Server 2005 服务

SQL Server 2005 服务器端安装好以后，可以在后台服务找到相关信息。服务是一种在系统后台运行的应用程序。服务通常提供一些核心操作系统功能，运行的服务可以不在计算机桌面上显示用户界面。SQL Server 2005 已经将其数据库引擎服务、代理服务、分析服务等放在后台服务中进行管理，而不是像 SQL Server 2000 的版本将服务器管理放在工具栏里。

SQL Server 2005 主要有以下几种服务，因安装的 SQL Server 版本不同，所能见到的服务也会有所不同。

1. 数据库引擎服务（SQL Server）

SQL Server 服务是 SQL Server 2005 的核心引擎，该服务是 SQL Server 的传统服务，其他服务都是围绕此服务运行的，只有该服务正常启动，SQL Server 才能发挥其作用。用户通过客户端连接 SQL Server。数据的修改、删除、添加等操作，都是通过 SQL Server 服务引擎传递给数据库的，其反馈信也都是通过 SQL Server 传递给客户端的，管理员对数据库的日常维护、管理同样通过此服务来实现。

2. 代理服务（SQL Server Agent）

代理服务是为 MS SQL Server 服务提供自动化代理的服务，可通过该服务来实现系统自动管理、自动备份、定期传递数据、自动执行任务等功能。

3. 分析服务（SQL Server Analysis Services）

分析服务是用来管理存储于数据仓库或数据集市中的数据的服务，是向用户提供近似实时和实时业务信息的引擎，可作为传统报表、联机分析处理和数据挖掘的基础。

4. 浏览器服务（SQL Server Browser）

SQL Server 浏览器程序以服务的形式存在于服务器上，为客户提供 SQL Server 2005 连接信息的名称解析服务，侦听 SQL Server 资源的传入请求，并提供计算机上所安装的 SQL Server 实例的相关信息。

5. 集成服务（SQL Server Integration Services）

集成服务具有支持数据库和企业范围内数据集成的提取、转换和装载的能力，可以从其他数据库、文件或系统向本地数据库导入数据。

6. 全文索引服务（SQL Server Full Text Search）

全文索引可以在大文本上建立索引，快速地定位、提取数据。其功能不是简单的模糊查询，而是根据特定的语言规则对词和短语进行搜索。

7. 报表服务（SQL Server Report Server）

报表服务可提供全面的报表解决方案，可创建、管理和发布传统的可打印的报表和交互的基于 Web 的报表。

各服务必须启动才能进行相关操作，如不启动，则不能使用。除数据库引擎服务是 SQL Server 数据平台必须启动的服务外，其他服务都不是必须启动的服务。本书主要围绕数据库引擎服务（SQL Server）展开，其他服务的知识可以参考相关资料。

服务可以启动、停止、暂停及重新启动，实现的方法有很多种，这里介绍 2 种。

（1）使用 SQL Server 配置管理器，其步骤如下。

① 单击计算机的“开始”菜单→“所有程序”→“Microsoft SQL Server 2005”→“配置工具”→“SQL Server Configuration Manager”打开 SQL Server 配置管理器。

② 图 1.37 是 SQL Server 配置管理器的界面，单击“SQL Server 2005 服务”选项，在右边的对话框里可以看到本地所有的 SQL Server 服务，包括不同实例的服务。

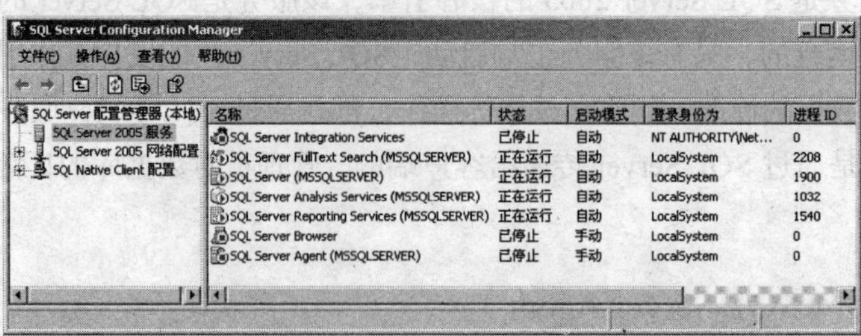

图 1.37　SQL Server 配置管理器

③ 如果要启动、停止、暂停或重新启动 SQL Server 服务，右击服务名称，在弹出的快捷菜单里选择“启动”、“停止”、“暂停”或“重新启动”即可。

图 1.23 所示的“无法连接”错误信息往往是由于数据库服务器（数据库引擎）没有启动的缘故，当然可以手动启动服务器，不过还是希望让数据库随计算机的启动而自动启动，或者是学习

完 SQL Server 2005，不想让数据库服务器再随计算机启动，这里就涉及服务启动类型的设置。在图 1.37 中，右键单击一个服务，在弹出的窗口中选择“服务”页，在“启动类型”项的下拉菜单中有 3 个选项，如图 1.38 所示，可以将其设置为“自动”，意味着 SQL Server 将在机器启动时启动；设为“手动”，意味着当启动服务时，SQL Server 才启动；设为“禁用”，意味着禁止启动该服务。

（2）可以通过计算机“开始”菜单→“所有程序”→“控制面板”→“管理工具”→“服务”，如图 1.39 所示，在打开的“服务”窗口中对相应的 SQL 服务进行“启动”、“停止”、“暂停”及“恢复”等设置，并可设置服务的启动模式，前面已对相关服务的功能进行过简单介绍，在此不再重复。

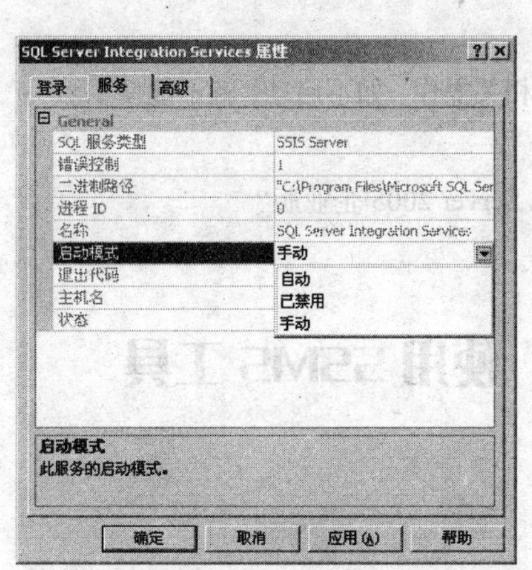

图 1.38　服务的属性设置

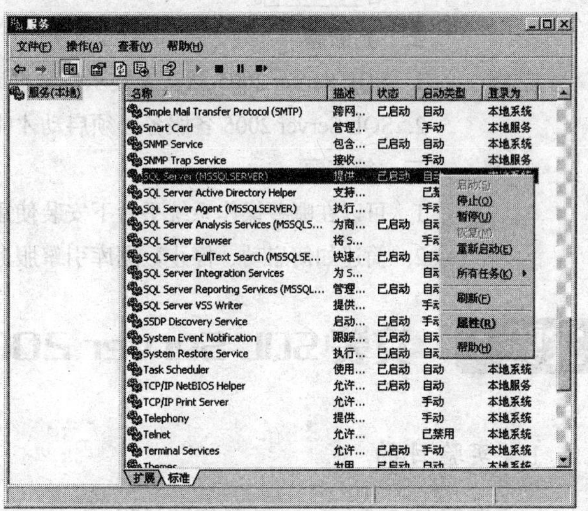

图 1.39　“服务”窗口

本章小结

本章首先介绍 SQL Server 2005 的发展历程，然后介绍 SQL Server 2005 的安装过程，接着介绍 SQL Server 2005 的主要工具 SSMS（SQL Server Management Studio）。SSMS 是为了在 SQL Server 中进行工作而提供的工具。无论是要使用图形用户界面进行操作，或是要在查询编辑器中编写 T-SQL 代码，都在使用它。SSMS 工具的主要部分是“已注册的服务器”窗口、“对象资源管理器”窗口以及主文档窗口。正确理解对 SQL Server 的服务器及服务的配置将有助于今后的学习。本书主要围绕着 SQL Server 2005 的数据库引擎服务展开，主要使用 SSMS 来对数据库进行设计与管理。

本章习题

一、填空题

1. SQL Server 2005 分为________个版本，分别是________。
2. SQL Server 2005 主要提供的服务有________。
3. Windows XP Professional Edition SP2 操作系统可以安装的 SQL Server 2005 版本有________。

二、判断题

1. SQL Server 2005 默认安装示例数据库。(　　)
2. SQL Server 2005 各服务必须启动才能进行相关操作，如不启动，就不能使用。(　　)

三、简答题

1. 可以在哪些操作系统平台下安装使用 SQL Server 2005 企业版？
2. 简述如何启动、停止数据库引擎服务。

实验 1　安装 SQL Server 2005、使用 SSMS 工具

1. 实验目的

（1）掌握 SQL Server 2005 的安装过程。

（2）熟悉 SQL Server 2005 SSMS 的使用方法。

（3）了解数据库服务器及服务配置的方法。

2. 实验内容

（1）安装 SQL Server 2005。

（2）注册服务器。

（3）启动并使用 SSMS。

3. 实验步骤

（1）安装 SQL Server 2005。在安装之前，首先要准备一张 SQL Server 2005 的安装光盘，然后参考本章 1.2 节，安装 SQL Server 2005。

（2）注册服务器。按照 1.3 节所介绍的步骤，注册并连接服务器。

（3）使用 SSMS 的图形界面查看数据。

① 打开“开始”菜单→“所有程序”→“Microsoft SQL Server 2005”→“SQL Server Management Studio”项，打开 SSMS 界面。

② 在“对象资源管理器”窗口中依次打开“服务器”→“数据库”节点，可以看到很多的数据库对象。

③ 打开“AdventureWorks”数据库节点，选择“表”，在右边的窗口中可以看到“AdventureWorks”数据库下有很多的表，右键单击“Department”表，选择“打开表”，可以查看“Department”表的内容。

④ 给“Department”表添加一行数据。打开“Department”表，把光标移到最后一行空行处，在“name”列输入“Office”，在“Groupname”列输入“Manufacturing”，在“ModifiedDate”列输入“2008-6-23”，然后单击工具栏上的“运行”按钮 ! ，可以看到在“Department”表中添加了一行数据。

⑤ 删除一行数据。打开“Department”表，在刚才输入的最后一行数据上单击鼠标右键，在弹出的菜单上选择“删除”命令，然后单击“是”按钮，确认删除。

（4）使用 SSMS 的查询编辑器。

① 在 SSMS 中选择“新建查询”按钮，启动查询编辑器。

② 在查询编辑器的命令行窗口中输入如下的 SQL 语句：

```
use AdventureWorks
select * from Department
```

然后按键盘上的【F5】键或单击工具栏上的“执行”按钮 ! 执行(X) 执行上述语句。窗口的下方显示了“AdventureWorks”数据库的“Department”表的内容。接着将上述语句中的“AdventureWorks”和“Department”分别改成“AdventureWorksDW”和“DimEmployee”再试试看。

第2章 SQL Server 2005 数据类型

当定义表的字段、声明程序中的变量时，都需要为它们设置一个数据类型，目的是指定该字段或变量所存放的数据是整数、字符串、货币或是其他类型的数据。不同的数据类型直接决定着数据在物理上的存储方式、存储大小、访问速度，所以正确地选择数据类型，对表的设计至关重要。因此，在开发一个数据库系统之前，最好能够真正理解各种数据类型的存储特征。SQL Server 中的数据类型可分为系统内置数据类型和用户自定义数据类型两种。本章重点介绍各种数据类型的特点和基本用法以及创建和删除用户定义的数据类型的方法。

2.1 系统数据类型

在绝大多数编程环境中，数据类型由系统定义，这类数据类型通常称之为系统数据类型。SQL Server 2005 中的数据类型归纳为下列类别：

- 字符串；
- 精确数字；
- 近似数字；
- 日期和时间；
- Unicode 字符串；
- 二进制字符串；
- 其他数据类型。

2.1.1 字符串数据类型

字符串数据是由任意字母、符号和数字任意组合而成的数据，是现实工作中最常用的数据类型之一。字符串数据的类型包括 Char、Varchar 和 Text。

Char 是定长字符数据类型，其长度最多为 8KB，默认为 1KB。当表中的列定义为 char(*n*)类型时，如果实际要存储的串长度不足 *n*，则在串的尾部添加空格，以达到长度 *n*，所以其数据存储长度为 *n* 字节。

例如，姓名列的数据类型定义为 char(8)，而输入的字符串为“张三”，则存储的字符为张三和 4 个空格。若输入的字符个数超出了 *n*，则超出部分被截断。

Varchar 是变长字符串数据类型，其长度不超过 8KB。当表中的列定义为 varchar(*n*)类型时，*n* 表示的是字符串可达到的最大长度，varchar(*n*)的长度是输入的字符串实际字符个数，而不一定是 *n*。

例如，地址列的数据类型定义为 varchar(100)，而输入的字符串为“解放路 55 号”，则存储的字符为“解放路 55 号”，其长度为 10 个字节。

当列中的字符数据长度接近一致时，例如姓名，此时可使用 char；而当列中的数据值长度显著不同时，应当使用 varchar，可以节省存储空间。

超过 8KB 的 ASCII 数据可以使用 Text 数据类型存储。

例如，因为 Html 文档全部都是 ASCII 字符，并且在一般情况下长度超过 8KB，所以这些文档可以 Text 数据类型存储在 SQL Server 中。

2.1.2　精确数字类型

数字类型只包含数字，例如正数和负数、小数和整数，包括 bigint、int、smallint、tinyint、bit、decimal、numeric 和 money。

整数由正整数和负整数组成，例如 18、25、−3 和 28813。在 Microsoft SQL Server 中，整数存储的数据类型是 bigint、int、smallint 和 tinyint。bigint 为大整数，该数据类型存储数据的范围大于 int；int 为整型，该数据类型存储数据的范围大于 smallint 数据类型存储数据的范围；而 smallint 为短整型，该数据类型存储数据的范围大于 tinyint 数据类型存储数据的范围；tinyint 为微短整型。使用 bigint 数据类型存储数据的长度为 8 个字节，数据范围为-2^{63}~$2^{63}-1$，即−9223372036854775808 ~ 9223372036854775807（每一个值要求 8 个字节存储空间）。int 数据类型存储数据的范围为-2^{31} ~ $2^{31}-1$，即−2147483648 ~ 2147483647（每一个值要求 4 个字节存储空间）。使用 smallint 数据类型时，存储数据的范围为-2^{15} ~ $2^{15}-1$，即−32768 ~ 32767（每一个值要求 2 个字节存储空间）。使用 tinyint 数据类型时，存储数据的范围是从 0 到 255（每一个值要求 1 个字节存储空间）。

bit 类型存储 1 个字节，可以取值为 1、0 或 NULL 的整数数据类型，一般用作判断。

decimal 和 numeric 由整数部分和小数部分构成，其所有的数字都是有效位，能够以完整的精度存储十进制数，两者唯一的区别在于 decimal 不能用于带有 identity 关键字的列。这种数据类型的存储范围取决于一个确定的数字表达法，而不是一个固定的数值。表达方式为：

```
decimal(p,s)
```

其中 *p* 指定精度或对象能够控制的数字个数，指定的范围为 1 ~ 38；*s* 指定可放到小数点右边的小数位数或数字个数，指定的范围最少为 0，最多不可超过 *p*。

例如，如果定义 decimal(8,6)，那么该类型的取值范围是−99.999999 ~ 99.999999。

货币表示正的或者负的货币数量。

money 和 smallmoney 代表货币或货币值的数据类型。money 数据类型要求 8 个存储字节，

smallmoney 数据类型要求 4 个存储字节。

2.1.3 近似数字类型

float 和 real 是近似数字类型。例如，1/3 个分数记作.3333333，当使用近似数据类型时不能准确表示。

float 的存储长度取决于 float(*n*)中 *n* 的值，*n* 为用于存储 float 数值尾数的位数，以科学记数法表示，因此可以确定精度和存储大小。如果指定了 *n*，则它必须是介于 1～53 的某个值。*n* 的默认值为 53。

Real 类型与 float 类型一样存储 4 个字节，取值范围与 float 稍有不同。

2.1.4 日期和时间数据类型

日期/时间数据类型用于存储日期和时间信息，包括 Datetime 和 Smalldatetime 两种类型。

日期/时间数据类型由有效的日期和时间组成，不存在只存储时间数据类型或日期数据类型。例如，有如下的日期和时间数据“12/05/98 12:26:00:00:00 PM”和“2:38:29:15:01 AM 6/15/98”，前一个数据是日期在前，时间在后，后一个数据是时间在前，日期在后。在 Microsoft SQL Server 中，Datetime 数据类型所存储的日期范围是从 1753 年 1 月 1 日到 9999 年 12 月 31 日（每一个值要求 8 个存储字节），精确度可以达到 3/100s（即 3.33ms）。Smalldatetime 数据类型所存储的日期范围是 1900 年 1 月 1 日到 2079 年 12 月 31 日（每一个值要求 4 个存储字节），精度可以达到分钟。如果只指定时间，那么日期将被默认为 1900 年 1 月 1 日，如果只指定日期，那么时间将被默认为是 12:00 AM（午夜）。

SQL Server 中常用的日期和时间表示格式如下：

- 分隔符可用'/'、'-'或'.'，例如：'4/15/2005'、'4-15-05'或'4.15.2005'；
- 字母日期格式：'April 15,2005'；
- 不用分隔符：'20050501'；
- 时:分:秒:毫秒：08:05:25:28；
- 时:分 AM|PM：05:08AM、08:05PM。

2.1.5 Unicode 字符串

Unicode 是“统一字符编码标准”，用于支持国际上非英语种的字符数据的存储和处理。Unicode 字符串是为了在数据库中容纳多种语言存储数据，而制定的数据类型。支持国际化客户端的数据库应始终使用 Unicode 数据，其所占用的存储大小是使用非 Unicode 数据类型所占用的存储大小的 2 倍。包括 Nchar（长度固定）、Nvarchar（长度可变）和 Ntext。

2.1.6 二进制字符串

二进制数据类型表示的是位数据流，一般用于存储二进制的大对象，比如声音、图片、多媒

体等。包括 Binary（固定长度）和 Varbinary（可变长度）2 种，可用来输入和显示前缀为 0x 的十六进制值。

Binary(*n*)是 *n* 位固定的二进制数据。其中，*n* 的取值范围是从 1 到 8000。其存储的大小是 *n* 个字节。

Varbinary(*n*)是 *n* 位可变长度的二进制数据。其中，*n* 的取值范围是从 1 到 8000，其存储的大小是 *n*+2 个字节，不是 *n* 个字节。

Image 是长度可变的二进制数据，从 0 到 231-1（2147483647）个字节。

在使用二进制常量时，在数据前面要加上“0x”，可用的数字符号为 0 ~ 9 及 A ~ F。例如，0x2A，它等于十进制的数 42 或二进制的 00101010。

2.1.7 其他数据类型

SQL Server 2005 除了提供绝大多数关系数据库提供的数据类型，还提供了一些便于 SQL Server 开发的特有的数据类型。

Timestamp 数据类型公开数据库中自动生成的唯一二进制数字的数据类型。Timestamp 通常用作给表行加版本戳，存储大小为 8 个字节。若创建表时定义一个列的数据类型为时间戳型，当某条记录有变动时，该条记录的 Timestamp 字段便会自动产生新值，此值会是整个数据库的唯一值。

Uniqueidentifier 具有更新订阅的合并复制和事务复制功能。使用 uniqueidentifier 列可确保在表的多个副本中标识行的唯一性。

Cursor 数据类型是变量或存储过程 OUTPUT 参数的一种数据类型，这些参数包含对游标的引用。使用 Cursor 数据类型创建的变量可以为空。

Sql_variant 类型用于存储 SQL Server 2005 支持的各种数据类型（不包括 Text、Ntext、Image、Timestamp 和 Sql_variant）的值。

Table 是一种特殊的数据类型，用于存储结果集以进行后续处理。Table 主要用于临时存储一组行，这些行是作为表值函数的结果集返回的。

Xml 数据类型可以在 SQL Server 数据库中存储 XML 文档和片段。XML 片段是缺少单个顶级元素的 XML 实例。可以创建 Xml 类型的列和变量，并在其中存储 XML 实例，存储表示形式不能超过 2GB。

以上介绍了大部分的系统数据类型。建立表时，我们会设置各个字段名称以及数据类型，在输入数据时，SQL Server 会根据数据类型来检查输入的值是否符合要求，如果不符，便会出现错误信息提醒操作者。有时由于表中的部分字段没有数据可填入（例如员工表中有的员工没有电话）而发生错误，要想避免此类错误，可以利用 NULL 值来解决。

NULL 值不是 0 也不是空格，更不是填入字符串“NULL”，而是表示“不知道”、“不确定”或“暂时没有数据”的意思。比如在员工表中，可以使用 NULL 值来代替部分员工的电话号码，表示该员工的电话号码暂时不知道。

当某一字段可以接受 NULL 值时，表示该字断的值可以不输入。如果某个字段的值一定要输入才有意义时，则可以设置为 NOT NULL。

2.2 用户自定义数据类型

用户自定义数据类型基于在 Microsoft SQL Server 中提供的数据类型。当几个表中必须存储同一种数据类型并且为保证这些列有相同的数据类型、长度和可空性时，可以使用用户定义的数据类型。例如，可定义一种称为 postal_code 的数据类型，用于限定邮政编码的数据类型，它基于 Char 数据类型。

当创建用户自定义的数据类型时，必须提供 3 个参数：数据类型的名称、所基于的系统数据类型和数据类型是否允许空值。

1. 创建用户自定义数据类型

创建用户自定义数据类型可以使用 Transact-SQL 语句。系统存储过程 sp_addtype 可用来创建用户自定义数据类型。其语法格式如下：

```
sp_addtype {新数据类型名},[,系统数据类型][,'null_type']
```

其中，新数据类型名是用户自定义数据类型的名称。系统数据类型是系统提供的数据类型，例如 Decimal、Int、Char 等。null_type 表示该数据类型是如何处理空值的，必须使用单引号引起来，例如'NULL'、'NOT NULL'或者'NONULL'。

以下各例均在查询分析器中输入并运行。

【例 2.1】 创建一个 uname 用户自定义数据类型，其基于的系统数据类型是变长为 8 的字符，不允许空。

```
Use Northwind
Exec sp_addtype uname,'Varchar(8)', 'Not Null '
```

2. 删除用户自定义的数据类型

当用户自定义的数据类型不需要时，可删除。删除用户自定义的数据类型的命令是：

```
sp_droptype{'数据类型名'}
```

【例 2.2】 删除用户定义数据类型 uname。

```
Use Northwind
Exec sp_droptype 'uname '
```

当表中的列正在使用用户自定义的数据类型，或者其上还绑定有默认或者规则时，这种用户定义的数据类型不能删除。

本章小结

本章重点介绍了 SQL Server 2005 数据类型的分类、使用方法和使用时的注意事项。表 2.1 中列出了 SQL Server 常见的数据类型。

表 2.1　SQL Server 常见的数据类型

类　型	数据类型	长　度
字符串	Char	1 ~ 8000 个字符，1 个字符占 1 个字节
	Varchar	1 ~ 8000 个字符，1 个字符占 1 个字节
	Text	1 ~ 2^{31}–1 个字符，1 个字符占 1 个字节
精确数字类型	Bigint	8 字节，-2^{63} ~ 2^{63}–1
	Int	4 字节，-2^{31} ~ 2^{31}–1
	Smallint	2 字节，-2^{15} ~ 2^{15}–1
	Tinyint	1 字节，0 ~ 255
	Bit	0、1 或 NULL
	Decimal	2 ~ 17 字节，视精确度而定
	Numeric	2 ~ 17 字节，视精确度而定
	Money	8 字节
	Smallmoney	4 字节
近似数字类型	Float	8 字节
	Real	4 字节
日期和时间数据类型	Datetime	8 字节
	Smalldatetime	4 字节
Unicode 字符串	Nchar	1 ~ 4000 个字符，1 个字符 2 个字节
	Nvarchar	1 ~ 4000 个字符，1 个字符 2 个字节
	Ntext	1 ~ 2^{30}–1 个字符，1 个字符 2 个字节
二进制字符串	Binary	1 ~ 8000 个字节
	Varbinary	1 ~ 8000 个字节，存储时需另外增加 2 字节
	Image	0 ~ 2×10^9 字节
其他数据类型	Timestamp	8 字节
	Uniqueidentifier	16 字节
	Cursor	
	Sql_variant	
	Table	
	XML	

本章习题

一、填空题

1. 若“性别”列的数据类型定义为 char(4)，该列有一行输入的字符串为“男”，则占用的实际存储空间为________字节。

2. 若“专业”列的数据类型定义为 varchar(10)，该列有一行输入的字符串为“计算机系”，则占用的实际存储空间为________字节。

二、选择题

1. 下面数据类型，在定义时需要给出数据长度的是（　　）。

   A. int　　B. text　　C. char　　D. money

2. 在“工资表”中的“基本工资”列用来存放员工的基本工资金额（没有小数），下面最节省空间的数据类型是（　　）。

   A. tinyint　　B. smallint　　C. int　　D. decimal(3,0)

三、综合题

创建一个数据类型 New_str，要求其为字符型，最大长度为 12，不允许为空，写出实现的语句。

第3章 数据库和表

数据库是SQL Server用以存放数据和数据库对象的容器。表是最重要的数据库对象，它是数据存储的地方，其结构和电子表格类似，由行和列组成。本章主要介绍数据库和表的创建及管理。

3.1 创建和管理数据库

3.1.1 数据库简介

在 SQL Server 2005 中，数据库是由包括数据库和表的集合，以及其他对象（视图、索引、存储过程、同义词、函数、触发器等）组成。现实生活中的大量数据都可以存放到数据库中，使其电子化，支持有关的数据处理活动。

逻辑上每个数据库是由文件组组成的。表、视图、索引、存储过程、同义词、函数等数据库对象逻辑上都是存储在文件组中。在 SQL Server 2005 中，文件组分为主文件组和用户自定义文件组。主文件组主要用于存储数据库的系统信息，用户自定义文件组用于存储用户的数据信息。通过设置文件组，可以有效地提高数据库的读写性能，减少系统对 I/O 的冲突。

物理上每个数据库文件是由数据文件和日志文件组成。数据文件是数据库对象的物理存储器，所有的数据库数据物理上都是存储在数据文件中。日记文件记录了用户对数据库进行操作的信息。SQL Server 2005 遵循着先写日记、后进行数据修改的原则对数据库进行操作。因此，日记文件在恢复数据库数据、维护数据库的一致性方面起着举足轻重的作用。

安装 SQL Server 2005 时，系统自动创建 Master、Model、Msdb、Tempdb 这 4 个系统数据库。

1. Master 数据库

Master 数据库记录着 SQL Server 2005 系统中的所有系统级别信息，包括所有的登录账户和系统配置以及所包含的数据库、数据文件的位置。Master 数据库是 SQL Server 启动的第一个入口。一旦 Master 数据库损坏，SQL Server 将无法启动。

2. Model 数据库

Model 数据库是新建数据库的模板。当发出创建数据库的命令时，新的数据库的第一部分将通过复制 Model 数据库中的内容创建，剩余部分由空数据页填充。Model 数据库是 SQL Server 中不可缺少的系统数据库。

3. Msdb 数据库

Msdb 数据库提供了 SQL Server 2005 代理程序调度、警报、作业以及记录操作员等活动信息。

4. Tempdb 数据库

Tempdb 数据库保存了所有的临时表和临时存储过程。默认情况下，SQL Server 在运行时，Tempdb 数据库会根据需要自动增长。每次启动 SQL Server 时，系统都要重新创建 Tempdb 数据库。在断开连接时 Tempdb 数据库自动删除临时表和临时存储过程。因此，不要在 Tempdb 数据库中建立需要永久保存的表。

3.1.2 创建数据库

在 SQL Server 2005 中，可以使用 Management Studio 提供的两种工具来创建数据库。一种是使用图形化工具，另一种是命令行方式。由于图形化工具提供了图形化的操作界面，使用图形化工具创建数据库操作简单，容易掌握，适合于初学者。通过命令行方式创建数据库，要求用户掌握基本的语句，适合于较高级的用户。

1. 使用图形化工具创建数据库

（1）单击“开始”菜单→“程序”→“Microsoft SQL Server 2005”→“SQL Server Management Studio”，弹出登录界面。

（2）输入正确的连接信息，连接到服务器。

（3）右键单击“数据库”节点，弹出快捷菜单，选择“创建新的数据库”命令，出现如图 3.1 所示的界面。

（4）单击“文件组”节点，出现如图 3.2 所示的界面。

（5）单击“添加”按钮，添加用户自定义文件组。

（6）单击“常规”节点，出现如图 3.3 所示的界面。

（7）单击“添加”按钮，在逻辑名称一栏输入文件名，设定文件初始大小、文件增长方式、

文件存储位置等参数。

（8）单击"选项"节点，出现如图 3.4 所示的界面。

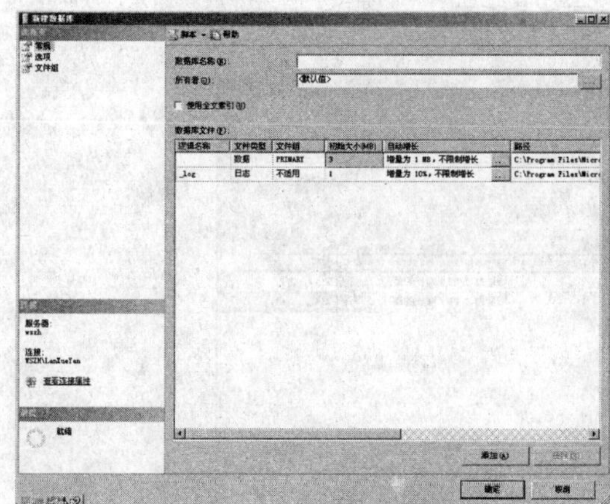

图 3.1　创建数据库的界面

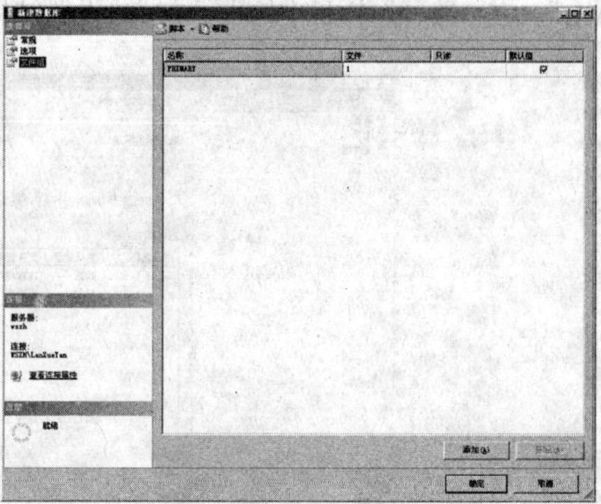

图 3.2　创建文件组界面

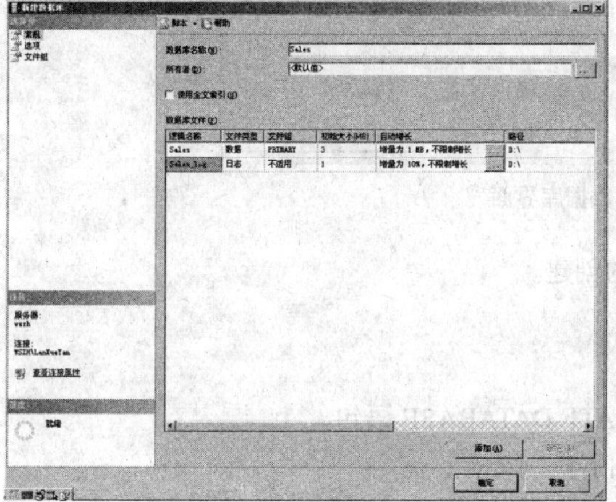

图 3.3　创建用户自定义文件界面

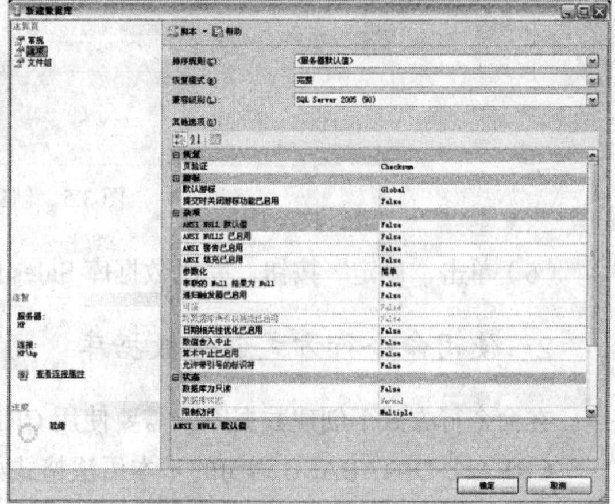

图 3.4　创建数据库选项界面

（9）默认情况下数据库选项的参数不需修改。单击"确定"按钮，完成数据库的创建。

【例 3.1】　使用图形化工具创建一个名为 Sales 的数据库，该数据库中有一个主文件组，数据文件名为 Sales.Mdf，存储在 E 盘下，初始大小为 3MB，最大为 10MB，文件增量以 1MB 增长。事务日志文件名为 Sales_Log.Ldf，存储在 E 盘下，初始大小为 1MB，最大为 5MB，文件增量以 1MB 增长。

（1）单击"开始"菜单→"程序"→"Microsoft SQL Server 2005"→"SQL Server Management Studio"，弹出登录界面。

（2）输入正确的连接信息，连接到服务器。

（3）右键单击"数据库"节点，在弹出的快捷菜单中选择"创建新的数据库"命令，出现如图 3.5 所示的界面。

（4）在"数据库名称"栏目中输入 Sales。在"逻辑名称"栏目中输入数据文件的名称为 Sales，初始大小设定为 2MB，单击"自动增长"左边的 ... 按钮，在弹出的对话框中将自动增长参数设置为"以 1MB 增长，最大为 10MB"，在"路径"栏目中输入"E:\"。

（5）在“逻辑名称”栏目中输入日记文件的名称为 Sales_Log，初始大小设定为 1MB，单击“自动增长”左边的 ... 按钮，在弹出的对话框中将自动增长参数设置为“以 1MB 增长，最大为 5MB”，在“路径”栏目中输入“E:\”，设置结果如图 3.5 所示。

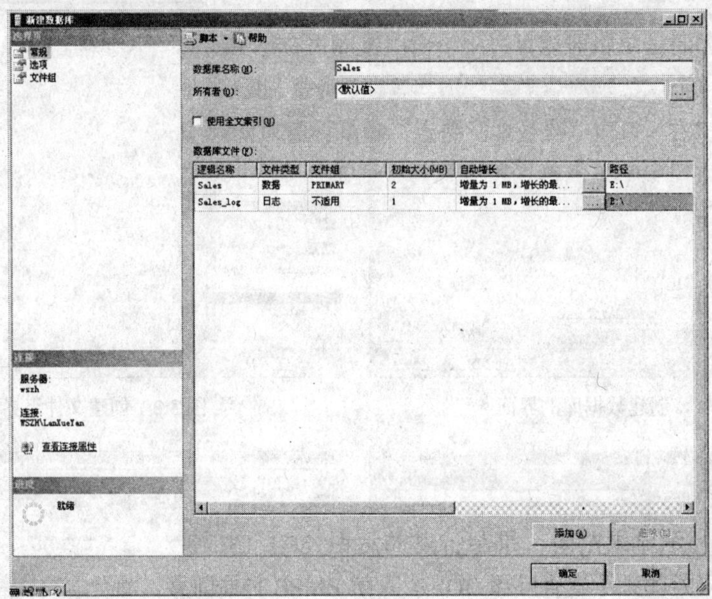

图 3.5　创建数据库界面

（6）单击“确定”按钮，完成数据库 Sales 的创建。

2. 使用命令行方式创建数据库

在命令行方式下创建数据库，需要使用 CREATE DATABASE 语句。

CREATE DATABASE 语句的基本语法格式如下：

```
  CREATE DATABASE 数据库名
  [ON
  {[ PRIMARY ]
  (NAME = 逻辑文件名,
   FILENAME ='操作系统下的文件名和路径'
   [,SIZE =文件初始容量]
   [,MAXSIZE ={文件最大容量|UNLIMITED}]
   [,FILEGROWTH = 文件的增量])
 } [ ,...n ]
 ]
 [LOG ON
  {(NAME = 逻辑文件名,
   FILENAME ='操作系统下的文件名和路径'
   [,SIZE =文件初始容量]
   [,MAXSIZE ={文件最大容量|UNLIMITED}]
   [,FILEGROWTH = 文件的增量])
   } [ ,...n ]
]
```

- 数据库名称在服务器中必须唯一，并且符合标识符的命名规则，最多可以包含128个字符。
- PRIMARY：用于指定主文件组中的文件。一个数据库只能有一个主文件。如果没有指定PRIMARY，那么CREATE DATABASE语句中列出的第一个文件将成为主文件。
- NAME子句：指定逻辑文件名，它是数据库在SQL Server中的标识。
- FILENAME子句：用于指定数据库在操作系统下的文件名称和所在路径，该路径必须存在。
- SIZE子句：用于指定数据库在操作系统下的文件大小，计量单位可以是MB或KB。如果没有指定计量单位，系统默认的是MB。
- MAXSIZE子句：指定操作系统文件可以增长的最大尺寸，计量单位可以是MB或KB。如果没有指定计量单位，系统默认的是MB。如果没有给出可以增长的最大尺寸，表示文件的增长是没有限制的，可以占满整个磁盘空间。
- FILEGROWTH子句：用于指定文件的增量。该选项可以使用MB、KB或百分比指定。当该选项指定的数值为零时，表示文件不能增长。

【例3.2】 在命令行方式下使用CREATE DATABASE 语句创建一个数据库。名字为NewSales，数据文件名为NewSales.Mdf，存储在E:\下，初始大小为4MB，最大为10MB，文件增量以1MB增长。事务文件为NewSales_Log.Ldf，存储在E盘下，初始大小为2MB，最大为5MB，文件增量以1MB增长。

（1）打开SQL Server Management Studio，连接到数据库服务器。

（2）单击“新建查询”按钮，进入命令行方式。

（3）输入以下SQL语句：

```
CREATE DATABASE NewSales
   ON PRIMARY
     (NAME = NewSales ,
      FILENAME = 'E:\ NewSales.Mdf',
      SIZE = 4MB,
      MAXSIZE = 10MB,
      FILEGROWTH =1 MB)
  LOG ON
     (NAME = NewSales_Log ,
      FILENAME = 'E:\NewSales_Log.Ldf',
      SIZE = 2MB,
      MAXSIZE =5MB,
      FILEGROWTH = 1MB)
  GO
```

单击“运行”按钮，完成数据库的创建。

【例3.3】 在命令行方式下使用CREATE DATABASE 语句创建一个名字为StuInfo的数据库。该数据库中有一个主文件组和一个名为Client的用户自定义文件组。主文件组中包含有一个名为StuInfo的主数据文件，存储在E盘下，初始大小为3MB，最大为10MB，文件增量以1MB增长；日志文件名为StuInfo_Log.Ldf，存储在D盘下，初始大小为1MB，最大为5MB，文件增量以1MB增长；用户自定义文件组Client1中有3个名为Student、Course、Score的数据文件，这3个数据文件均存储在E盘下，初始大小为2MB，最大为10MB，文件增量以1MB增长。

（1）打开 SQL Server Management Studio，连接到数据库服务器。

（2）单击"新建查询"按钮，进入命令行方式。

（3）输入以下 SQL 语句：

```
CREATE DATABASE  StuInfo
ON PRIMARY
 ( NAME = StuInfo,
   FILENAME ='E:\ StuInfo.Mdf',
   SIZE = 3MB,
   MAXSIZE = 10MB,
   FILEGROWTH =1MB
  ),
  FILEGROUP  Client
   (NAME =Student ,
   FILENAME ='E:\ Student.Ndf',
   SIZE = 2MB,
   MAXSIZE =10MB,
   FILEGROWTH = 1MB
   ),
   (NAME = Course ,
   FILENAME ='E:\ Course.Ndf',
   SIZE = 2MB,
   MAXSIZE =10MB,
   FILEGROWTH = 1MB
   ),
(NAME = Score ,
   FILENAME ='E:\ Score.Ndf',
   SIZE = 2MB,
   MAXSIZE =10MB,
   FILEGROWTH = 1MB
  )
LOG ON
  ( NAME =StuInfo1_Log,
    FILENAME = 'D:\ StuInfo_Log.Ldf',
    SIZE = 1MB,
    MAXSIZE = 5MB,
    FILEGROWTH = 1MB
  )
GO
```

单击"运行"按钮，显示运行结果。

说明

- SIZE、MAXSIZE、FILEGROWTH 参数不能使用小数。若要在 SIZE 参数中使用以 MB 为单位的小数，请将该数字乘以 1024 转换成 KB。例如，使用 1536KB 而不要指定 1.5MB（1.5×1024=1536）。
- 如果仅指定 CREATE DATABASE database_name 语句而不带其他参数，那么新建数据库的大小将与 Model 数据库的大小相等。

3.1.3　管理数据库

管理数据库的内容通常包括显示数据库信息、扩充数据库容量、配置数据库、重命名数据库和删除数据库。管理数据库虽然可以使用图形化工具或命令行方式来进行，但在实际应用中更多的是使用命令行方式。

1. 显示数据库信息

(1) 使用图形化工具显示数据库信息。打开 SQL Server Management Studio，连接到数据库服务器。展开“数据库”节点，右键单击所需的数据库，在弹出的菜单中选择“属性”命令，屏幕上显示出属性窗口，从属性窗口的各个选项卡上可查看到数据库的相关信息。

(2) 使用命令行方式显示数据库信息。使用 SP_HELPDB database_name 命令可显示出指定数据库的信息，内容包括数据库名称、数据库大小、所有者、数据库 ID、创建时间、数据库状态及数据文件、日记文件的信息。

【例 3.4】　在命令行方式下使用存储过程 SP_HELPDB，显示数据库 Sales 的信息。

(1) 打开 SQL Server Management Studio，连接到数据库服务器。

(2) 单击“新建查询”按钮，进入命令行方式。

(3) 输入以下 SQL 语句：

```
SP_HELPDB Sales
```

单击“运行”按钮，显示如图 3.6 所示的运行结果。

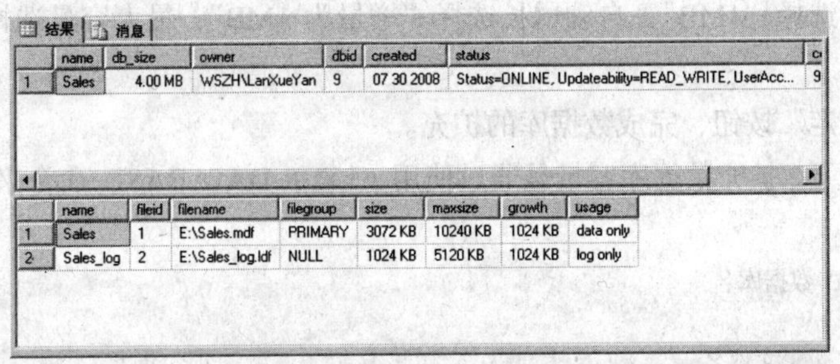

	name	db_size	owner	dbid	created	status	c
1	Sales	4.00 MB	WSZH\LanXueYan	9	07 30 2008	Status=ONLINE, Updateability=READ_WRITE, UserAcc...	9

	name	fileid	filename	filegroup	size	maxsize	growth	usage
1	Sales	1	E:\Sales.mdf	PRIMARY	3072 KB	10240 KB	1024 KB	data only
2	Sales_log	2	E:\Sales_log.ldf	NULL	1024 KB	5120 KB	1024 KB	log only

图 3.6　例 3.4 的运行结果

2. 扩充数据库容量

扩充数据库容量可以使用两种方法来实现。

方法一：增加数据文件和事务日志文件的容量。

方法二：为数据库增加文件组，而后在文件组中增加数据文件和日志文件。

使用图形化工具扩充数据文件、日记文件容量的步骤如下。

(1) 打开 SQL Server Management Studio，连接到数据库服务器。

(2) 展开“数据库”节点，右键单击所需的数据库，在弹出的菜单中选择“属性”命令。

(3) 单击“选项页”→“文件”选项，在“数据文件”窗口直接修改数据文件、日记文件的初始大小。

(4) 单击“确定”按钮，完成数据库的扩充。

【例 3.5】 使用图形化工具将销售数据库 Sales 的数据文件 Sales 由原来的 3MB 扩充为 4MB；日志文件 Sales_Log 由原来的 1MB 扩充为 2MB。

（1）打开 SQL Server Management Studio，连接到数据库服务器。

（2）展开“数据库”节点，右键单击 Sales 数据库，在弹出的菜单中选择“属性”命令。

（3）单击“选项页”→“文件”选项，在“数据文件”窗口直接将数据文件 Sales 的初始大小修改为 4MB，日记文件 Sales_Log 的初始大小修改为 2MB。

（4）单击“确定”按钮，完成数据库的扩充。

【例 3.6】 使用图形化工具在 NewSales 数据库中增加一个用户自定义文件组 Client1，并在该文件组中增加数据文件 Client1_Data，存储在 E:\下，初始大小为 2MB，最大容量为 10MB，文件增量以 1MB 增长；日记文件 Client1_Log 存储在 D:\下，初始大小为 1MB，最大容量为 5MB，文件增量以 1MB 增长。

（1）打开 SQL Server Management Studio，连接到数据库服务器。

（2）展开“数据库”节点，右键单击 NewSales 数据库，在弹出的菜单中选择“属性”命令。

（3）单击“选项页”→“文件组”选项，单击“添加”按钮，在名称一栏填入“Client1”，单击“确定”按钮。

（4）单击“选项页”→“文件”选项，单击“添加”按钮，在名称一栏填入“Client1_Data”，文件类型选择“数据”，文件组选择“Client1”，初始大小选择“2MB”，自动增长选择“增量为 1MB”，最大容量选择为“10MB”，文件存储在 E:\。

（5）单击“添加”按钮，在名称一栏填入“Client1_Log”，文件类型选择“日记”，文件组不做选择，初始大小选择“1MB”，自动增长选择“增量为 1MB”，最大容量选择为“5MB”，文件存储在 D:\。

（6）单击“确定”按钮，完成数据库的扩充。

在命令行方式下，扩充数据库容量是通过使用 ALTER DATABASE 命令来实现的。语法格式如下：

```
ALTER DATABASE 数据库名
 MODIFY FILE
     ( NAME = 逻辑文件名,
     [,SIZE = 文件初始容量]
     [,MAXSIZE = {文件最大容量|UNLIMITED } ]
     [,FILEGROWTH = 文件增长幅度] )
```

【例 3.7】 使用命令行方式将 NewSales 数据库中的数据文件 NewSales 由原来的 4MB 扩充为 8MB，日志文件 NewSales_Log 由原来的 2MB 扩充为 4MB。

（1）打开 SQL Server Management Studio，连接到数据库服务器。

（2）单击“新建查询”按钮，进入命令行方式。

（3）输入以下 SQL 语句：

```
USE MASTER
GO
ALTER DATABASE NewSales
MODIFY FILE
 (NAME='NewSales',SIZE=8MB)
GO
```

```
ALTER DATABASE NewSales
MODIFY FILE
(NAME='NewSales_Log',SIZE=4MB)
GO
```

（4）单击“运行”按钮，完成数据库的扩充。

【例 3.8】 使用命令方式在 NewSales 数据库中增加一个用户自定义文件组 Client2，并在该文件组中增加数据文件 Client2_Data，文件存储在 E:\，初始大小为 2MB，最大容量为 10MB，文件增量以 1MB 增长；日记文件 Client2_Log 文件存储在 D:\，初始大小为 1MB，最大容量为 5MB，文件增量以 1MB 增长。

（1）打开 SQL Server Management Studio，连接到数据库服务器。

（2）单击“新建查询”按钮，进入命令行方式。

（3）输入以下 SQL 语句：

```
USE  NewSales
GO
ALTER  DATABASE  NewSales
ADD  FILEGROUP  Client2
GO
ALTER  DATABASE  NewSales
ADD  FILE
(
NAME=Client2_Data,
FILENAME='E:\Client2_Data.Ndf',
SIZE=2MB,
MAXSIZE=10MB,
FILEGROWTH=1MB
)
TO FILEGROUP Client2
GO
ALTER  DATABASE  NewSales
ADD  LOG  FILE
(
NAME=Client2_log,
FILENAME='D:\Client2_log.Ldf',
SIZE=1MB,
MAXSIZE=5MB,
FILEGROWTH=1MB
)
GO
```

（4）单击“运行”按钮，完成在数据库中增加一个用户自定义文件组的操作。

3. 配置数据库

数据库建立以后，用户还可以根据需要对数据库选项进行重新配置。例如，将数据库设置为只读，把数据库配置成单用户方式。配置数据库有两种方法，一种方法是使用 Management Studio 图形化工具，另外一种方法是在命令行方式下使用系统存储过程 SP_DBOPTION。

使用 Management Studio 图形化工具配置数据库的步骤如下。

（1）打开 SQL Server Management Studio，连接到数据库服务器。

（2）展开“数据库”节点，右键单击需要改变配置的数据库，在弹出的菜单中选择“属性”命令。

（3）单击“选项”节点，对数据库选项进行重新配置。

在命令行方式下，可以使用系统存储过程 SP_DBOPTION 显示并修改数据库选项。SP_DBOPTION 的语法格式为：

```
SP_DBOPTION ['数据库名'][ ,'选项名'][ ,'值']
```

- 数据库名：进行配置的数据库名，默认值为 NULL。
- 选项名：默认值为 NULL。
- 为选项设置的值可以是 TRUE、FALSE、ON 或 OFF。默认值为 NULL。

【例 3.9】 使用命令行方式显示数据库 Sales 可以重新设置的选项。

（1）打开 SQL Server Management Studio，连接到数据库服务器。

（2）单击“新建查询”按钮，进入命令行方式。

（3）输入以下 SQL 语句：

```
SP_DBOPTION  Sales
```

单击“运行”按钮，显示如图 3.7 所示的运行结果。

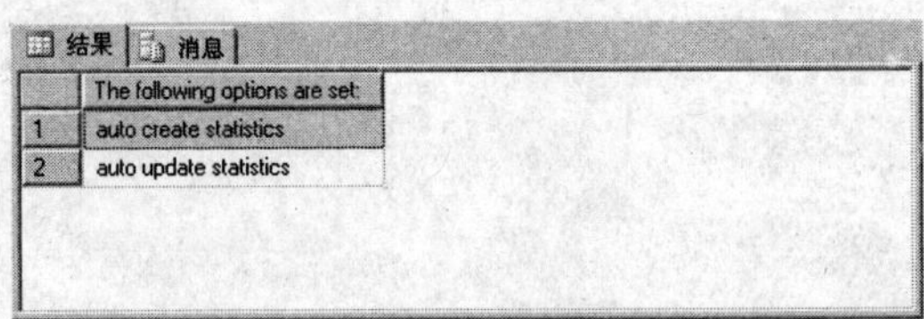

	The following options are set:
1	auto create statistics
2	auto update statistics

图 3.7　执行存储过程 SP_DBOPTION Sales 后的显示结果

【例 3.10】 使用命令行方式将 NewSales 数据库设置为只读。

（1）打开 SQL Server Management Studio，连接到数据库服务器。

（2）单击“新建查询”按钮，进入命令行方式。

（3）输入以下 SQL 语句：

```
USE NewSales
GO
SP_DBOPTION  'NewSales' ,'read only' ,'true'
GO
```

（4）单击“运行”按钮，将 NewSales 数据库设置为只读。

【例 3.11】 将 NewSales 数据库设置为单用户方式。

（1）打开 SQL Server Management Studio，连接到数据库服务器。

（2）单击“新建查询”按钮，进入命令行方式。

（3）输入以下 SQL 语句：

```
USE NewSales
GO
SP_DBOPTION  'NewSales' ,'single user' ,'true'
GO
```

（4）单击“运行”按钮，将 Sales 数据库设置为单用户方式。

4. 重命名数据库

重命名数据库可以使用 Management Studio 图形化工具，也可以在命令行方式下完成。

使用 Management Studio 图形化工具重命名数据库的操作步骤如下。

（1）打开 SQL Server Management Studio，连接到数据库服务器。

（2）展开数据库节点，右键单击需重命名的数据库，在弹出的菜单中选择“重命名”命令。

（3）输入新的数据库名，完成数据库的重新命名。

在命令行方式下，可以使用系统存储过程 SP_RENAMEDB 来完成数据库的重命名。

SP_RENAMEDB 的语法格式为：

```
SP_RENAMEDB  '数据库原名','数据库新名'
```

【例 3.12】 将 NewSales 数据库名字修改为 MySales。

（1）打开 SQL Server Management Studio，连接到数据库服务器。

（2）单击“新建查询”按钮，进入命令行方式。

（3）输入以下 SQL 语句：

```
SP_DBOPTION  'NewSales' ,'read only' ,'false'    --去掉只读属性
SP_RENAMEDB 'NewSales', 'MySales'           --将 NewSales 数据库改名为 MySales
```

（4）单击“运行”按钮，完成数据库的重命名。

说明

- 重命名数据库前，必须确保数据库已设置为单用户模式。
- 只有 sysadmin 和 dbcreator 固定服务器角色的成员才能执行 SP_RENAMEDB。

5. 删除数据库

当不再需要数据库中的数据时，为了节省空间，可以删除数据库。删除数据库时，SQL Server 将从服务器的磁盘中永久删除文件和数据。因此，在删除数据库前，请确认数据库中已经没有任何需要的数据了。

删除数据库的方法有两种：一种是使用 Management Studio 图形化工具，另一种是使用命令行方式。

使用 Management Studio 图形化工具删除数据库的步骤如下。

（1）打开 SQL Server Management Studio，连接到数据库服务器。

（2）展开数据库节点，右键单击需删除的数据库，在弹出的菜单中选择“删除”命令。

（3）单击“是”按钮，则删除数据库。

使用命令行方式删除数据库，是用 DROP DATABASE 命令来完成的。DROP DATABASE 命令的语法格式为：

```
DROP  DATABASE 数据库名[ ,...n]
```

【例 3.13】 使用命令行方式删除 MySales 数据库。

（1）打开 SQL Server Management Studio，连接到数据库服务器。

（2）单击“新建查询”按钮，进入到命令行方式。

（3）输入以下 SQL 语句：

```
USE master
DROP  DATABASE  MySales
```

（4）单击“运行”按钮，完成数据库的删除。

有以下几种情况会导致删除数据库失败。

（1）当数据库正在执行数据复制时。

（2）数据库正在恢复时。

（3）当有用户正在对数据库进行操作时。

3.1.4 分离与附加数据库

SQL Server 2005 允许分离数据库的数据和事务日志文件，然后将其附加到另一台服务器，甚至附加到同一台服务器上。分离数据库从 SQL Server 删除数据库的同时，保持组成该数据库的数据和事务日志文件中的数据完好无损。然后将这些分离出来的数据和事务日志文件附加到任何 SQL Server 实例上，从而使数据库的使用状态与分离前的状态完全相同。

分离与附加数据库适用于以下 2 种情况。

（1）将数据库从一台计算机移到另一台计算机。

（2）将数据库从一台计算机的一个磁盘移到另一个磁盘。

分离与附加数据库有两种方法，一种是使用 Management Studio 图形化工具，另一种是使用命令行方式。

1. 使用 Management Studio 图形化工具分离数据库的操作步骤如下

（1）打开 SQL Server Management Studio，连接到数据库服务器。

（2）展开数据库节点，右键单击需重命名的数据库，在弹出的菜单中选择“任务”→“分离”命令。

（3）单击“确定”按钮，完成数据库的分离。

【例 3.14】 使用 Management Studio 图形化工具分离数据库 Sales。

（1）打开 SQL Server Management Studio，连接到数据库服务器。

（2）展开数据库节点，右键单击 Sales 数据库，在弹出的菜单中选择“任务”→“分离”命令。

（3）单击“确定”按钮，完成 Sales 数据库的分离。

2. 使用 Management Studio 图形化工具附加数据库的操作步骤如下

（1）打开 SQL Server Management Studio，连接到数据库服务器。

（2）右键单击“数据库”节点，在弹出的菜单中选择“附加”命令，屏幕显示如图 3.8 所示。

（3）单击“添加”按钮，选择需附加数据库的主数据文件，单击“确定”按钮，屏幕显示如图 3.9 所示。

（4）单击“确定”按钮，完成数据库的附加。

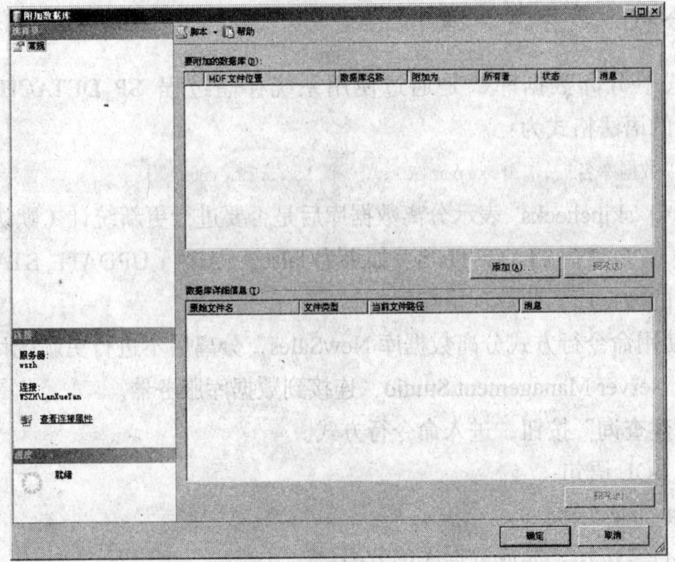

图 3.8　附加数据库界面

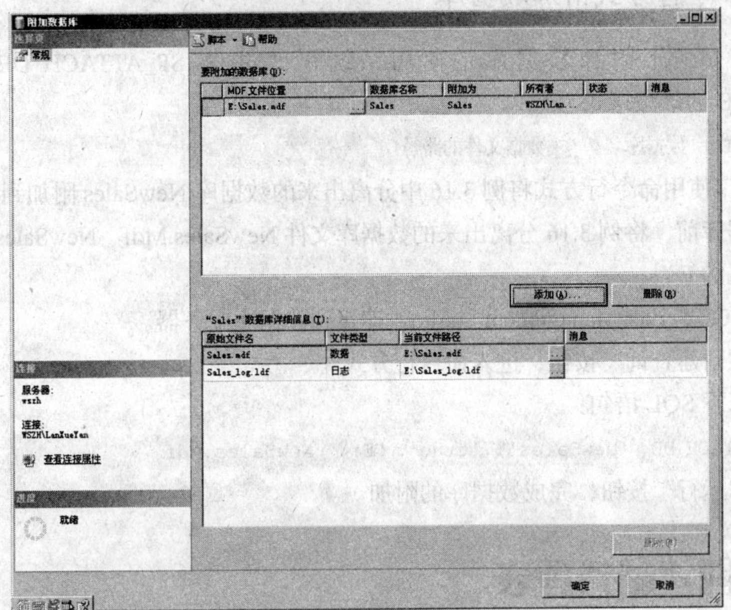

图 3.9　附加数据库确认界面

【例 3.15】　使用 Management Studio 图形化工具将例 3.14 中分离出来的数据库 Sales 附加到另一台计算机。

在附加数据库前，将例 3.14 分离出来的数据库文件 Sales.Mdf、Sales_Log.Ldf 复制到另一台计算机的 E:\。

（1）打开 SQL Server Management Studio，连接到数据库服务器。

（2）右键单击“数据库”节点，在弹出的菜单中选择“附加”命令。

（3）单击“添加”按钮，选择 E:\的主数据文件 Sales.Mdf，单击“确定”按钮。

（4）单击“确定”按钮，完成数据库的附加。

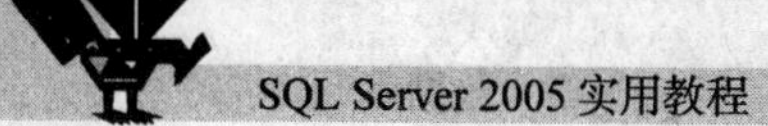

3. 使用命令行方式分离数据库

在命令行方式下分离数据库，是通过使用系统存储过程 SP_DETACH_DB 来完成的。SP_DETACH_ DB 的语法格式为：

```
SP_DETACH_DB  '数据库名'[,[ @skipchecks = ] 'skipchecks' ]
```

其中[@skipchecks =] 'skipchecks' 表示分离数据库后是否要进行更新统计（默认值为 NULL），如果为 true，则跳过 UPDATE STATISTICS。如果为 false，则运行 UPDATE STATISTICS。对于要移动到只读媒体上的数据库，此选项很有用。

【例 3.16】 使用命令行方式分离数据库 NewSales，分离后不进行更新统计。

（1）打开 SQL Server Management Studio，连接到数据库服务器。

（2）单击“新建查询”按钮，进入命令行方式。

（3）输入以下 SQL 语句：

```
EXEC SP_DETACH_DB 'NewSales', 'true'
```

（4）单击“运行”按钮，完成数据库的分离。

4. 使用命令行方式附加数据库

在命令行方式下附加数据库是使用系统存储过程 SP_ATTACH_DB 来完成的。SP_ATTACH_DB 的语法格式为：

```
SP_ATTACH_DB  '数据库名','主数据文件的路径'
```

【例 3.17】 使用命令行方式将例 3.16 中分离出来的数据库 NewSales 附加到另一台计算机。

在附加数据库前，将例 3.16 分离出来的数据库文件 NewSales.Mdf、NewSales_ Log.Ldf 复制到另一台计算机的 E:\。

（1）打开 SQL Server Management Studio，连接到数据库服务器。

（2）单击“新建查询”按钮，进入命令行方式。

（3）输入以下 SQL 语句：

```
EXEC  SP_ATTACH_DB  'NewSales', 'true', 'E:\' NewSales.Mdf
```

（4）单击“运行”按钮，完成数据库的附加。

3.2 创建和管理表

3.2.1 表简介

表是由数据记录按照一定的顺序和格式构成的数据集合，包含数据库中所有数据的数据库对象。表中的每一行代表唯一的一条记录，每一列代表记录中的一个域。在设计表时，一般应考虑以下几点。

（1）表所包含的列数，每一列的数据类型，列是否允许空值。

（2）表是否需要索引，哪些列是主键，哪些列是外键。

（3）表是否需要约束、默认设置或规则。

3.2.2　创建表

在 SQL Server 中，创建表有 2 种方法，一种是 Management Studio 图形化工具，另一种是使用命令行方式。

1. 使用 Management Studio 图形化工具创建表

使用 Management Studio 图形化工具创建表的步骤如下。

（1）打开 SQL Server Management Studio，连接到数据库服务器。

（2）展开数据库节点，展开所需的数据库节点。

（3）右键单击“表”节点，在弹出的菜单中选择“新建表”命令。屏幕显示如图 3.10 所示的界面。

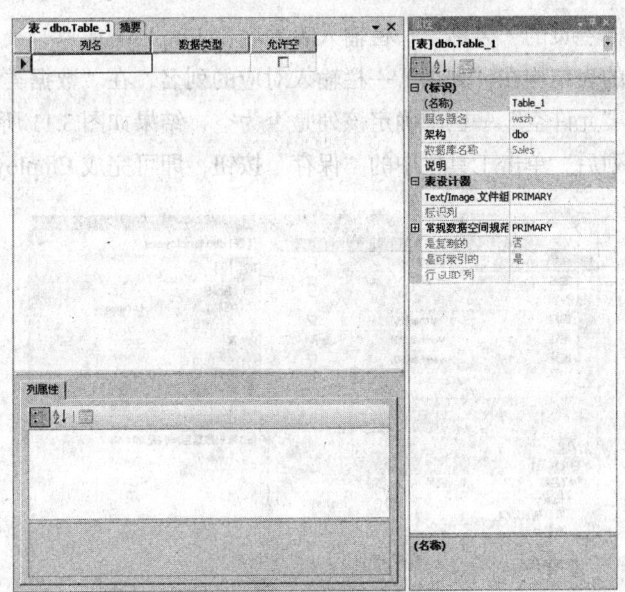

图 3.10　图形化创建表界面

（4）单击“属性窗口”按钮，在显示的“属性”标签页中“名称”一栏输入表的名称。

（5）根据设计好的表结构在“列名”一栏输入对应的列名，在“数据类型”下拉菜单中选择相应的数据类型，在“允许空”一栏中确定该列是否为空。

（6）填写完所有列后，单击工具栏中的“保存”按钮，即可完成表的创建。

【例 3.18】　使用 Management Studio 图形化工具在 Sales 数据库中创建 Employees 表。Employees 表的结构如表 3.1 所示。

表 3.1　Employees 表的结构

列　名	数据类型	是否为空	说　明	备　注
编号	Char(6)	No	主键	
姓名	Char(8)	No		

续表

列　名	数据类型	是否为空	说明	备注
性别	Bit	No		
部门	Varchar(16)	Yes		
电话	Varchar(20)	Yes		
地址	Varchar(50)	Yes		

下面使用 Management Studio 图形化工具创建 Employees 表。

（1）打开 SQL Server Management Studio，连接到数据库服务器。

（2）展开数据库节点，展开 Sales 数据库节点。

（3）右键单击"表"节点，在弹出的菜单中选择"新建表"命令。屏幕显示图 3.10 所示的界面。

（4）在"属性"标签页的"名称"一栏输入表的名称 Employees。

（5）根据设计好的表结构在"列名"一栏输入对应的列名，在"数据类型"下拉菜单中选择相应的数据类型，在"允许空"一栏中确定该列是否为空，结果如图 3.11 所示。

（6）填写完所有列后，单击工具栏中的"保存"按钮，即可完成 Employees 表的创建。

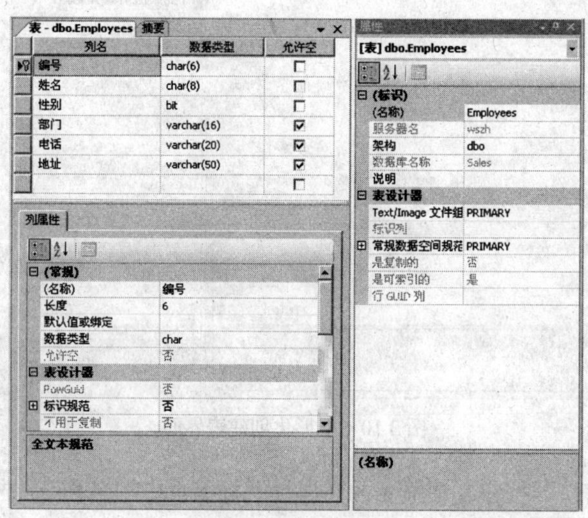

图 3.11　创建表

2. 使用命令行方式创建表

在命令行方式下，使用 CREATE TABLE 语句创建表。CREATE TABLE 语句的基本语法格式如下：

```
CREATE TABLE  [[数据库名.]表所有者.]表名
  (列名 列的属性 [,…n] )
```

其中，列的属性包括列的数据类型、是否为空、列的约束等。

【例 3.19】 使用命令行方式在 Sales 数据库中创建 Goods 表。Goods 表的结构如表 3.2 所示。

表 3.2　　Goods 表的结构

列　名	数据类型	可否为空	说　明	备　注
商品编号	int	否	主键	
商品名称	Varchar(20)	否		
生产厂商	Varchar(30)	否		
进货价	money	否		
零售价	money	否		
数量	int	否		
进货时间	datetime	否		
进货员工编号	Char（6）	否	外键	与 employees 关联

（1）打开 SQL Server Management Studio，连接到数据库服务器。

（2）单击“新建查询”按钮，进入命令行方式。

（3）输入以下 SQL 语句：

```
USE Sales
GO
--创建进货表 Goods
CREATE TABLE Goods
( 商品编号 Int NOT NULL,
商品名称 Varchar(20) NOT NULL,
生产厂商 Varchar(20) NOT NULL,
进货价 Money NOT NULL,
零售价 Money NOT NULL,
数量 Int NOT NULL,
进货时间 DateTime NOT NULL,
进货员工编号 Char(6) NOT NULL
)
GO
```

（4）单击“运行”按钮，完成 Goods 表的创建。

3.2.3　设置约束

约束定义了关于允许什么数据进入数据库的规则。使用约束的目的是为了防止列出现非法数据，以保证数据库中数据的一致性和完整性。

在 SQL Server 中，有以下类型的约束。

（1）PRIMARY KEY（主键）约束。

如果表中一列或多列的组合的值能唯一标识这个表的每一行，则这个列或列的组合可以作为表的主键。当创建或修改表时，可以通过定义 PRIMARY KEY 约束来创建表的主键。当为表指定 PRIMARY KEY 约束时，SQL Server 自动为主键列创建唯一索引，以确保数据的唯一性。

（2）FOREIGN KEY（外键）约束。

外键约束用于建立和加强两个表之间数据的相关性，限制外键的取值必须是主表的主键值。可以将表中主键值的一列或多列添加到另一张表中，以创建两张表之间的链接。这些列就称为第

二张表的外键。

（3）UNIQUE（唯一）约束。

使用 UNIQUE 约束可以确保表中每条记录的某些字段值不会重复。

（4）CHECK（检查）约束。

CHECK 约束通过限制列允许存放的数据值来实现域的完整性，它使用一个逻辑表达式来判断列中数据值的合法性。

（5）DEFAULT（默认）约束。

向表添加记录时，有时可能不能确切知道这条新记录中某个字段的值，有时甚至不能肯定这个字段是否有值。如果字段值为空而该字段又允许为空时，当然可以将空值赋给该字段。但有时候可能不希望字段的值为空，这时解决方案之一是为该字段设定一个默认值，即 DEFAULT 约束。

约束可以在创建表以后通过修改表结构的方法来设置，也可以在创建表时设置。约束的设置方法有两种，一种是使用 Management Studio 图形化工具，另一种是命令行方式。

1. PRIMARY KEY 约束

【例 3.20】 使用 Management Studio 图形化工具在 Sales 数据库中为 Employees 表的“编号”列创建 PRIMARY KEY 约束，以保证不会出现编号相同的员工。

（1）打开 SQL Server Management Studio，连接到数据库服务器。

（2）展开“数据库”节点，展开“Sales”数据库节点，展开“表”节点。

（3）右键单击 Employees 节点，在弹出的菜单中选择“修改”命令。

（4）右键单击“编号”单元格，在弹出的快捷菜单中选择“设置主键”命令，此时可看到“编号”这一列已经有了一个小钥匙标志，这就表明“编号”这一列已经标识为主键。

创建表后添加主键约束，使用的 SQL 语句是：

```
ALTER TABLE  表名
 ADD  CONSTRAINT  主键约束名   PRIMARY  KEY (列名)
```

【例 3.21】 使用 SQL 语句为 Goods 表的“商品编号”列创建 PRIMARY KEY 约束，以保证不会出现编号相同的商品。

（1）打开 SQL Server Management Studio，连接到数据库服务器。

（2）单击“新建查询”按钮，进入命令行方式。

（3）输入以下 SQL 语句：

```
USE Sales
GO
ALTER  TABLE  Goods
     ADD  CONSTRAINT  pk_GoodsNo  PRIMARY  KEY（商品编号）
GO
```

（4）单击“运行”按钮，完成 PRIMARY KEY 约束的创建。

2. FOREIGN KEY 约束

【例 3.22】 使用对象资源管理器在 Sales 数据库中为 Goods 表创建名为 FK_Goods_ Employees 的 FOREIGN KEY（外键）约束，该约束限制“进货员工编号”列的数据只能是 Employees 表“编号”列中存在的数据。

（1）在对象资源管理器中依次展开“数据库”节点→Sales 数据库→表，选择 Goods 表，然后单击鼠标右键并从弹出的菜单中选择“修改”命令。

（2）选中要作为表的外键约束的列，然后单击鼠标右键并从弹出的菜单中选择“关系”命令，如图 3.12 所示。

（3）选择“关系”命令后，在出现的窗口中单击“添加”按钮，出现如图 3.13 所示的窗口。

图 3.12　执行表的“关系”操作

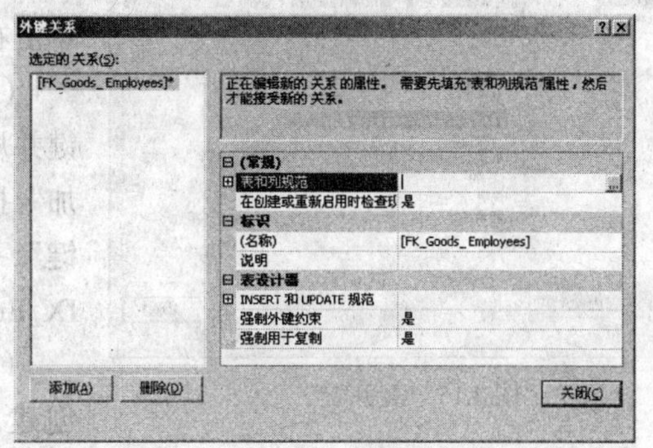

图 3.13　外键关系

（4）选择“表和列规范”选项，然后单击其右边的“…”按钮，出现如图 3.14 所示的窗口。

（5）将默认生成的关系名改为“FK_Goods_ Employees”，在外键表选择“进货员工编号”字段，主键表选择“Employees”表及“编号”字段。

（6）单击“确定”按钮，完成外键创建，并单击“关闭”按钮退出。

至此，两个表建立关联后，Goods 表中“进货员工编号”的值必须在 Employees 表的“编号”列中存在，同时，如果要从 Employees 表中删除记录，必须保证 Goods 表“进货员工编号”中没有与 Employees 表的“编号”相同的值。

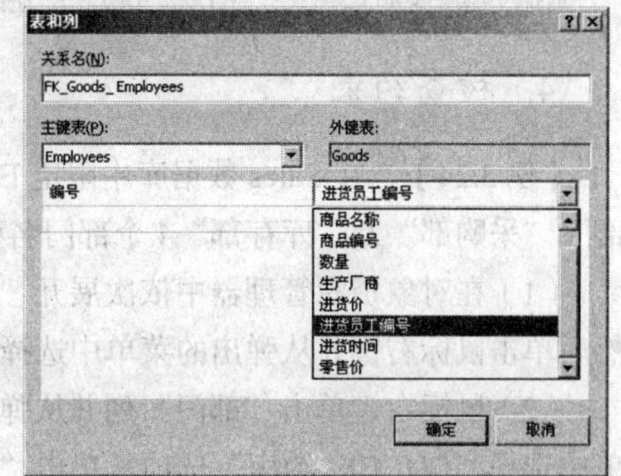

图 3.14　设置外键的表和列

创建表后也可以使用 SQL 语句添加外键约束，语法为：

```
ALTER TABLE  表名
ADD  CONSTRAINT  外键约束名 FOREIGN  KEY (列名)
REFERENCES  主表名(列名)
```

在建立外键约束时使用 CASCADE 选项，当主表的主键内容发生变化时，外键所在表的内容将随主表的内容发生变化。

如例 3.22 可以用如下的 SQL 语句实现：

```
ALTER TABLE  Goods
ADD  CONSTRAINT  FK_Goods_Employees  FOREIGN  KEY (进货员工编号)
REFERENCES  Employees(编号)
```

如果在上述 SQL 语句之后再加一行“ON UPDATE CASCADE”，则当 Employees 表的“编号”列的值发生改变时，Goods 表的“进货员工编号”列的值也随之改变，即级联修改。如果是“ON DELETE CASCADE”则为级联删除。

3. 唯一值约束

【例 3.23】 通过对象资源管理器 Sales 数据库中为 Employees 表创建名为 IX_EmployeesName 的 UNIQUE 约束，以保证“姓名”列的取值不重复。

（1）在对象资源管理器中依次展开“数据库”节点→Sales 数据库→表，选择 Employees 表，然后单击右键并从弹出的菜单中选择“修改”命令。

（2）选中要设为唯一值约束的列，然后单击右键并从弹出的菜单中选择“索引/键”选项，单击“添加”按钮，如图 3.15 所示，将类型设置为“唯一键”，列设置为“姓名”，并将默认的约束名改为 IX_EmployeesName。

（3）单击“关闭”按钮，完成唯一值约束创建。

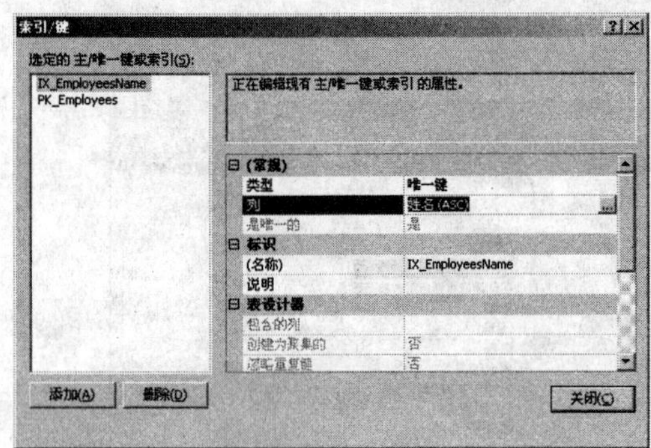

图 3.15 索引/键

至此，建立 UNIQUE 约束后，Employees 表的“姓名”列中将不能输入重复的名字。

例 3.23 可以用如下的 SQL 语句为 Employees 表的“姓名”列添加 UNIQUE 约束：

```
USE Sales
ALTER TABLE Employees
ADD CONSTRAINT IX_EmployeesName UNIQUE(姓名)
```

4. 核查约束

【例 3.24】 在 Sales 数据库中限定 Employees 表的“部门”这一列只能从“财务部”、“销售部”、“采购部”及“库存部”4 个部门名称中选一个，不能输入其他名称。

（1）在对象资源管理器中依次展开“数据库”节点→Sales 数据库→表，选择 Employees 表，然后单击鼠标右键并从弹出的菜单中选择“修改”命令。

（2）鼠标右键单击“部门”列并从弹出的菜单中选择“CHECK 约束”选项，单击“添加”按钮，如图 3.16 所示，将默认的约束名改为“CK_EmployeesDep”，在“常规”下的“表达式”输入框中输入“部门='财务部' or 部门='库存部' or 部门='销售部' or 部门='采购部'”。

（3）单击“关闭”按钮，完成核查约束创建。至此，建立 CHECK 约束后，Employees 表的“部门”列中将不能输入除已设定的 4 个部门名称之外的其他名称。

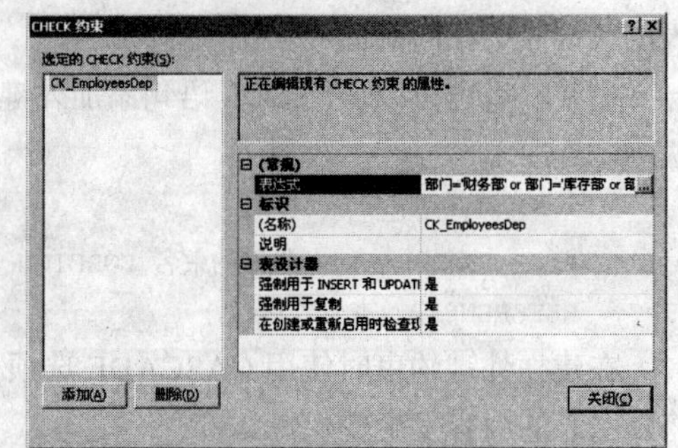

图 3.16 CHECK 约束

例 3.24 可以用如下的 SQL 语句为 Employees 表的“部门”列添加 CHECK 约束：

```
USE Sales
ALTER TABLE Employees
ADD CONSTRAINT CK_EmployeesDep  CHECK (部门='财务部' or 部门='库存部' or 部门='销售部' or 部门='采购部')
```

5. 默认值约束

【例 3.25】 在 Sales 数据库中为 Goods 表创建名为 DF_GoodsDate 的 DEFAULT 约束，该约束使“进货时间”列的默认值为当前的日期。

（1）在 Goods 表上单击右键并从弹出的菜单中选择“修改”命令，出现表设计器窗口。

（2）单击“进货时间”列，在“列属性”中的“默认值或绑定”的输入框中输入“GETDATE()”，如图 3.17 所示。

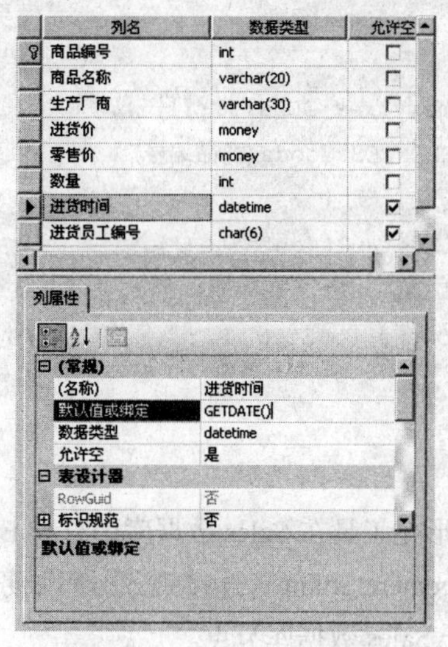

图 3.17　DEFAULT 约束

建立 DEFAULT 约束后，在输入时如果不为 Goods 表的“进货员工编号”列输入数据，则系统自动为改列输入当前日期。

例 3.25 可以用如下的 SQL 语句为 Goods 表的“进货员工编号”列添加默认值约束：

```
USE Sales
ALTER TABLE Goods
ADD CONSTRAINT DF_GoodsDate DEFAULT(GETDATE()) FOR 进货时间
```

前面主要介绍了对已经创建的表添加约束的方法，在 SQL Server 2005 中也可以在用 SQL 语句建立表时创建外键约束，使用的语法是：

```
 CREATE TABLE  表名
     { 列名   数据类型,
       CONSTRAINT  约束名 约束语句}
或
CREATE TABLE  表名
     { 列名   数据类型  约束语句}
```

【例 3.26】 使用命令行方式在 Sales 数据库中创建 Sell 表，同时进行约束的设置。Sell 表的结构如表 3.3 所示。

表 3.3　　Sell 表的结构

列　名	数据类型	可否为空	说　明	备　注
销售编号	int	否	主键	自动生成
商品编号	int	否	外键	与 Goods 表关联
数量	int	否		
售出时间	datetime	否		
售货员工编号	Char(6)	可	外键	与 Employees 关联

在查询窗口中输入如下的 SQL 语句并运行：

```
USE Sales
CREATE  TABLE  Sell
( 销售编号 Int NOT NULL primary key IDENTITY(1,1),
  商品编号 Int NOT NULL REFERENCES Goods(商品编号),
  数量 Int NOT NULL,
  售出时间 DateTime NOT NULL default(getdate()),
  售货员工编号 Char(6) NOT NULL,
  constraint  FK_Sell_Employees FOREIGN  KEY (售货员工编号) REFERENCES  Employees(编号)
)
```

6. 查看约束

使用 Management Studio 图形化工具在 Sales 数据库中查看 Employees 表的约束。

（1）打开 SQL Server Management Studio，连接到数据库服务器。

（2）展开数据库节点，展开 Sales 数据库节点。

（3）展开表节点，展开 Employees 表节点。

（4）展开约束节点，双击其中的"CK_EmployeesDep"节点，屏幕显示如图 3.17 所示。从图中可看到"CK_EmployeesDep"的核查约束的详细内容。

使用命令行方式查看数据库中表的约束，是通过使用系统存储过程 SP_HELPCONSTRAINT 来完成的。

【例 3.27】 使用命令行方式查看 Sales 数据库 Employees 表的约束。

（1）打开 SQL Server Management Studio，连接到数据库服务器。

（2）单击"新建查询"按钮，进入命令行方式。

（3）输入以下 SQL 语句：

```
USE  Sales
GO
EXEC  SP_ HELPCONSTRAINT  Employees
GO
```

（4）单击"运行"按钮，显示出 Employees 表的约束，结果如图 3.18 所示。

7. 禁（启）用约束

在实际应用中，有时可能需要原来已建立的约束暂时失效，此时可通过"禁用约束"的方法

来实现。如果需要取消“禁用约束”，使原来建立的约束有效，这时可使用“启用约束”。

结果 | 消息

	Object Name
1	employees

	constraint_type	constraint_name	delete_action	update_action	status_enabled
1	CHECK on column 部门	CK_EmployeesDep	(n/a)	(n/a)	Enabled
2	UNIQUE (non-clustered)	IX_EmployeesName	(n/a)	(n/a)	(n/a)
3	PRIMARY KEY (clustered)	PK_Employees	(n/a)	(n/a)	(n/a)

	Table is referenced by foreign key
1	Sales2.dbo.Goods: FK_Goods_ Employees1
2	Sales2.dbo.Sell: FK_Sell_Employees

图 3.18　例 3.27 的运行结果

【例 3.28】　在命令行方式下使用“禁用约束”使 Sales 数据库中 Employees 表的核查约束“CK_EmployeesDep”暂时失效。

在查询窗口输入以下 SQL 语句并运行：

```
USE  Sales
GO
ALTER  TABLE  Employees
NOCHECK  CONSTRAINT  CK_EmployeesDep
GO
```

此时 Employees 表的核查约束 CK_EmployeesDep 将失效。

【例 3.29】　在命令行方式下使用“启用约束”启用 Sales 数据库中 Employees 表的核查约束 ck_Employees_性别，使 Employees 表的核查约束 ck_Employees_性别有效。

在查询窗口输入以下 SQL 语句并运行：

```
USE  Sales
GO
ALTER  TABLE  Employees
CHECK  CONSTRAINT  CK_EmployeesDep
GO
```

此时 Employees 表的核查约束 CK_EmployeesDep 有效。

从例 3.28、例 3.29 可看出，禁用/启用约束的语句格式如下：

```
ALTER  TABLE  表名
CHECK/NOCHECK  CONSTRAINT  约束名
```

以上禁用/启用约束的语句也适用于主键约束、外键约束、唯一性约束和默认约束。

3.2.4　管理表

管理表的内容通常包括查看表的属性、修改表的结构、重新命名表和删除表。管理表可以使用 Management Studio 图形化工具、命令行方式来完成。

1. 查看表的属性

【例 3.30】　使用 Management Studio 图形化工具查看 Sales 数据库中 Employees 表的属性。

（1）打开 SQL Server Management Studio，连接到数据库服务器。

（2）展开数据库节点，展开 Sales 数据库节点。

（3）展开表节点，右键单击“dbo.Employees”对象，在弹出的快捷菜单中选择“属性”命令，屏幕显示如图 3.19 所示。

（4）右键单击“dbo.Employees”对象，在弹出的快捷菜单中选择“修改”命令，屏幕显示如

图 3.20 所示。

从图 3.19、图 3.20 可看出 Employees 表的创建日期、权限、所在的文件组、所包含的列、列的属性等内容。

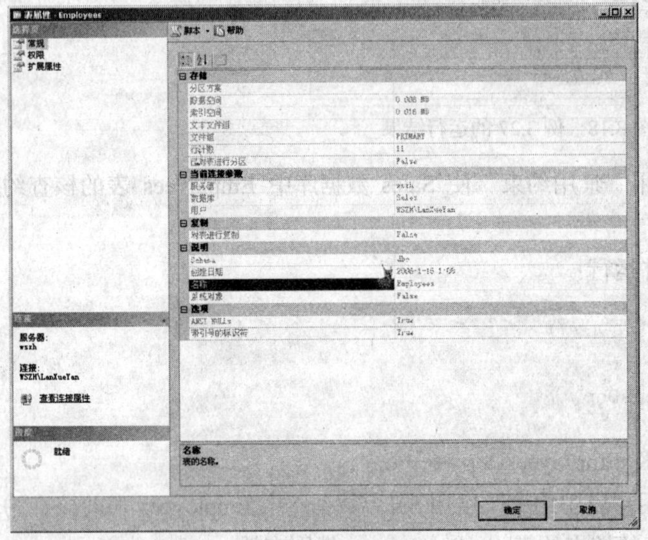

图 3.19　表的属性

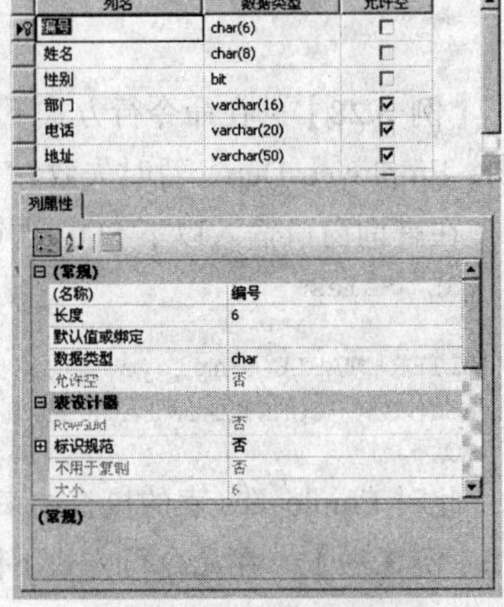

图 3.20　表的结构

【例 3.31】　使用命令行方式查看 Sales 数据库中 Employees 表的属性。

在查询窗口输入以下 SQL 语句并运行：

```
USE  Sales
GO
EXECUTE  SP_HELP  Employees
GO
```

单击“运行”按钮，屏幕显示如图 3.21 所示。

从图 3.21 可看出 Employees 表的创建日期、所包含的列、所在的文件组及所创建的约束等信息。

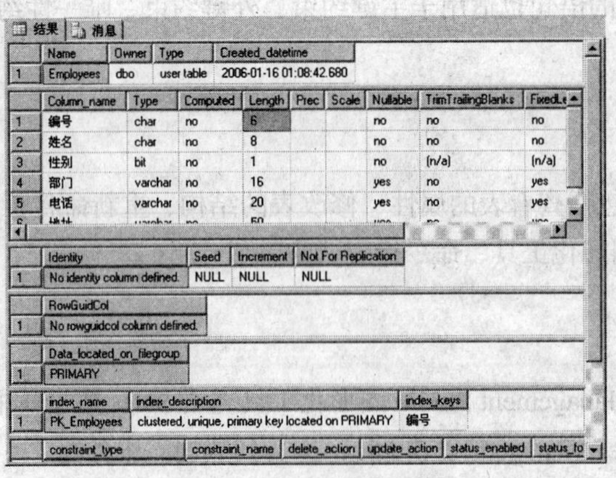

图 3.21　例 3.31 的运行结果

2. 修改表的结构

修改表的结构主要包括添加列、改变列的长度、改变列的数据类型、删除列。在命令行方式

下修改表的结构是使用ALTER TABLE语句来完成的。

【例3.32】 使用命令行方式给Sales数据库的Employees表增加一列，列名为“邮箱”，数据类型为VarChar(20)。

在查询窗口输入以下SQL语句并运行：

```
USE  Sales
GO
alter table employees
add 邮箱 varchar(20)
```

【例3.33】 使用命令行方式将Sales数据库中Employees表“邮箱”字段的数据类型及长度由VarChar(20)改变为Char(30)。

在查询窗口输入以下SQL语句并运行：

```
USE  Sales
GO
ALTER TABLE Employees
ALTER  COLUMN  邮箱  VarChar(30)
```

【例3.34】 使用命令行方式删除Sales数据库中Employees表中列名为“邮箱”的列。

在查询窗口输入以下SQL语句并运行：

```
USE  Sales
GO
ALTER TABLE Employees
DROP  COLUMN  邮箱
```

3. 重新命名表

【例3.35】 使用Management Studio图形化工具将Sales数据库中Employees表的名称改变为MyEmployees。

（1）打开SQL Server Management Studio，连接到数据库服务器。

（2）展开数据库节点，展开Sales数据库节点。

（3）展开表节点，右键单击“dbo.Employees”对象，在弹出的快捷菜单中选择“重命名”命令，此时表的名称可以改变。

（4）将表“Employees”的名称更改为“MyEmployees”。

【例3.36】 使用命令行方式将Sales数据库中MyEmployees表的名称改变为Employees。

在查询窗口输入以下SQL语句并运行：

```
USE  Sales
GO
EXECUTE  SP_RENAME  'MyEmployees',' Employees'
```

4. 删除表

【例3.37】 使用Management Studio图形化工具删除Sales数据库中Employees表。

（1）打开SQL Server Management Studio，连接到数据库服务器。

（2）展开数据库节点，展开Sales数据库节点。

（3）展开表节点，右键单击“dbo.Employees”对象，在弹出的快捷菜单中选择“删除”命令，则Sales数据库中Employees表即被删除。

【例3.38】 使用命令行方式删除Sales数据库中MyGoods表。

在查询窗口输入以下 SQL 语句并运行：

```
USE  Sales
GO
DROP  TABLE  MyGoods
GO
```

3.2.5　表操作

1. 插入数据

使用 Management Studio 图形化工具向表插入数据的步骤如下。

（1）打开 SQL Server Management Studio，连接到数据库服务器。

（2）展开数据库节点，展开 Sales 数据库节点。

（3）展开表节点，右键单击需插入数据的表，在弹出的快捷菜单中选择“打开表”命令。

（4）将数据输入到列表框内，输入完毕后关闭窗口，输入的数据将保存在表中。

在命令行方式下，可以使用 INSERT、SELECT INTO 语句向表插入数据。

INSERT 语句的基本语法格式为：

```
INSERT [INTO] 目标表名
     [(字段列表)]
        { VALUES ({ DEFAULT | NULL | 表达式 }[ ,...n]) | 执行语句}
```

- 目标表名：用来接收数据的表或 table 变量的名称。
- VALUES：要插入的数据值列表。

【例 3.39】　将表 3.4、表 3.5、表 3.6 的数据通过对象资源管理器分别添加到 Sales 数据库的 Employees、Goods 及 Sell 表。

表 3.4　　Employees 表数据

编　号	姓　名	性　别	部　门	电　话	地　址
1001	赵飞燕	0	采购部	01032198454	北京市南京东路 55 号
1002	刘德发	1	采购部	01032298726	北京市建国路 101 号
1003	李建国	1	采购部	01032147588	北京市民主路 6 号
1101	李圆圆	0	财务部	01032358697	北京市仁爱路一巷 41 号
1102	刘金武	1	财务部	01032298726	北京市建国路 101 号
1103	万兴国	1	财务部	01032658325	北京市南大街南巷 250 号
1201	孟全	1	库存部	01058546230	北京市南大街南巷 115 号
1202	黎美丽	0	库存部	01058964357	北京市教育路 32 号
1301	冯晓丹	0	销售部	01036571568	北京市育才路 78 号
1302	王峰	1	销售部	01032987564	北京市沿江路 123 号
1303	陈吉轩	1	销售部	01058796545	北京市德外大街 19 号

表3.5 Goods 表数据

商品编号	商品名称	生产厂商	进货价	零售价	数量	进货时间	进货员工编号
2	打印机	HP 公司	1205	1500	10	2004-10-13	1001
3	液晶显示器	SAMSUNG 公司	2210	2980	12	2005-1-12	1001
4	数码相机	Canon 公司	2380	3000	8	2005-3-15	1002
5	扫描仪	HP 公司	998	1320	8	2004-8-15	1001
6	笔记本电脑	联想公司	7800	9980	20	2005-3-15	1001
7	MP3 播放器	联想公司	458	600	18	2004-12-8	1002
8	摄像机	SONY 公司	5850	7800	6	2005-2-23	1003
9	台式电脑	DELL 公司	6850	7680	10	2005-1-5	1003
10	CRT 显示器	TCL 公司	1580	2200	3	2005-1-5	1001

表3.6 Sell 表数据

销 售 编 号	商 品 编 号	数 量	售 出 时 间	售货员工编号
1	2	1	2004-10-15	1301
2	2	1	2004-10-16	1302
3	5	2	2004-10-26	1303
4	6	1	2005-3-20	1301
5	7	2	2005-1-3	1301
6	3	2	2005-2-1	1302
7	3	1	2005-2-12	1302
8	9	1	2005-3-20	1302
9	6	1	2005-3-22	1303
10	6	1	2005-3-30	1303
20	9	2	2005-5-20	1302
30	9	2	2005-5-20	1302
40	9	2	2005-5-20	1302

（1）在 SSMS 中展开 Sales 数据库，右键单击 Employees 表，在弹出的快捷菜单中选择“打开表”命令。

（2）将数据依次输入到列表框内，如图 3.22 所示，输入完毕后关闭窗口，输入的数据将保存在 Employees 表中。

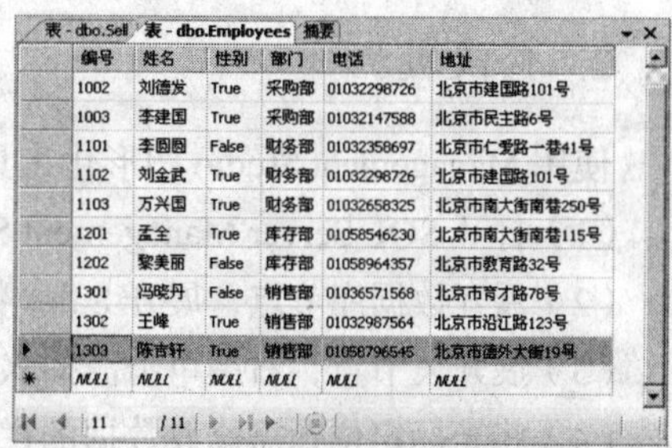

图 3.22 添加数据

（3）参考上述操作，完成对 Goods、Sell 表的输入，需要注意的是 Sell 表的“销售编号”字段在创建表时设置成“自动生成”，即作为标识列，所以该字段的值不用输入，由系统自动添加。

注意

本书各章示例主要围绕 Sales 数据库展开，执行操作产生的结果与上述数据库属性、表的结构及数据有直接联系。

【例 3.40】 在命令行方式下使用 INSERT 语句向表 Employees 插入一条记录。

在查询窗口输入以下 SQL 语句并运行：

```
USE Sales
GO
INSERT  INTO  Employees (编号,姓名,性别)
 VALUES('1304', '李明',1)
GO
```

【例 3.41】 在命令行方式下 使用 INSERT 语句将表 Employees1 中性别=1 的记录插入表 Employees（设表 Employees1 的结构与 Employees 完全相同）。

在查询窗口输入以下 SQL 语句并运行：

```
USE Sales
GO
INSERT  INTO  Employees
SELECT *
 FROM Employees1
 WHERE Employees1.性别=1
GO
```

上述语句执行后表 Employees1 中性别=1 的记录将插入到表 Employees。

使用 SELECT INTO 语句，允许用户定义一张新表，并且把 SELECT 的数据插入到新表。SELECT INTO 语句的基本语法格式为：

```
SELECT 新表的字段列表
    INTO 新表名称
    FROM 源表名称 WHERE 逻辑条件表达式
```

【例 3.42】 在命令行方式下使用 SELECT INTO 语句生成一张新表，新表的名称为“男员工表”，数据来自于 Employees 表中性别=1 的编号，姓名，性别等字段。

在查询窗口输入以下 SQL 语句并运行：

```
USE Sales
GO
SELECT  编号,姓名,性别
INTO 男员工表
FROM Employees WHERE 性别=1
GO
```

运行后将生成表“男员工表”，数据来自于表 Employees1 中性别=1 的记录。

2. 修改数据

使用 Management Studio 图形化工具修改表中数据的步骤如下。

（1）打开 SQL Server Management Studio，连接到数据库服务器。

（2）展开数据库节点，展开 Sales 数据库节点。

（3）展开表节点，右键单击需插入数据的表，在弹出的快捷菜单中选择“打开”命令。

（4）将光标定位到需修改数据的栏目，对数据直接进行修改。

（5）数据修改完毕，关闭窗口，数据将保存在表中。

在命令行方式下，使用 UPDATE 语句修改表中的数据。UPDATE 语句的基本语法格式为：

```
UPDATE 目标表名
   SET {列名 = {表达式 | DEFAULT | NULL }[,...n]}
   {[FROM {<源表名>} [,...n]]}
   [WHERE <搜索条件> ]
```

【例 3.43】 在命令行方式下使用 UPDATE 语句将表 Employees 中编号为“1304”记录的电话更改为 07713836386。

在查询窗口输入以下 SQL 语句并运行：

```
USE Sales
GO
UPDATE Employees
   SET 电话='07713836386'
   WHERE 编号='1304'
GO
```

【例 3.44】 在命令行方式下使用 UPDAT 语句将表 Goods 中李明 2005 年 5 月 20 日进货的商品零售价调整为九五折。

在查询窗口输入以下 SQL 语句并运行：

```
USE Sales
GO
UPDATE Goods
   SET Goods.零售价= Goods.零售价*0.95
   FROM Goods,Employees
   WHERE Goods.进货时间='2005-05-20'AND Employees.姓名='李明'
   AND Employees.编号= Goods.进货员工编号
GO
```

3. 删除数据

使用 Management Studio 图形化工具删除表中数据的步骤如下。

（1）打开 SQL Server Management Studio，连接到数据库服务器。

（2）展开数据库节点，展开 Sales 数据库节点。

（3）展开表节点，右键单击需插入数据的表，在弹出的快捷菜单中选择“打开”命令。

（4）将光标移到表内容窗口左边的行首（即行指示器所在列），选择需删除的记录。

（5）按 Delete 键，完成记录的删除。

在命令行方式下，使用 DELETE 语句删除表中的数据。DELETE 语句的基本语法格式为：

```
DELETE [FROM] 目标表名
   [FROM 源表名]
   [WHERE {<搜索条件>}]
```

【例 3.45】 在命令行方式下使用 DELETE 语句删除表 Sell 中售出时间为 1995 年 1 月 1 日以前的记录。

在查询窗口输入以下 SQL 语句并运行：

```
USE Sales
GO
DELETE  Sell where 售出时间 <'1995-01-01'
GO
```

【例 3.46】 在命令行方式下使用 DELETE 语句删除表 Goods 中李明 1995 年 1 月 1 日以前的进货记录。

在查询窗口输入以下 SQL 语句并运行：

```
USE Sales
GO
  DELETE Goods
     FROM  Goods,Employees
     WHERE  Goods.进货时间 < '1995-01-01'AND Employees.姓名='李明'
     AND  Employees.编号= Goods.进货员工编号
GO
```

3.3 数据完整性

为了维护数据库中的数据和现实世界的一致性，SQL Server 提供了确保数据库中数据的完整性技术。数据完整性是指存储在数据库中的数据的一致性和准确性。数据完整性有 3 种类型：域完整性、实体完整性和参照完整性。关系数据库的数据与更新操作必须满足这 3 种完整性规则。

3.3.1 域完整性

域完整性也称为列完整性，是指定一个数据集对某个列是否有效和确定是否允许为空值。通常使用有效性检查强制域完整性，也可以通过限定列中允许的数据类型、格式或可能取值的范围来强制数据完整性。检查约束是强制域完整性的一种方法。例如，在性别字段中通过设定检查约束，限制性别的取值范围只能是“男”和“女”，不允许在该列中输入其他无效的值。

3.3.2 实体完整性

实体完整性也称为行完整性，要求表中的所有行有一个唯一的标识符，如主键标识。现实世界中的实体是可区分的，即它们具有某种唯一性标识。相应的，关系数据库中以主键作为唯一性标识，主键不能取空值，如果主键取空值意味着数据库中的这个实体是不可区分的，与现实世界的应用环境相矛盾，因此这个实体一定不是完整的实体。主键约束是强制实体完整性的主要方法。

3.3.3 引用完整性

引用完整性也称为参照完整性，引用完整性禁止用户进行以下操作。

（1）当主表中没有关联的记录时，将记录添加到相关表中。

（2）更改主表中的值并导致相关表中生成孤立记录。

（3）从主表中删除记录，仍存在与该记录匹配的相关记录。

外键约束是强制引用完整性的主要方法。

约束是实现数据完整性的主要方法。表 3.7 对各种约束实现数据完整性进行了分类。

表 3.7　　数据完整性的类型及其说明

完整性类型	约 束 类 型	说　　明
域完整性	DEFAULT	当 INSERT 语句没有明确提供某列的值时，指定为该列提供默认值
	CHECK	指定某列可接受的值的范围
实体完整性	PRIMARY	每一行的唯一标识符号，确保用户没有输入重复的值，并且创建索引以提高性能。不允许有空值
	UNIQUE	防止每一行的相关列（非主键）出现重复值，并且创建索引以提高性能。允许有空值
引用完整性	FOREIGN KEY	定义一列或者多列，其值与本表或者其他表的主键值匹配

本章小结

本章的主要内容为数据库、表的创建及其管理。数据库、表的创建及其管理有两种方法：第一种方法是使用 Management Studio 图形化工具，由于 Management Studio 图形化工具提供了图形化的操作界面，采用 Management Studio 图形化工具创建、管理数据库和表，操作简单，容易掌握；第二种方法是在命令行方式下使用语句来创建、管理数据库和表，这种方法要求用户掌握基本的语句。

创建数据库使用CREATE DATABASE语句。管理数据库包括显示数据库信息、扩充数据库容量、配置数据库、重命名数据库和删除数据库。

分离与附加数据库适用于：①将数据库从一台计算机移到另一台计算机；②将数据库从一台计算机的一个磁盘移到另一个磁盘。分离与附加数据库可以使用 Management Studio 图形化工具，也可以使用命令行方式来完成。

创建表使用 CREATE TABLE 语句。管理表包括查看表的属性、修改表的结构、重新命名表和删除表。向表插入数据使用 INSERT 语句。更新表内容使用 UPDATE 语句。删除表的记录使用 DELETE 语句。

数据完整性是指存储在数据库中的数据的一致性和准确性。数据完整性有3种类型：域完整性、实体完整性和参照完整性。约束是实现数据完整性的主要方法。检查约束是强制域完整性的一种方法，主键约束是强制实体完整性的主要方法，外键约束是强制引用完整性的主要方法。关系数据库的数据与更新操作必须满足数据完整性的规则。

本章习题

一、判断题

1. 数据库是用来存放表和索引的逻辑实体。（ ）
2. 数据库的名称一旦建立就不能重命名。（ ）
3. SQL Server 不允许字段名为汉字。（ ）
4. 一个表可以创建多个主键。（ ）
5. 主键字段允许为空。（ ）
6. 主键可以是复合键。（ ）
7. 在表中创建一个标识列（IDENTITY），当用户向表中插入新的数据行时，系统自动为该行标识列赋值。（ ）
8. DELETE 语句只是删除表中的数据，表结构依然存在。（ ）
9. 设置唯一约束的列可以为空。（ ）
10. 定义外键级级联是为了保证相关表之间数据的一致性。（ ）

二、选择题

1. 下列哪个不是数据库对象（　　）。

A. 数据模型　　B. 视图　　C. 表　　D. 用户

2. 下列哪个既不是 SQL 数据文件也不是日志文件的后缀（　　）。

A. .mdf　　B. .ldf　　C. .tif　　D. .ndf

3. SQL Server 安装程序创建 4 个系统数据库，下列哪个不是系统数据库（　　）。

A. master　　B. model　　C. sales　　D. msdb

4. 在 SQL Server 中，model 是（　　）。

A. 数据库系统表　　B. 数据库模板　　C. 临时数据库　　D. 示例数据库

5. 限制输入到列的取值范围，应使用（　　）约束。

A. CHECK　　B. PRIMARY KEY

C. FOREIGN KEY　　D. UNIQUE

6. 每个数据库有且只有一个（　　）。

A. 主要数据文件　　B. 次要数据文件

C. 日志文件　　D. 索引文件

7. 安装 SQL Server 时，系统自动建立几个数据库，其中有一个数据库记录了一个 SQL Server 系统的所有系统信息，这个数据库是（　　）。

A. master 数据库　　B. model 数据库

C. tempdb 数据库　　D. sales 数据库

8. 在 SQL Server 中，关于数据库的说法正确的是（　　）。

A. 一个数据库可以不包含事务日志文件

B. 一个数据库可以只包含一个事务日志文件和一个数据文件

C. 一个数据库可以包含多个数据文件，但只能包含一个事务日志文件

D. 一个数据库可以包含多个事务日志文件，但只能包含一个数据文件

9. 数据库系统的日志文件用于记录下述哪类内容（　　）。

A. 程序运行过程　　B. 数据查询操作

C. 程序执行结果　　D. 数据更新操作

10. 以下关于外键和相应的主键之间的关系，正确的是（　　）。

A. 外键并不一定要与相应的主键同名

B. 外键一定要与相应的主键同名

C. 外键一定要与相应的主键同名而且唯一

D. 外键一定要与相应的主键同名，但并不一定唯一

三、填空题

1. 从存储结构上来看，数据库文件主要由________和________组成，相应的文件扩展名是________、________。

2. 建立数据库所使用的命令是________。

3. 显示某个数据库信息所使用的系统存储过程是________。

4. 扩充数据库容量所使用的命令是________。

5. 收缩数据库容量所使用的命令有________、________。

6. 将数据库设置为单用户模式所使用的系统存储过程是________。
7. 删除数据库文件所使用的命令是________。
8. 分离数据库所使用的系统存储过程是________。
9. 附加数据库所使用的系统存储过程是________。
10. 建立表所使用的命令是________。
11. 修改表结构所使用的命令是________。
12. 删除表所使用的命令是________。
13. 向表插入记录所使用的命令是________。
14. 更新表记录所使用的命令是________。
15. 删除表记录所使用的命令是________。

四、问答题

1. 什么是约束？其作用是什么？
2. 什么是数据完整性？完整性有哪些类型？
3. 已知数据库 Sales 中有两张表 E1 和 E2，其数据结构和相应内容如表 3.8、表 3.9 所示。

表 3.8　　E1 表的内容

编号(Char(3))	姓名(Char(8))	性别(Char(2))
001	李明	男
003	王伟	男
005	张梅	女
007	韦宇	男
009	何丽	女

表 3.9　　E2 表的内容

编号(Char(3))	姓名(Char(8))	性别(Char(2))
002	方秀丽	女
007	韦宇	男
004	江静	女
006	苏立	男
009	何丽	女

（1）写出删除表 E2 中那些已在表 E1 中存在的记录的命令序列。

（2）写出将表 E2 的记录插入到表 E1 中的命令序列。

4. 已知数据库 Sales 中有两张表 G1 和 G2，其数据结构和相应内容如表 3.10、表 3.11 所示。

表 3.10　　G1 表的内容

编号(Char(3))	名称(VarChar(18))	数量(Int)
001	大众轿车	15
003	夏利轿车	6
005	东风货车	20
007	解放货车	10
009	捷达轿车	3

表 3.11　　　　G2 表的内容

编号(Char(3))	名称(VarChar(18))	数量(Int)
003	夏利轿车	2
007	解放货车	6
009	捷达轿车	10
010	大宇客车	8
012	桑塔纳轿车	5

写出根据表 G2 的内容更新表 G1 内容的命令序列（除了更新表 G1 的数量以外，还须将表 G2 中那些在表 G1 中没有的记录添加到表 G1）。

实验 2　创建数据库和表

1．实验目的

（1）掌握创建数据库的方法。

（2）掌握创建表的方法。

（3）掌握约束的设置方法。

（4）掌握表的操作方法。

（5）掌握分离与附加数据库的方法。

2．实验内容

（1）使用 CREATE DATABASE 语句创建一个学生信息数据库，名字为 StuInfo。数据文件名为 StuInfo.Mdf，存储在 D:\下，初始大小为 3MB，最大为 10MB，文件增量以 1MB 增长。事务日志文件名为 StuInfo_Log.Ldf，存储在 D:\下，初始大小为 1MB，最大为 5MB，文件增量以 1MB 增长。

（2）在 StuInfo 数据库中建立学生基本信息表 T_Student、选修课程信息表 T_Course、成绩表 T_Score，这 3 张表的数据结构如表 3.12 ~ 表 3.14 所示。

表 3.12　　　　表 T_Student 的数据结构

字 段 名 称	数据类型	可否为空	说　明	备　注
S_number	Char(8)	否	主键	学号
S_name	Char(10)	否		姓名
Sex	Char(2)	可	只能输入“男”或“女”	性别
Birthday	Datetime	可		出生日期
Nation	Nvarchar(10)	可		民族
Politics	Varchar(10)	可		政治面貌
Department	Nvarchar(12)	可		所在系部
Address	Varchar(60)	可		家庭地址
PostalCode	Nvarchar(10)	可		邮政编码
Phone	Varchar(24)	可		联系电话

表 3.13　　表 T_Course 的数据结构

字段名称	字段类型	可否为空	说　明	备　注
C_number	Char(4)	否	主键	课程编号
C_name	Char(10)	否		课程名称
Teacher	Char(10)	可		授课教师
Hours	Int	否		学时
Credit	Int	可		学分
Type	Nvarchar(12)	可		课程类型

表 3.14　　表 T_Score 的数据结构

<table>
<tr><th>字段名称</th><th>字段类型</th><th>可否为空</th><th colspan="2">说　明</th><th>备　注</th></tr>
<tr><td>S_number</td><td>Char(8)</td><td>否</td><td rowspan="2">主键</td><td>外键</td><td>学号</td></tr>
<tr><td>C_number</td><td>Char(4)</td><td>否</td><td>外键</td><td>记录选修课程编号</td></tr>
<tr><td>Score</td><td>Numeric(5, 1)</td><td>可</td><td colspan="2">取值范围为 0 到 100</td><td>记录选修课程成绩</td></tr>
</table>

（3）向学生基本信息表 T_Student、选修课程信息表 T_Course、成绩表 T_Score 输入数据，这 3 张表的数据如表 3.15～表 3.17 所示。

表 3.15　　表 T_Student 的数据

S_number	S_name	Sex	Birthday	Nation	Politics	Department	Address	PostalCode	Phone
040101	刘致朋	男	1985-5-8	汉	党员	工商	北京市崇文区夕照寺街 201 号	100018	01030225566
040102	李宏	男	1984-12-8	汉	群众	工商	西安北大街 131 号	710001	
040103	黄方方	女	1986-3-16	壮	团员	工商	南宁市大学路 201 号	530010	07713500661
040201	田莉莉	女	1985-10-12	回	团员	计算机	西宁市顺安路 11 号	600012	13821879464
040202	王毅	男	1986-3-10	汉	党员	计算机	乌鲁木齐市民主路 99 号		15900354567
040203	李建国	男	1984-8-23	汉	党员	计算机	广州市西关路 6 号	530002	02238562478
040204	刘涛	男	1985-10-1	汉	团员	计算机	河南省新乡市西大街 99 号	320056	03115666545
040205	郝露	女	1985-8-23	壮	群众	计算机	贵州省遵义市解放路 22 号		07212455487
040301	吴杭	男	1985-7-19	汉	党员	机械			02658369456
040302	李进	男	1985-10-11	汉	团员	机械	河北省石家庄市民主路 103 号	110020	
050201	黄家妮	女	1987-5-6			计算机			13977185465

表 3.16　　表 T_Course 的数据

C_number	C_name	Teacher	Hours	Credit	Type
1	SQL Server	将兵	72	6	专业核心课
2	数据库原理	李朝阳	68	5	专业核心课

续表

C_number	C_name	Teacher	Hours	Credit	Type
3	VB	叶之文	72	6	专业基础课
4	计算机文化	张思竹	80	7	公共基础课
5	电子商务	蒋炎	76	6	专业核心课
6	会计	朱明	80	7	专业基础课
7	财务软件	王海	72	6	专业核心课
8	机械制造	黄科美	68	4	专业基础课
9	PHOTOSHOP	陈琳	68	5	专业基础课
10	计算机组装	袁伟	68	4	专业基础课

表 3.17　　表 T_Score 的数据

S_number	C_number	Score
040101	5	92
040101	6	85
040101	7	88
040102	5	48
040102	6	60
040102	7	52
040201	3	90
040301	8	75
040302	4	55
040302	8	66
050201	10	91

（4）写出向表 T_Score 插入记录：'040104'、'2'、70 的 SQL 语句，执行的结果如何？为什么？

（5）写出向表 T_Score 插入记录：'040102'、'2'、75 的 SQL 语句，执行的结果如何？为什么？

（6）写出将表 T_Student 中 S_Numbe='040101'修改为'040105'的 SQL 语句，执行的结果如何？为什么？

（7）写出删除表 T_Course 中 C_Number='5'的记录的 SQL 语句，执行的结果如何？为什么？

（8）如果确实需要删除表 T_Course 中 C_Number='5'的记录，应如何操作？写出具体的 SQL 语句。

（9）利用 SQL 语句为 T_student 表的 Politics 字段设置 CHECK 约束，限制其取值范围为“党员”或“团员”或“民主党派”或“群众”，并设置该字段默认值为“团员”。

（10）分离数据库 StuInfo，将分离出来的数据文件和事务日志文件复制到 C:\，然后将 C:\下的数据文件和事务日志文件附加到 SQL Server 服务器。

3. 实验步骤

（1）使用 Management Studio 图形化工具或命令行方式完成实验内容。

（2）记录完成实验的具体操作步骤和所使用的命令序列。

（3）记录实验结果，并对实验结果进行分析。

第4章 数据库的查询

数据库检索速度的提高是数据库技术发展的重要标志之一。在数据库的发展过程中，数据检索曾经是一件非常困难的事情，直到使用了 SQL 之后，数据库的检索才变得相对简单。对于使用 SQL 的数据库，检索数据都要使用 SELECT 语句。使用 SELECT 语句，既可以完成简单的单表查询、联合查询，也可以完成复杂的联接查询、嵌套查询。

4.1 SELECT 语句结构

SELECT 语句能够从数据库中检索出符合用户需求的数据，并将结果以表格的形式返回，是 SQL Server 中使用最频繁的语句之一。它功能强大，所以也有较多的子句，包含主要子句的基本语法格式如下：

```
SELECT 列名1 [ ,列名2 ]...
   [ INTO 新表名 ]
   FROM 表名1 [ ,表名2 ]...
   [ WHERE  条件 ]
   [ GROUP BY  列名列表 ]
   [ HAVING  条件 ]
   [ ORDER BY  列名列表  [ASC | DESC] ]
```

其中，用[ ]表示可选项。SELECT 语句是比较复杂的语句，上述结构还不能完全说明其用法，下面将把它拆分为若干部分详细讲述。

SELECT 语句至少包含两个子句：SELECT 和 FROM，SELECT 子句指定要查询的特定表中的列，FROM 子句指定查询的表。WHERE 子句指定查询的条件，GROUP BY 子句用于对查询结果进行分组，HAVING 子句指定分组的条件，ORDER BY 子句用于对查询结果进行排序。

【例 4.1】 查询员工表中所有员工的姓名和联系电话，可以写为：

```
SELECT  姓名,电话  FROM  employees
```

程序执行结果如下：

```
姓名          电话
----------    ----------
赵飞燕        01032198454
刘德发        01032298726
李建国        01032147588
李圆圆        01032358697
刘金武        01032298726
万兴国        01032658325
孟全          01058546230
黎美丽        01058964357
冯晓丹        01036571568
王峰          01032987564
陈吉轩        01058796545
(11 行受影响)
```

4.2 基本子句查询

4.2.1 SELECT 子句

SELECT 子句用于指定要返回的列，其完整的语法格式如下：

```
SELECT [ ALL | DISTINCT ]
       [ TOP n [PERCENT][WITH TIES]]
       列名
<列名>::=
     { *
        |{ 表名 | 视图名 | 表的别名 }.*
        |  { 列名 | 表达式 | IDENTITYCOL | ROWGUIDCOL } [[AS] 别名]
        | 别名=表达式
} [ ,...n ]
```

其中，用< >表示在实际编写语句时可以用相应的内容代替，用[,...n]表示重复前面的内容，用{ }表示是必选的，用 A | B 表示 A 和 B 只能选择一个。各参数说明如表 4.1 所示。

表 4.1　　SELECT 子句参数

参　数	功　　能
ALL	显示所有记录，包括重复行，ALL 是系统默认的
DISTINCT	如果有相同的列值，只显示其中一个。此时，空值被认为相等
TOP n [PERCENT]	指明返回查询结果的前 *n* 行，如果后面紧跟 PERCENT，则返回查询结果的前 *n*%行，若 *n*%为小数则取整
WITH TIES	除返回 TOP n[PERCENT]指定的行外，还返回与 TOP n[PERCENT]返回的最后一行记录中由 ORDER BY 子句指定列值相同的数据行
列名	指明返回结果中的列，如果是多列，用逗号隔开
*	通配符，返回所有列值

续表

参　　数	功　　能
{表名 | 视图名 | 表别名}.*	限定通配符“*”返回的作用范围
表达式	表达式，可以为列名、常量、函数或它们的组合
IDENTITYCOL	返回标识列
ROWGUIDCOL	返回行全局唯一标识列
列别名	在返回的查询结果中，用列别名替代列的原名。使用列别名有 3 种定义方法：列名 AS 列别名，列名 列别名，列别名=列名

1. 使用通配符“*”，返回所有列值

【例 4.2】　查询员工表中的所有记录，程序为：

```
SELECT * FROM employees
```

程序执行结果如下：

```
编号    姓名    性别  部门    电话          地址
1001    赵飞燕  0     采购部  01032198454   北京市南京东路 55 号
1002    刘德发  1     采购部  01032298726   北京市建国路 101 号
1003    李建国  1     采购部  01032147588   北京市民主路 6 号
1101    李圆圆  0     财务部  01032358697   北京市仁爱路一巷 41 号
1102    刘金武  1     财务部  01032298726   北京市建国路 101 号
1103    万兴国  1     财务部  01032658325   北京市南大街南巷 250 号
1201    孟全    1     库存部  01058546230   北京市南大街南巷 115 号
1202    黎美丽  0     库存部  01058964357   北京市教育路 32 号
1301    冯晓丹  0     销售部  01036571568   北京市育才路 78 号
1302    王峰    1     销售部  01032987564   北京市沿江路 123 号
1303    陈吉轩  1     销售部  01058796545   北京市德外大街 19 号
(11 行受影响)
```

2. 使用 DISTINCT 关键字消除重复记录

【例 4.3】　查询进货表中所有的生产厂商，去掉重复值，程序为：

```
SELECT DISTINCT 生产厂商 FROM goods
```

程序执行结果如下：

```
生产厂商
DELL 公司
TCL 公司
HP 公司
CANON 公司
联想公司
SAMSUNG 公司
SONY 公司
(7 行受影响)
```

3. 使用 TOP n 指定返回查询结果的前 *n* 行记录

【例 4.4】 查询进货表中商品名称、单价和数量的前 4 条记录，程序为：

```
SELECT  TOP  4 商品名称,进货价,数量 FROM  goods
```

程序执行结果如下：

```
商品名称      进货价       数量
打印机        1205.00      10
液晶显示器    2210.00      12
数码相机      2380.00      8
扫描仪        998.00       8
(4 行受影响)
```

4. 使用列别名改变查询结果中的列名

【例 4.5】 使用列的别名查询员工表中所有记录的员工编号（别名为 number）、姓名（别名为 name）和电话（别名为 telephone），程序为：

```
SELECT  编号 AS  number,name=姓名,电话  telephone  FROM  employees
```

程序执行结果如下：

```
number        name         telephone
1001          赵飞燕       01032198454
1002          刘德发       01032298726
1003          李建国       01032147588
1101          李圆圆       01032358697
1102          刘金武       01032298726
1103          万兴国       01032658325
1201          孟全         01058546230
1202          黎美丽       01058964357
1301          冯晓丹       01036571568
1302          王峰         01032987564
1303          陈吉轩       01058796545
(11 行受影响)
```

5. 使用列表达式

在 SELECT 子句中可以使用算术运算符对数字型数据列进行加(+)、减(–)、乘(*)、除(/)和取模(%)运算，构造列表达式，获取经过计算的查询结果。

【例 4.6】 查询各件商品的进货总金额，可以写为：

```
SELECT 商品名称,进货价*数量 AS 总金额 FROM  goods
```

程序执行结果如下：

```
商品名称            总金额
打印机              12050.00
液晶显示器          26520.00
数码相机            19040.00
扫描仪              7984.00
笔记本电脑          156000.00
```

```
MP3 播放器          8244.00
摄像机              35100.00
台式电脑            68500.00
CRT 显示器          4740.00
(9 行受影响)
```

4.2.2　FROM 子句

只要 SELECT 子句有要查询的列，就必须使用 FROM 子句指定进行查询的单个或者多个表。此外，SELECT 语句要查询的数据源除了表以外还可以是视图，视图相当于一个临时表，其语法格式如下：

```
FROM { 表名|视图名 } [ ,...n ]
```

当有多个数据源时，可以使用逗号“,”分隔，但是最多只能有 16 个数据源。数据源也可以像列一样指定别名，该别名只在当前的 SELECT 语句中起作用。方法为：数据源名 AS 别名，或者数据源名 别名。指定别名的好处在于以较短的名字代替原本见名知意的长名。

【例 4.7】　在 Employees 表中查询姓名为王峰的员工的联系电话，程序为：

```
SELECT  姓名,电话 FROM  employees  AS c  WHERE  c.姓名='王峰'
```

程序执行结果如下：

```
姓名          电话
王峰          01032987564
(1 行受影响)
```

4.2.3　WHERE 子句

WHERE 子句指定查询的条件，限制返回的数据行。其语法格式如下：

```
WHERE 指定条件
```

WHERE 子句用于指定搜索条件，过滤不符合查询条件的数据记录，使用比较灵活但复杂。可以使用的条件包括比较运算、逻辑运算、范围、模糊匹配以及未知值等。表 4.2 中列出了过滤的类型和用于过滤数据的相应搜索条件。

表 4.2　　过滤的类型与相应搜索条件

过 滤 类 型	搜 索 条 件
比较运算符	=、>、<、>=、<=、<>、!>、!<、!=
逻辑运算符	NOT、AND、OR
字符串比较	LIKE、NOT LIKE
值的范围	BETWEEN、NOT BETWEEN
列的范围	IN、NOT IN
未知值	IS NULL、IS NOT NULL

1. 算术表达式

使用比较运算符=（等于）、>（大于）、<（小于）、>=（大于等于）、<=（小于等于）、

<>（不等于）、!=（不等于）、!<（不小于）、!>（不大于）可以让表中的值与指定值或表达式作比较。

【例 4.8】 查询笔记本电脑的进货信息，程序为：

```
SELECT  *  FROM  goods  WHERE 商品名称='笔记本电脑'
```

数据类型为 Char、Nchar、Varchar、Nvarchar、text、datetime 和 smalldatetime 的数据，引用时要用单引号引用起来。

【例 4.9】 查询在 2005 年 1 月 1 日以前销售的商品信息，可以写为：

```
SELECT 商品编号,数量,售出时间 FROM  sell  WHERE 售出时间<'2005-1-1'
```

程序执行结果如下：

```
商品编号        数量        售出时间
2               1           2004-10-15 00:00:00.000
2               1           2004-10-16 00:00:00.000
5               2           2004-10-26 00:00:00.000
(3 行受影响)
```

【例 4.10】 查询进货总金额小于 10000 元的商品名称，可以写为：

```
SELECT 商品名称 FROM  goods  WHERE 进货价*数量<10000
```

程序执行结果如下：

```
商品名称
____________
扫描仪
MP3 播放器
CRT 显示器
(3 行受影响)
```

2. 逻辑表达式

【例 4.11】 查询 2005 年 1 月 1 日以前进货且进货价大于 1000 元的商品，可以写为：

```
SELECT 商品名称 FROM  goods  WHERE 进货时间<'2005-1-1'  AND 进货价>1000
```

程序执行结果如下：

```
商品名称
____________
打印机
(1 行受影响)
```

3. LIKE 关键字

【例 4.12】 查询“李”姓员工的基本信息，可以写为：

```
SELECT  *  FROM employees  WHERE 姓名 LIKE  '李%'
```

程序执行结果如下：

```
编号    姓名    性别    部门    电话           地址
1003    李建国  1       采购部  01032147588    北京市民主路 6 号
1101    李圆圆  0       财务部  01032358697    北京市仁爱路一巷 41 号
(2 行受影响)
```

LIKE 只适用数据类型为 Char、Nchar、Varchar、Nvarchar、datetime、smalldatetime、Binary 和 Varbinary 的数据，以及特定情况下数据类型为 text、ntext 和 image 的数据。

可以与 LIKE 相匹配的符号的含义如下。

- %　代表任意长度的字符串。
- _　代表任意一个字符。
- [ ]　指定某个字符的取值范围，例如，[a-e]指集合[abcde]内的任何单个字符。
- [^]　指定某个字符要排除的取值范围，例如，[^a-e]指不在集合[abcde]内的任何单个字符。

4. BETWEEN 关键字

【例 4.13】　查询零售价格为 2000～3000 元的所有商品，可以写为：

```
SELECT 商品名称,零售价 FROM  goods  WHERE 零售价 BETWEEN 2000  AND 3000
```

程序执行结果如下：

```
商品名称        零售价
液晶显示器      2980.00
数码相机        3000.00
CRT 显示器      2200.00
(3 行受影响)
```

5. IN 关键字

【例 4.14】　查询打印机、摄像机的进货价格，程序为：

```
SELECT 商品名称,进货价
FROM  goods
WHERE 商品名称 IN  ('打印机','摄像机')
```

程序执行结果如下：

```
商品名称        进货价
打印机          1205.00
摄像机          5850.00
(2 行受影响)
```

6. NULL 关键字

【例 4.15】　查询电话不为空的员工信息，可以写为：

```
SELECT  *  FROM employees  WHERE 电话 IS  NOT  NULL
```

4.2.4　ORDER BY 子句

ORDER BY 子句用于按查询结果中的一列或多列对查询结果进行排序。其语法格式如下：

```
ORDER  BY  列名列表  [ASC | DESC]
```

各参数说明如表 4.3 所示。

表 4.3　　ORDER BY 子句参数

参　数	功　　能
列名列表	指定要排序的列，可以是多列。如果是多列，系统先按照第一列的顺序排列，当该列出现重复值时，再按照第二列的顺序排列，依此类推。列的数据类型不能为 ntext、text、image 型
ASC	指明查询结果按升序排列，是系统默认值
DESC	指明查询结果按降序排列，NULL 被认为是最小的值

【例 4.16】　查询商品的进货价格并按从大到小排序，程序为：

```
SELECT 商品名称,进货价 FROM goods ORDER BY 进货价 DESC
```

程序执行结果如下：

```
商品名称        进货价
笔记本电脑      7800.00
台式电脑        6850.00
摄像机          5850.00
数码相机        2380.00
液晶显示器      2210.00
CRT 显示器      1580.00
打印机          1205.00
扫描仪          998.00
MP3 播放器      458.00
(9 行受影响)
```

【例 4.17】　查询商品名称、进货价和数量，并按照数量的升序排序，在数量相同时，再按照进货价的降序排列，程序为：

```
SELECT 商品名称,进货价,数量 FROM goods ORDER BY 3,2 DESC
```

程序执行结果如下：

```
商品名称        进货价          数量
CRT 显示器      1580.00         3
摄像机          5850.00         6
数码相机        2380.00         8
扫描仪          998.00          8
台式电脑        6850.00         10
打印机          1205.00         10
液晶显示器      2210.00         12
MP3 播放器      458.00          18
笔记本电脑      7800.00         20
(9 行受影响)
```

ORDER BY 子句后面的数字表示排序列在选择列表中的位置，用于排序的列不一定要出现在选择列表中。上例中的“3”指 SELECT 选择列表中的第 3 个字段，其后省略了 ASC，ASC 是系统默认选项。

4.2.5 INTO 子句

INTO 子句用于把查询结果存放到一个新建立的表中，新表的列由 SELECT 子句中指定的列构成，其语法格式如下：

```
INTO 新表名
```

【例 4.18】 使用 INTO 子句创建一个新表，程序为：

```
SELECT TOP 15 PERCENT 商品名称,进货价*数量 AS 总金额 INTO 金额表
FROM goods
```

执行以上程序，即可在 sales 数据库中创建一个新表，表名为金额表。查询金额表的数据，可以执行程序：SELECT * FROM 金额表，结果如下：

```
商品名称        总金额
打印机          12050.00
液晶显示器      26520.00
(2 行受影响)
```

4.3 数据汇总

4.3.1 使用聚合函数

聚合函数的功能是对整个表或表中的列组进行汇总、计算、求平均值或总和，常见的聚合函数及其功能如表 4.4 所示。

表 4.4 聚合函数

函数格式	功能
COUNT([DISTINCT|ALL]*)	计算记录个数
COUNT([DISTINCT|ALL]<列名>)	计算某列值个数
AVG([DISTINCT|ALL] <列名>)	计算某列值的平均值
MAX([DISTINCT|ALL]<列名>)	计算某列值的最大值
MIN([DISTINCT|ALL]<列名>)	计算某列值的最小值
SUM([DISTINCT|ALL]<列名>)	计算某列值的和

其中，DISTINCT 表示在计算时去掉列中的重复值，如果不指定 DISTINCT 或指定 ALL（默认），则计算所有指定值。COUNT(*)函数计算所有行的数量，把包含空值的行也计算在内。而 COUNT(<列名>)则忽略该列中的空值，同样，AVG、MAX、MIN 和 SUM 等函数也将忽略空值，即不把包含空值的行计算在内，只对该列中的非空值进行计算。

【例 4.19】 查询财务部的员工人数，程序为：

```
SELECT COUNT(*) AS 人数 FROM employees WHERE 部门='财务部'
```

程序执行结果如下：

```
人数
```

```
3
(1 行受影响)
```

【例 4.20】 查询编号为 1301 的员工销售的商品总数量和最大一次销售数量，程序为：

```
SELECT  '1301'  as 员工编号, SUM(数量)  as 销售总数量,MAX(数量)  as 最大一次销售量
FROM  sell
WHERE  售货员工编号='1301'
```

程序执行结果如下：

```
员工编号      销售总数量    最大一次销售量
1301          4             2
(1 行受影响)
```

4.3.2 使用 GROUP BY 子句

GROUP BY 子句用来对查询结果进行分组，其语法格式如下：

```
GROUP  BY  [ ALL ] 列名列表 [ WITH { CUBE | ROLLUP } ]
```

各参数说明如表 4.5 所示。

表 4.5 GROUP BY 子句参数

参　数	功　能
ALL	返回所有的组和结果，甚至是不满足 WHERE 子句搜索条件的组和结果。不能和 CUBE 或 ROLLUP 同时使用
列名列表	执行分组的列或表达式
WITH CUBE	返回由 GROUP BY 分组的行外，还包含汇总行。在查询结果内返回每个可能的组和子组组合的 GROUP BY 汇总行
WITH ROLLUP	返回由 GROUP BY 分组的行外，还包含汇总行

【例 4.21】 统计各个部门的人数，程序为：

```
SELECT  部门,COUNT(*)  AS 人数 FROM  Employees  GROUP  BY 部门
```

程序执行结果如下：

```
部门          人数
财务部        3
采购部        3
库存部        2
销售部        3
(4 行受影响)
```

【例 4.22】 分别统计各个部门男性女性的人数，程序为：

```
SELECT 性别,部门,COUNT(部门)  FROM  Employees  GROUP  BY 性别,部门
```

程序执行结果如下：

```
性别          部门          人数
0             财务部        1
1             财务部        2
0             采购部        1
1             采购部        2
0             库存部        1
1             库存部        1
```

```
0              销售部       1
1              销售部       2
(8 行受影响)
```

【例 4.23】　使用 WITH　CUBE 汇总，程序为：

```
SELECT  性别,部门,COUNT(部门)  AS 人数
FROM  Employees  GROUP  BY 性别,部门 WITH  CUBE
```

程序执行结果如下：

性别	部门	人数
0	财务部	1
0	采购部	1
0	库存部	1
0	销售部	1
0	NULL	4
1	财务部	2
1	采购部	2
1	库存部	1
1	销售部	2
1	NULL	7
NULL	NULL	11
NULL	财务部	3
NULL	采购部	3
NULL	库存部	2
NULL	销售部	3

(15 行受影响)

【例 4.24】　使用 WITH　ROLLUP 汇总，程序为：

```
SELECT 性别,部门,COUNT(部门)  AS 人数
FROM  Employees  GROUP  BY 性别,部门 WITH  ROLLUP
```

程序执行结果如下：

性别	部门	人数
0	财务部	1
0	采购部	1
0	库存部	1
0	销售部	1
0	NULL	4
1	财务部	2
1	采购部	2
1	库存部	1
1	销售部	2
1	NULL	7
NULL	NULL	11

(11 行受影响)

SELECT 后面的每一列数据除了出现在聚合函数中的以外，都必须在 GROUP BY 子句中应用。使用 WITH CUBE 和 WITH ROLLUP 选项都会对分组结果进行汇总，与 CUBE 不同的是 ROLLUP 只返回第一个分组列的汇总数据，且更改分组列的顺序会影响结果集中生成的行数。

4.3.3 使用 HAVING 子句

HAVING 子句用来指定分组或集合的搜索条件，通常和 GROUP BY 子句一起使用，其行为与 WHERE 子句相似，只是 WHERE 子句作用于表和视图，HAVING 子句作用于分组。其语法格式如下：

```
HAVING 指定条件
```

当 HAVING 与 GROUP BY ALL 一起使用时，HAVING 子句替代 ALL。在 HAVING 子句中不能使用 text、image、ntext 数据类型。

【例 4.25】 统计各部门的男性人数，程序为：

```
SELECT 性别,部门,COUNT(部门) AS 人数
FROM Employees GROUP BY 性别,部门 HAVING 性别='1'
```

程序执行结果如下：

```
性别        部门        人数
1           财务部      2
1           采购部      2
1           库存部      1
1           销售部      2
(4 行受影响)
```

4.3.4 使用 COMPUTE 和 COMPUTE BY 子句

有时我们不仅需要知道数据的汇总情况，可能还需要知道详细的数据记录，此时可以使用 COMPUTE 或 COMPUTE BY 子句生成明细汇总结果。COMPUTE 子句用于对列进行聚合函数计算并生成汇总值，汇总的结果以附加行的形式出现，其语法格式如下：

```
COMPUTE
    { { AVG | COUNT | MAX | MIN | STDEV | STDEVP| VAR | VARP | SUM }
      ( 列名1 ) } [ ,...n ]
    [ BY 列名1 [,...n ] ]
```

- COMPUTE 子句中指定的列必须包含在 SELECT 语句中，不能用别名。
- 使用 COMPUTE [BY]子句就不能同时使用 SELECT INTO 子句，因为包括 COMPUTE 的语句不能产生相关输出。
- 使用 COMPUTE BY 子句时，也必须使用 ORDER BY 子句，且在 COMPUTE BY 子句中出现的列必须小于或等于 ORDER BY 子句中出现的列，列的顺序也要相同。

【例 4.26】 统计销售总数量，同时显示详细的数据记录，程序为：

```
SELECT 售货员工编号,商品编号,数量 FROM sell COMPUTE SUM(数量)
```

程序执行结果如下：

```
售货员工编号      商品编号      数量
1301              2             1
1302              2             1
```

```
1303              5                2
1301              6                1
1301              7                2
1302              3                2
1302              3                1
1302              9                1
1303              6                1
1303              6                1
1302              9                2
1302              9                2
1302              9                2
               SUM
          ===============================
              19
(14 行受影响)
```

【例 4.27】　分别统计各个员工的销售总数量，同时显示详细的数据记录，程序为：

```
SELECT  售货员工编号,商品编号,数量  FROM  sell
order  by 售货员工编号 COMPUTE  SUM(数量)  BY 售货员工编号
```

程序执行结果如下：

```
售货员工编号        商品编号          数量
------------------------------------------------
1301              6                1
1301              7                2
1301              2                1
               SUM
          ===============================
               4
售货员工编号        商品编号          数量
------------------------------------------------
1302              2                1
1302              9                2
1302              9                2
1302              9                2
1302              3                2
1302              3                1
1302              9                1
               SUM
          ===============================
              11
售货员工编号        商品编号          数量
------------------------------------------------
1303              6                1
1303              6                1
1303              5                2
               SUM
          ===============================
               4
(16 行受影响)
```

4.4 多表联接查询

4.4.1 联接简介

数据库的设计原则是精简，通常是各个表中存放不同的数据，最大限度地减少数据库冗余数据。而实际工作中，往往需要从多个表中查询出用户需要的数据并生成单个的结果集，这就是联接查询。在 SQL Server 中，可以使用两种语法格式：一种是 ANSI 联接语法格式，即联接写在 FROM 子句中；另一种是 SQL Server 联接语法格式，即联接写在 WHERE 子句中。

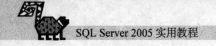

ANSI 联接语法格式如下：

```
SELECT 表名.列名1 [ ,...n ]
FROM { 表名1 [联接类型] JOIN 表名2 ON 联接条件 } [ ,...n ]
WHERE 查询条件
```

SQL Server 联接语法格式如下：

```
SELECT 表名.列名1 [ ,...n ]
FROM 表名1 [ ,...n ]
WHERE { 查询条件 AND | OR 联接条件 } [ ,...n ]
```

多表联接查询实际上是通过各个表之间共同列的关联性来查询数据，使用时应该注意以下几点。

- 尽可能以表的主键和外键来指定联接条件，如果以各表共同拥有的列来指定联接，则这些列的数据类型必须相同或相兼容。
- 如果所要联接的表具有相同的列名，则在引用这些列的时候，必须指定其表名，格式为：表名.列名。
- 参与联接查询的表的个数越多，SQL Server 处理这个查询所花费的时间就越长，所以应该尽量限制表的个数。

4.4.2 联接的类型

根据查询结果的不同将联接查询分为 5 种类型：内联接、左外联接、右外联接、完全外部联接和交叉联接。此外，可以在一个 SELECT 语句中使用一系列的联接来联接两个以上的表，也可以使用自联接把一个表和它自身相联接。

1. 内联接

所谓内联接指的是返回参与联接查询的表中所有匹配的行，在 ANSI 联接形式中使用关键字 INNER JOIN 表示。

【例 4.28】 查询销售商品的编号、名称和销售数量，使用 ANSI 联接形式（INNER JOIN）完成，程序为：

```
SELECT 销售编号,商品名称,sell.数量 as 销售数量
FROM goods INNER JOIN sell
ON goods.商品编号=sell.商品编号
```

程序执行结果如下：

销售编号	商品名称	销售数量
1	打印机	1
2	打印机	1
3	扫描仪	2
4	笔记本电脑	1
5	MP3 播放器	2
6	液晶显示器	2
7	液晶显示器	1
8	台式电脑	1
9	笔记本电脑	1

```
10            笔记本电脑            1
20            台式电脑              2
30            台式电脑              2
40            台式电脑              2
(13 行受影响)
```

【例 4.29】　使用 SQL Server 联接形式完成上例，程序为：

```
SELECT  销售编号,商品名称, sell.数量 as 销售数量
FROM  goods,sell
WHERE  goods.商品编号=sell.商品编号
```

程序执行结果与上例相同。

2. 左外联接

所谓左外联接指的是返回参与联接查询的表中所有匹配的行和所有来自左表的不符合指定条件的行。在右表中对应于左表无记录的部分用NULL值表示。在ANSI联接形式中使用关键字LEFT [OUTER] JOIN 表示，而在 SQL Server 联接形式中使用运算符“*=”表示。

【例 4.30】　查询销售商品的编号、名称和销售数量，使用左外联接（LEFT [OUTER] JOIN）完成，程序为：

```
SELECT 销售编号,商品名称,sell.数量 as 销售数量
FROM  goods  LEFT  JOIN  sell
ON  goods.商品编号=sell.商品编号
```

程序执行结果为：

```
销售编号      商品名称              销售数量
1             打印机                1
2             打印机                1
6             液晶显示器            2
7             液晶显示器            1
NULL          数码相机              NULL
3             扫描仪                2
4             笔记本电脑            1
9             笔记本电脑            1
10            笔记本电脑            1
5             MP3 播放器            2
NULL          摄像机                NULL
8             台式电脑              1
20            台式电脑              2
30            台式电脑              2
40            台式电脑              2
NULL          CRT 显示器            NULL
(16 行受影响)
```

【例 4.31】　使用 SQL Server 联接形式，程序为：

```
SELECT  销售编号,商品名称,sell.数量 as 销售数量
FROM  goods,sell
WHERE  goods.商品编号*=sell.商品编号
```

程序执行结果与上例相同。

3. 右外联接

所谓右外联接指的是返回参与联接查询的表中所有匹配的行和所有来自右表的不符合指定条件的行。在左表中对应于右表无记录的部分用 NULL 值表示。在 ANSI 联接形式中使用关键字 RIGHT [OUTER] JOIN 表示，而在 SQL Server 联接形式中使用运算符“=*”表示。

【例 4.32】 使用右外联接（RIGHT [OUTER] JOIN），程序为：

```
SELECT  销售编号,商品名称,sell.数量 as 销售数量
FROM  goods  RIGHT  JOIN  sell
ON  goods.商品编号=sell.商品编号
```

程序执行结果如下：

```
销售编号        商品名称          销售数量
1              打印机            1
2              打印机            1
3              扫描仪            2
4              笔记本电脑        1
5              MP3播放器         2
6              液晶显示器        2
7              液晶显示器        1
8              台式电脑          1
9              笔记本电脑        1
10             笔记本电脑        1
20             台式电脑          2
30             台式电脑          2
40             台式电脑          2
(13 行受影响)
```

4. 完全外部联接

所谓完全外部联接指的是返回联接的两个表中的所有相应记录，无对应记录的部分用 NULL 值表示。完全外部联接的语法只有 ANSI 语法格式一种，使用关键字 FULL [OUTER] JOIN 表示。

【例 4.33】 使用完全外部联接（FULL [OUTER] JOIN），程序为：

```
SELECT  销售编号,商品名称, sell.数量 as 销售数量
FROM  goods  FULL  JOIN  sell
ON  goods.商品编号=sell.商品编号
```

程序执行结果如下：

```
销售编号        商品名称          销售数量
1              打印机            1
2              打印机            1
6              液晶显示器        2
7              液晶显示器        1
NULL           数码相机          NULL
3              扫描仪            2
4              笔记本电脑        1
9              笔记本电脑        1
10             笔记本电脑        1
```

```
5          MP3 播放器          2
NULL       摄像机              NULL
8          台式电脑            1
20         台式电脑            2
30         台式电脑            2
40         台式电脑            2
NULL       CRT 显示器          NULL
(16 行受影响)
```

5. 交叉联接

所谓交叉联接指的是返回两个表交叉查询的结果。它返回两个表联接后的所有行（即返回两个表的笛卡尔积），不需要用 ON 子句来指定两个表之间任何连接的列。

【例 4.34】 使用交叉联接（CROSS JOIN），程序为：

```
SELECT 销售编号,商品名称,sell.数量 as 销售数量
FROM goods CROSS JOIN sell
```

4.5 联合查询

联合查询是指将多个 SELECT 语句返回的结果通过 UNION 操作符组合到一个结果集中。参与查询的 SELECT 语句中的列数和列的顺序必须相同，数据类型也必须兼容。其语法格式如下：

```
SELECT 语句1 UNION [ ALL ] SELECT 语句2
```

其中，ALL 是指查询结果包括所有的行，如果不使用 ALL，则系统自动删除重复行。

在联合查询中，查询结果的列标题是第一个查询语句中的列标题。如果希望结果集中的行按照一定的顺序排列，则必须在最后一个有 UNION 操作符的语句中使用 ORDER BY 子句指定排列方式，且使用第一个查询语句中的列名、列标题或列序号。

【例 4.35】 联合查询进货员工和销售员工的编号，程序为：

```
SELECT 售货员工编号 AS 业务员 FROM sell
UNION SELECT 进货员工编号 FROM goods
```

程序执行结果如下：

```
业务员
____________
1001
1002
1003
1301
1302
1303
(6 行受影响)
```

4.6 嵌套查询

嵌套查询是指在一个 SELECT 语句的 WHERE 子句或 HAVING 子句中，又嵌套有另外一个 SELECT 语句的查询。嵌套查询中上层的 SELECT 语句块称为父查询或外层查询，下层的 SELECT 语句块称为子查询或内层查询。

在嵌套查询中可以包含多个子查询，即子查询中还可以再包含子查询，嵌套最多可达 32 层，查询的处理顺序是由内向外。使用时应该注意以下几点。

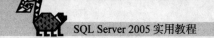

（1）子查询需要用圆括号( )括起来。

（2）子查询的 SELECT 语句中不能使用 image、text 或 ntext 数据类型。

（3）子查询返回的结果值的数据类型必须匹配新增列或 WHERE 子句中的数据类型。

（4）子查询中不能使用 COMPUTE [BY]或 INTO 子句。

（5）在子查询中不能出现 ORDER BY 子句，ORDER BY 子句应该放在最外层的父查询中。

【例 4.36】 查询进货员工的基本信息，程序为：

```
SELECT  *  FROM  employees
WHERE 编号=ANY (SELECT 进货员工编号 FROM  goods)
```

程序执行结果为：

编号	姓名	性别	部门	电话	地址
1001	赵飞燕	0	采购部	01032198454	北京市南京东路 55 号
1002	刘德发	1	采购部	01032298726	北京市建国路 101 号
1003	李建国	1	采购部	01032147588	北京市民主路 6 号

(3 行受影响)

使用“=ANY”等价于使用 IN 谓词。在某些嵌套查询中的 WHERE 之后，可以使用 ANY 或 ALL 关键字和算术运算符一起构成各种查询条件。ANY 表示子查询结果中的某个值，ALL 表示子查询结果中的所有值，如>ALL，表示大于子查询中的所有值。

本章小结

在本章中，主要讲述了数据检索的知识，介绍 SELECT 语句执行查询的各种方法和技巧。通过本章的学习，读者应该掌握下列一些内容。

- 掌握 SELECT 语句的基本结构。在 SELECT 语句中，SELECT 子句指定查询的特定表中的列，FROM 子句指定查询的表，WHERE 子句指定查询的条件。
- 掌握列别名的 3 种表示方式，表别名的 2 种表示方式。
- 学会使用 INTO 子句生成新的表，使用 ORDER BY 子句进行数据排序。
- 使用比较运算符、逻辑运算符和 LIKE、IN、BETWEEN 等关键字过滤查询结果。
- 使用聚合函数，例如 COUNT、AVG、MAX、MIN、SUN 等汇总数据。
- 使用分组子句 GROUP BY 和 HAVING，使用分组计算子句 COMPUTE 和 COMPUTE BY。
- 掌握联接查询的 5 种类型：内联接、左外联接、右外联接、完全外部联接和交叉联接。
- 使用 UNION 操作符进行联合查询的方法，使用嵌套查询的方法。

本章习题

一、填空题

1. 在 Transact-SQL 中，DISTINCT 关键字的作用是________。
2. 在 ORDER BY 子句中，选项 ASC 表示________，DESC 表示________。
3. 在 Transact-SQL 中，SELECT 子句用于指定________，WHERE 子句用于指定________。
4. 在 GROUP BY 子句中，WITH CUBE 选项的作用是________。
5. COMPUTE 子句用于对列进行聚合函数计算并生成汇总值，汇总的结果以________形式出现。

二、单项选择题

1. SQL 查询语句中，FROM 子句中可以出现（ ）。
   A. 数据库名　　B. 表名
   C. 列名　　D. 表达式
2. 可以有（ ）种方法定义列的别名。
   A. 1　　B. 2
   C. 3　　D. 4
3. 在模糊查询中，与关键字 LIKE 匹配的表示任意长度字符串的符号是（ ）。
   A. N×1　　B. 1×M
   C. N×M　　D. M×M
4. 假设 A 表有 N 行数据，B 表有 M 行数据，则两表交叉查询的结果有（ ）行数据。
   A. ?　　B. %
   C. [ ]　　D. *
5. 使用聚合函数时，把空值计算在内的是（ ）。
   A. COUNT（*）　B. SUM　C. MAX　D. AVG

三、针对本章使用的 sales 数据库，利用 SELECT 查询下列问题。

1. 查询进货表中前 6 件商品的信息。
2. 查询商品的进货价格，并按进货价从大到小排序。
3. 查询销售商品的名称、进货价、零售价和售出时间。
4. 查询商品的平均零售价格。
5. 查询销售时间在 2004 年 1 月 1 日至 2005 年 1 月 1 日之间的商品名称、进货数量、销售时间。
6. 使用 COMPUTE BY 分别查询每一个销售人员的销售总数量。
7. 使用 LIKE 查询显示器类商品的名称、进货数量和销售数量。
8. 查询打印机的销售数量。

实验 3　查询数据库

1. 实验目的

（1）掌握 SELECT 语句的基本语法。

（2）掌握 SELECT 语句的 ORDER BY、GROUP BY、INTO 等子句的作用和使用方法。

（3）掌握数据汇总的方法。

（4）掌握嵌套查询、多表联接查询和联合查询的使用方法。

2. 实验内容

对 stuinfo 数据库进行各种数据查询、数据汇总和多表联接查询等操作，所有操作都基于 t_student、t_course、t_score 3 个表。

3. 实验步骤

使用 Transact-SQL 语句完成下列查询任务。

（1）查询所有学生的详细信息，并按学号降序排序。

```
Use  stuinfo
go
select  *  from  t_student  order  by  s_number  desc
```

注意 ORDER BY 和"*"的使用。如果本题按照姓名字段的升序排序，程序又如何？

（2）所有学生的姓名、出生日期、年龄、课程名称和成绩。

```
Use  stuinfo
go
select  s_name 姓名, birthday 出生日期,year(getdate())-year(birthday)  年龄,
        c_name 课程名称, score 成绩
from  t_student,t_course,t_score
where  t_student.s_number=t_score.s_number
and  t_course.c_number=t_score.c_number
```

注意列别名和多表联接查询的使用。如果本题查询的是选修课程的编号而不是名称，程序又如何？

（3）查询李宏各门课程的成绩，并汇总出成绩总分和平均分。

```
Use  stuinfo
go
select  s_name 姓名,c_number  课程编号, score 成绩
from  t_student,t_score
where  t_student.s_number=t_score.s_number
and  s_name='李宏'
compute  avg(score)
compute  sum(score)
```

注意聚合函数和精确查询的使用。如果本题查询的是所有姓李的学生的各科成绩和总成绩及平均分，程序又如何？

（4）查询所有年龄大于 20 岁的女学生信息。

```
Use stuinfo
```

```
go
select * from t_student
where year(getdate())-year(birthday)>20 and sex='女'
```

函数 GETDATE()可以获得当前系统的日期和时间，使用 YEAR（GETDATE()）可以获得当年的年份，使用 YEAR（birthday）可以获得学生的出生年份。

（5）查询所有男学生的学号、姓名和成绩总分。

```
Use stuinfo
go
select t_student.s_number,s_name,sum(score)
 from t_student,t_score
where t_score.s_number=t_student.s_number
group by t_student.s_number,s_name
having sex='男'
```

SELECT 子句中出现的每个字段（除了出现在聚合函数中的以外）都必须在 GROUP BY 子句中出现。此外，由于 t_student 和 t_score 表中都有学号字段，在查询学号时必须在其前面注明表名、学号并指明学号的来源。

4. 思考与练习

根据 stuinfo 数据库的 3 个表 t_student、t_course、t_score，使用 Transact-SQL 语句完成以下查询。

（1）查询所有男学生的姓名、出生年月和年龄。（思考：如何通过字段“出生年月”求年龄？如何使用中文显示列的别名？）

（2）查询所有女学生的详细信息和女学生的总人数。（可以使用两个 select 语句完成，如果只允许使用一个 select 语句又如何完成？）

（3）查询 SQL Server 课程的总成绩、平均成绩、及格学生人数和不及格学生人数。（涉及几张表？至少要使用多少个 select 语句才能完成？）

（4）分别查询 SQL Server 课程男生的总分、平均分和女生的总分、平均分。

（5）查询所有姓李的男学生的选修课程和成绩。

（6）查询所有不及格学生的姓名、不及格的课程与成绩。（涉及几张表？限制条件应该如何写？）

（7）将 t_student 表中的前 40%条记录在 s_number,s_name，politics 字段上的值插入到新表 t_student1 中。

第5章 索引

在数据库的管理中，为了迅速地从庞大的数据库中找到所需要的数据，数据库提供了类似书籍目录作用的索引技术。通过在数据库中对表建立索引，可以大大加快数据的检索速度。

在数据查询时，如果表的数据量很大且没有建立索引，SQL Server 将从第一条记录开始，逐行扫描整个表，直到找到符合条件的数据行。这样，系统在查询上的开销将很大，且效率很低。如果建立索引，SQL Server 将根据索引的有序排列，通过高效的有序查找算法找到索引项，然后通过索引项直接定位数据，从而加快查找速度。

5.1 索引

5.1.1 索引的概念

1. 索引的概念

索引是一个单独的、物理的数据库结构。它由某个表中的一列或者若干列的值，以及这些值记录在表中存储位置的物理地址所组成。

使用索引可以极大地改善数据库的性能，其表现在如下方面。

- 通过创建唯一性索引，可以保证每一行数据的唯一性。
- 可以大大地加快数据的检索速度，这正是使用索引的最主要的原因。
- 在使用 ORDER BY 和 GROUP BY 子句进行数据检索时，可以减少查询中分组和排序的时间。
- 加速表与表之间的连接，特别是在实现数据库的参照完整性上很有意义。
- 可以在检索数据的过程中提高系统性能。

但是，索引并不是越多越好，建立不能被 SQL Server 使用的索引会给系统增加负担，索引要占用存储空间，而且为了自动维护索引，在插入、删除或者更新数据的时候，SQL Server 还要花费额外的操作来维护索引的有效性。因此，不要创建不经常使用的索引，不要在含有大量重复数据的列上创建索引，也不要在定义为 text、ntext 或者 image 数据类型的列上创建索引。

建立索引应该遵循以下原则。

- 在主键上创建索引。
- 在经常需要检索的字段上创建索引。
- 在外键上创建索引。
- 在经常需要排序的列上创建索引。

2. 索引的分类

从索引表的物理顺序、属性列的重复值以及索引列中所包含的列数等不同的角度，可以把索引分为以下 3 类。

（1）聚集索引和非聚集索引。

根据索引的顺序与表的物理顺序是否相同，可以把索引分为聚集索引和非聚集索引。在聚集索引中，表中各行的物理顺序与索引中行的物理顺序是相同的，创建任何非聚集索引之前要首先创建聚集索引，聚集索引需要将表中的所有数据完全重新排列。在创建索引期间，SQL Server 临时使用当前数据库的磁盘空间，聚集索引需要的工作空间大约为表大小的 1.2 倍，所以在创建聚集索引时要保证有足够的硬盘空间。由于每一个表只能以一种排序方式存储在磁盘上，所以一个表只能有一个聚集索引。此外，当为表设置主键约束时，如果表中没有聚集索引，且主键约束未使用关键字 NONCLUSTERED，系统会自动创建一个聚集索引。

在用户需要多种方法搜索数据时，可以使用非聚集索引。在默认情况下，所创建的索引是非聚集索引。非聚集索引不会改变表中数据行的物理存储位置和顺序，它只包含索引值和指向数据行的指针。例如，一个读者经常查阅一本关于园艺的书籍，并且希望能够按照植物的学名和俗名来查找内容，这样可以用学名创建一个聚集索引，用俗名创建一个非聚集索引。非聚集索引需要较少的工作空间，但检索效率比聚集索引低。非聚集索引一般创建在含有大量唯一值的字段上。每个表最多可以创建 249 个非聚集索引。

（2）唯一索引和非唯一索引。

唯一索引要求表中的所有数据行中的任意两行不能有重复的值（包括空值），而非唯一索引没有这个限制。当为表创建唯一索引后，系统首先检查表中已有的数据，如果出现被索引列存在重复索引值，系统将停止建立索引，显示错误提示。另外，当在表中创建一个唯一性约束时，系统会自动创建一个相应的唯一索引。

（3）单列索引和复合索引。

单列索引是对表中单个字段建立的索引，复合索引是对表中的两个或两个以上字段的组合建立的索引。一个复合索引最多可以有 16 个字段组合，并且所有的字段必须在同一个表中。复合索引中的字段的顺序可以和表中字段的顺序不同，在复合索引中应该首先定义最有可能是唯一值的字段。

5.1.2 索引的建立

在 SQL Server 2005 中，只有表或视图的拥有者才可以为表创建索引，即使表中没有数据也可以创建索引。创建索引有 2 种的方法。

- 使用 SQL Server 管理平台创建索引。
- 使用 Transact-SQL 语句中的 CREATE INDEX 命令创建索引。

1. 使用 SQL Server 管理平台创建索引

（1）在 SQL Server 管理平台中，展开指定的服务器和数据库，选择要创建索引的表，展开该表，选择“索引”选项，右击该选项，从弹出的快捷菜单中选择“新建索引”，如图 5.1 所示。下面将举例为进货表中的进货时间创建一个索引“i_进货时间”。

（2）进入“新建索引”窗口，在该窗口的“常规”选择页的“索引名称”文本框里输入新建索引的名称。在这个文本框下面的“索引类型”下拉列表中还可以选择是否为聚集索引，是否为唯一索引，如图 5.2 所示。索引“i_进货时间”是非聚集非唯一索引。

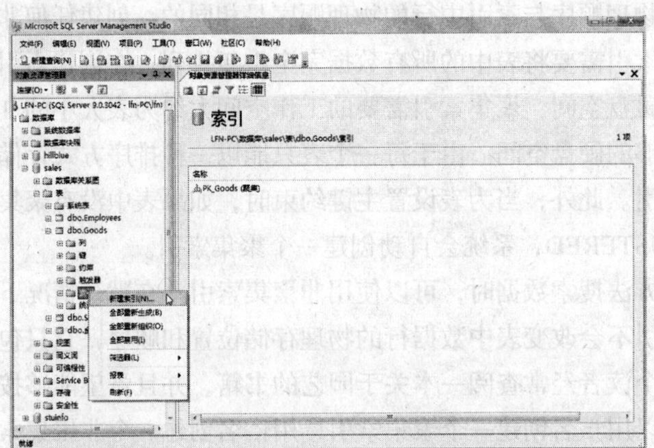

图 5.1 选择“新建索引”选项窗口

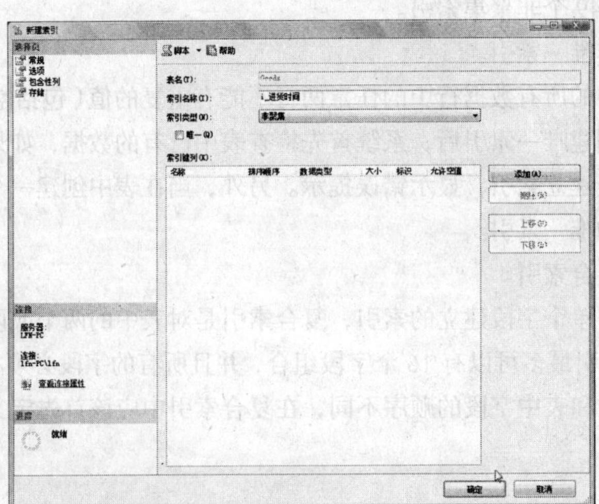

图 5.2 “新建索引”选项窗口

（3）单击“添加”按钮，可以选择建立索引的字段，然后单击“确定”按钮，返回 “新建索引”窗口，如图 5.3 所示。

从 “dbo.Goods” 中选择列

选择要添加到索引键的表列。

表列(T):

名称	数据类型	字节	标识	允许空值
商品编号	int	4	否	否
商品名称	varchar(20)	20	否	否
生产厂商	varchar(30)	30	否	否
进货价	money	19	否	否
零售价	money	19	否	否
数量	int	4	否	否
进货时间	datetime	8	否	是
进货员工编号	char(6)	6	否	是

确定　取消　帮助(H)

图 5.3　选择用于创建索引的字段

（4）在“新建索引”窗口的“选项”选择页中，还可以设定索引的属性。例如，设定是否自动重新计算统计信息，是否将中间排序结果存储在 tempdb 中和设置填充因子的值等，如图 5.4 所示。单击“确定”按钮，返回管理平台。

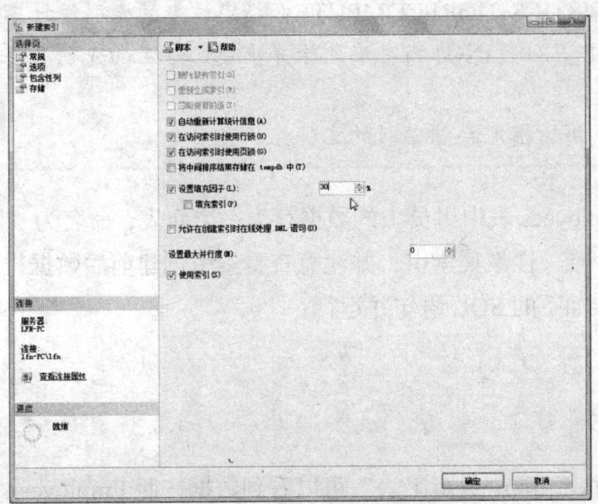

图 5.4　“新建索引”窗口的“选项”页面

此外，在“包含性列”选择页中，可以通过添加包含的非键列来扩展非聚集索引，提高选择操作的性能。在“存储”选择页中，可以指定索引的文件组或分区方案。

2. 使用 CREATE INDEX 命令创建索引

使用 Transact-SQL 语句中的 CREATE INDEX 命令创建索引，其语法格式如下：

```
CREATE [ UNIQUE ] [ CLUSTERED | NONCLUSTERED ]
  INDEX 索引名 ON { 表名 | 视图名 }(列名[ ASC | DESC ] [ ,...n ] )
[ WITH
  [ PAD_INDEX ]
  [ [,]FILLFACTOR=填充因子值 ]
  [ [,]SORT_IN_TEMPDB ]
```

```
    [ [,]STATISTICS_NORECOMPUTE ]
    [ [,]DROP_EXISTING ]
  ]
    [ ON 文件组名]
```

- UNIQUE：指定创建唯一索引。在创建索引时，如果数据已经存在，SQL Server 会检查是否有重复值，并且在插入或者修改数据时也会进行这种检查。如果存在重复值，将取消 CREATE INDEX 语句，并返回一条错误消息。
- CLUSTERED：指定创建聚集索引。
- NONCLUSTERED：指定创建非聚集索引。其索引数据页中包含了指向数据库中实际的表数据页的指针。
- ASC | DESC：指定特定索引列的排序方式，默认为升序（ASC）。
- PAD_INDEX：用于指定索引中间级中每个页上保持开放的空间，只有指定 FILLFACTOR 时才有效。
- FILLFACTOR：称为填充因子，用于指定每个索引页的数据占索引页大小的百分比，SQL Server 默认该值是 0。0 是个特殊值，表示页节点完全填满，索引页中还有一些空间。可以通过存储过程 sp_configure 更改默认的 FILLFACTOR 值。
- SORT_IN_TEMPDB：用于指定把创建索引时的中间排序结果存储在 tempdb 中。
- STATISTICS_NORECOMPUTE：指定过期的索引统计不会自动重新计算。
- DROP_EXISTING：指定应删除并重建已命名的先前存在的聚集索引或非聚集索引。
- ON：用于指定存储索引的文件组。

【例 5.1】 将 Employees 表中男员工的数据存为一个新表，命名为“男员工表”，在“男员工表”中按姓名创建一个唯一性聚集索引，并注意查看索引创建前后数据排序的变化。

在查询窗口中输入如下的 SQL 语句并运行：

```
select *
into 男员工表
from employees
where 性别=1
```

此时执行语句“select from 男员工表”可以看到数据按照 Employees 表中数据所在编号的顺序排序。

创建唯一性聚集索引的 SQL 语句；

```
CREATE  UNIQUE  CLUSTERED  INDEX  i_姓名
ON  男员工表 ( 姓名 )
```

此时执行语句“select from 男员工表”可以看到数据已按姓名的顺序排序。

如果在建表时使用了 PRIMARY KEY 创建主键约束，系统会自动为主键字段创建一个唯一性聚集索引，则不必再使用 CREATE INDEX 创建聚集索引。

【例 5.2】 为 Employees 表的“姓名”字段创建一个名为“i_姓名”的非聚集索引，使用降序排列，填充因子为 30。语句如下：

```
USE sales
```

```
GO
CREATE  INDEX  i_姓名
   ON  Employees ( 姓名 DESC )
WITH  FILLFACTOR=30
```

【例 5.3】 为 goods 表的“商品编号”和“商品名称”创建一个复合索引“i_goods”设定各相应参数。语句如下：

```
USE sales
GO
CREATE  UNIQUE  INDEX  i_goods
   ON  goods(商品编号,商品名称)
WITH
  PAD_INDEX,
FILLFACTOR=50,
IGNORE_DUP_KEY,
STATISTICS_NORECOMPUTE
```

5.1.3 索引的删除

当不需要某个索引时，可以使用 SQL Server 管理平台或者 DROP INDEX 命令删除索引。删除索引时，SQL Server 将回收索引所占用的磁盘空间。如果删除聚集索引，表中所有的非聚集索引将会被自动重建。删除表时，表中的索引也将随之删除。

1. 使用 SQL Server 管理平台删除索引

在 SQL Server 管理平台中展开指定的服务器和数据库，再展开要查看的表和“索引”，会出现该表中已存在的所有索引，选择要删除的索引，右击该索引，从弹出的快捷菜单中选择“删除”，进入“删除对象”窗口，如图 5.5 所示。再单击“确定”按钮，即可删除索引。

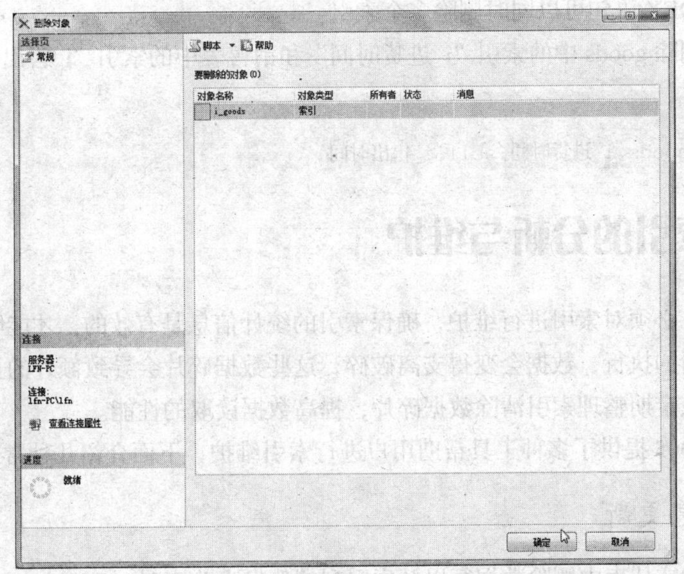

图 5.5 “删除索引”窗口

如果要修改索引的属性，则右击该索引，从弹出的快捷菜单中选择“属性”，即可进入“索引属性”窗口修改索引的属性。“索引属性”窗口比“新建索引”窗口多了两个选择页，分别是“碎片”和“扩展属性”，如图 5.6 所示。“碎片”选择页主要是帮助查看索引碎片数据，以决定是否需要重新组织索引；“扩展属性”选择页主要包含数据库名称和校对模式等。

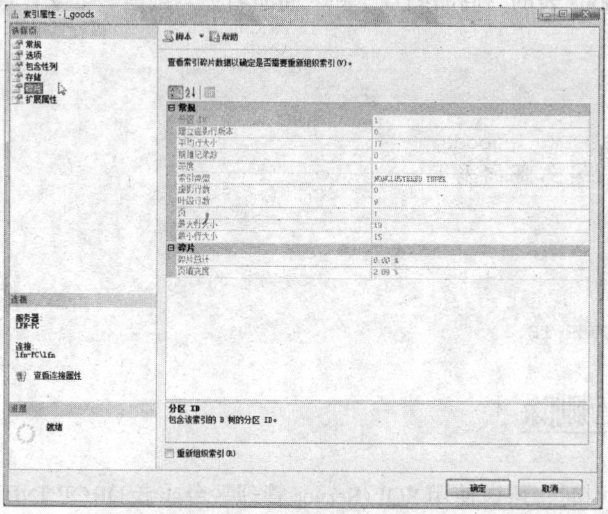

图 5.6 “索引属性”窗口

2. 使用 DROP INDEX 命令删除索引

DROP INDEX 命令不能删除由 PRIMARY KEY 或 UNIQUE 约束创建的索引，必须先删除这些约束才能删除索引。其语法格式如下：

```
DROP  INDEX  'table.index | view.index' [,…n]
```

其中，参数 table | view 指定索引列所在的表或者索引视图，index 指定索引的名称。[,…n]表示一条 DROP INDEX 语句可以同时删除多个索引。

【例 5.4】 删除 goods 中的索引“i_进货时间”和销售表中的索引“i_售出时间”。语句如下：

```
USE  sales
GO
DROP  INDEX  goods.i_进货时间,sell.i_售出时间
```

5.2 索引的分析与维护

创建索引后，必须对索引进行维护，确保索引的统计信息是有效的，才能够提高查找速度。随着更新操作不断的执行，数据会变得支离破碎，这些数据碎片会导致额外的页读取，妨碍数据的并行扫描。应该定期整理索引清除数据碎片，提高数据读取的性能。

SQL Server 2005 提供了多种工具帮助用户进行索引维护，下面介绍几种常用的方法。

1. 统计信息更新

当往表中添加或从表中删除数据行以及索引列的值发生改变时，SQL Server 将调整索引页以维护索引数据的存储。页拆分时会产生碎片，使用 DBCC SHOWCONTIG 命令，可显示指定的表或视图的数据和索引的碎片信息。

【例 5.5】 显示 goods 表的 PK_goods 索引的碎片统计信息。语句如下：

```
DBCC  SHOWCONTIG (goods,PK_goods)
```

显示结果如图 5.7 所示。

```
DBCC SHOWCONTIG 正在扫描'Goods'表...
表：'Goods' (821577965)；索引ID: 1，数据库ID: 6
已执行TABLE 级别的扫描。
- 扫描页数................................: 1
- 扫描区数..............................: 1
- 区切换次数..............................: 0
- 每个区的平均页数........................: 1.0
- 扫描密度[最佳计数:实际计数].......: 100.00% [1:1]
- 逻辑扫描碎片..................: 0.00%
- 区扫描碎片..................: 0.00%
- 每页的平均可用字节数........................: 7476.0
- 平均页密度(满).....................: 7.64%
DBCC 执行完毕。如果 DBCC 输出了错误信息，请与系统管理员联系。
```

图 5.7　例 5.5 运行结果

还可以使用 UPDATE　STATESTICS　goods 命令更新 goods 表的索引统计信息。

2. 重新组织或重新生成索引

在 SQL Server 2005 中，可以通过重新组织索引或重新生成索引来修复索引碎片。在索引属性的“碎片”选择页中，可以查看到碎片数据。索引碎片不太多时，可以重新组织索引，如果索引碎片非常多，重新生成索引则可以获得更好的结果。

【例 5.6】 重新生成 goods 表的 i_goods 索引。

（1）在 SQL Server 管理平台中展开指定的服务器和数据库，再展开要查看的表和“索引”，选择要维护的 i_goods 索引，右击该索引，从弹出的快捷菜单中选择“重新生成”，如图 5.8 所示。假如是需要重新组织索引，则从弹出的快捷菜单中选择“重新组织”。

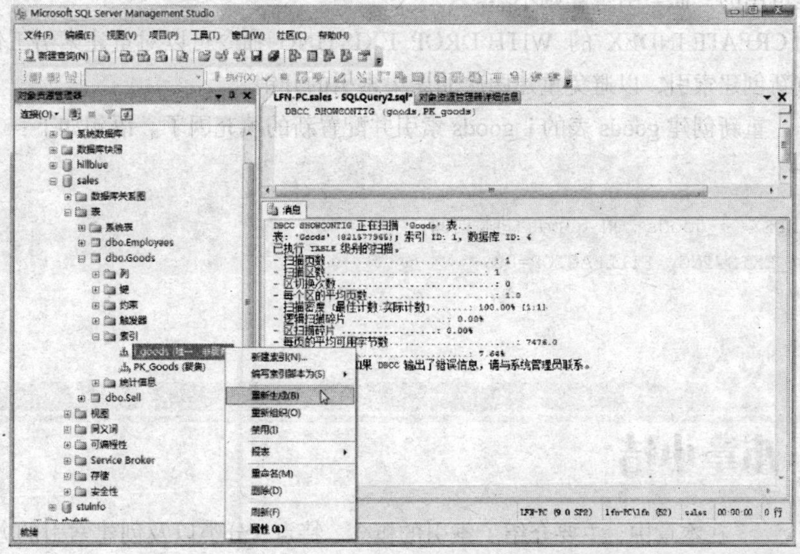

图 5.8　选择“重新生成索引”选项窗口

（2）进入“重新生成索引”窗口，在“重新生成索引”窗口中单击“确定”按钮，如图 5.9 所示，即完成索引重新生成。

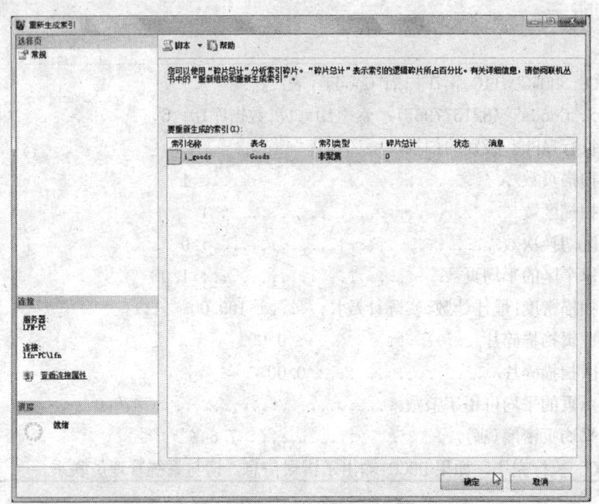

图 5.9　重新生成索引

3. 使用命令重建和整理索引

（1）使用 DBCC DBREINDEX 命令重建指定数据库中表的一个或多个索引。

【例 5.7】 使用填充因子 60 重建 sales 数据库中 goods 表上的 PK_goods 聚集索引。语句如下：

```
DBCC  DBREINDEX ( 'sales.dbo.goods',PK_goods,60 )
```

（2）使用 DBCC INDEXDEFRAG 命令整理指定的表或视图的聚集索引和非聚集索引碎片，不必单独重建每个索引。

【例 5.8】 整理 Northwind 数据库中 Orders 表的 CustomersOrders 索引碎片。语句如下：

```
DBCC  INDEXDEFRAG ( sales,goods,PK_goods )
```

碎片不多的情况下，碎片整理比重建快，但如果碎片很多，则碎片整理比重建慢。碎片整理期间，索引是可用的，而索引重建则不然。

（3）使用 CREATE INDEX 的 WITH DROP_EXISTING 命令可以对重建索引工作进行优化，用一个步骤重新创建索引，以避免重建两次非聚集索引的开销。

【例 5.9】 重新创建 goods 表的 i_goods 索引并配置新的填充因子。语句如下：

```
USE  sales
GO
CREATE  INDEX  i_goods  ON goods(进货时间)
WITH  DROP_EXISTING, FILLFACTOR=80
```

本章小结

在本章中，主要介绍了索引的概念、特点、分类以及创建索引的方法。通过本章的学习，读者应该掌握下列一些内容。

- 为什么要使用索引，索引的优点是什么。
- 索引分类的依据是什么，了解各种索引的区别。
- 掌握创建索引的 2 种方法，在创建索引的过程中如何设定其属性和参数。
- 掌握删除和修改索引的方法。
- 掌握分析与维护索引的方法。

本章习题

一、填空题

1. 在数据库的管理中，为了迅速地从庞大的数据库中找到所需要的数据，数据库提供了类似书籍目录作用的________技术。
2. 根据索引的属性列是否有重复值，可以把索引分为唯一索引和________。
3. 根据索引的顺序与表的物理顺序是否相同，可以把索引分为________和非聚集索引。
4. 命令 CREATE　UNIQUE　CLUSTERED　INDEX 是创建________索引。
5. 命令 UPDATE　STATESTICS 的作用是________。

二、单项选择题

1. 关于索引说法错误的是（　　）。
   A. 索引可以加快数据的检索速度，但降低了数据维护的速度
   B. 非聚集索引应该在聚集索引被创建之前创建
   C. 在默认情况下，所创建的索引是非聚集索引
   D. 建立主键约束时会自动建立唯一性索引
2. 删除 Customers 表中的索引“i_Cust”的命令是（　　）。
   A. Delete　Customers　i_Cust
   B. Delete　INDEX　i_Cust
   C. DROP　INDEX　Customers. i_Cust
   D. DROP　INDEX　i_Cust
3. 一个复合索引最多可以有个（　　）字段组合，并且所有的字段必须在同一个表中。
   A. 10　　B. 12　　C. 16　　D. 20
4. 一个表可以创建（　　）个聚集索引。
   A. 4　　B. 3　　C. 2　　D. 1
5. 假如你是一家电信公司的 DBA，准备在一张顾客信息表 Customers 上创建索引来优化查询。已知表上最经常被查询到的列有 3 个，一个是客户的 ID，每个 ID 值都是不重复的；第二个是用户类型 Type，总共有 10 种可能值；另外一个是客户所用的设备 Device，有 200 种可能值，那么应该创建怎么样的索引才最有助于优化查询（　　）？
   A. 分别在 3 个列上创建非聚集索引
   B. 分别在 3 个列上创建聚集索引

C. customerID、customerDevice、customerType 上创建非聚集索引

D. customerID、customerDevice、customerType 上创建聚集索引

E. customerType、customerDevice、customerID 上创建非聚集索引

F. customerType、customerDevice、customerID 上创建聚集索引

三. 简答题

1. 什么叫索引，索引有哪些优点？

2. 设置索引的原则是什么？

3. 聚集索引和非聚集索引有什么区别，哪个检索效率更高？

实验 4 创建和使用索引

1. 实验目的

（1）理解索引的概念和分类。

（2）掌握索引的创建、使用和删除的各种方法。

2. 实验内容

（1）对 stuinfo 数据库中 t_student、t_course、t_score 3 个表分别创建各种类型的索引。

（2）管理索引。

（3）重命名和删除索引。

3. 实验步骤

（1）使用 SQL Server 管理平台为 t_student 表的 s_name 字段建立非聚集唯一索引，索引名为 i_sname，按降序排序，设置填充因子为 40，指定自动重新计算统计信息。具体操作步骤如下：

① 在 SQL Server 管理平台中展开 stuinfo 数据库和“表”，再展开 t_student 表，右击“索引”选项，选择“新建索引”。

② 进入“新建索引”窗口，在该窗口的“常规”选择页的“索引名称”文本框里输入索引的名称 i_sname，在这个文本框下面的“索引类型”下拉列表中选择“非聚集”索引，单击选中“唯一”复选框。

③ 单击“添加”按钮，选中 s_name 字段前的复选框，然后单击“确定”按钮，返回 “新建索引”窗口。

④ 此时在“新建索引”窗口的“选择键列”中多出了一列 s_name，单击“排序顺序”下的“升序”2 字，即出现一个下拉列表，在下拉列表中选择“降序”选项。

⑤ 选择“新建索引”窗口中的“选项” 选择页，选中“自动重新计算统计信息”和“设置填充因子” 复选框，设置填充因子为 40。

⑥ 单击“确定”按钮，完成索引的创建。

问题：根据以上方法，使用 SQL Server 管理平台为 t_course 表的 c_name、hours 字段建立一个非聚集非唯一性复合索引，索引名为 i_cname_hours，按升序排序，设置填充因子为 30。

（2）使用 Transact-SQL 为 t_score 表的 score 字段建立非聚集索引，索引名为 i_score，并按降

序排序。程序如下：

```
USE  stuinfo
GO
CREATE  INDEX  i_score  ON  t_score(score  desc)
```

创建的索引默认为非聚集索引。如果要保存以上程序，可以单击 SQL Server 管理平台上的“文件”菜单，从菜单中选择“保存”，输入保存名称，选择路径即可。

（3）利用 SELECT...INTO...语句将 t_student 表的男学生信息存为一个表 t_user，再使用 CREATE INDEX 命令为 S_name 字段创建一个唯一性聚集索引，索引名为 i_name。在索引创建前后分别查看 t_user 表的内容，数据显示的顺序前后一样吗？为什么？

问题：如果我们在建表的同时也建立了主键约束，还需要使用 CREATE INDEX 命令再创建一个唯一性聚集索引吗？为什么？

（4）使用 Transact-SQL 语句为 t_score 表的 s_number、c_number 字段创建一个复合索引，索引名为 i_t_score。设置填充因子为 40，指定索引中间级中每个页上保持开放的空间。

（5）使用存储过程 sp_rename 将上题中建立的索引 i_t_score 重命名为 index_s_c。

（6）使用 SQL Server 管理平台重新组织索引 i_sname。

（7）使用 SQL Server 管理平台删除索引 i_sname。

（8）使用 Transact-SQL 语句删除索引 i_score，并将正确运行的 Transact-SQL 语句以 index08.sql 为名称保存在 stuinfo 数据库所在的文件夹中。

第6章 视图

视图作为一种基本的数据库对象，是查询一个表或多个表的另一种方法。用视图可以定义一个或多个表的行列组合。为了得到所需要的行列组合,视图可以使用 SELECT 语句来指定视图中包含的行和列。

6.1 视图的概念

视图是一个虚拟表，其结构和数据是建立在对表的查询基础上的。和表一样，视图也包括几个被定义的数据列和多个数据行，但就本质而言这些数据列和数据行来源于其所引用的表，所以视图不是真实存在的基表，而是一张虚表。视图所对应的数据并不以实际视图结构存储在数据库中，而是基表中数据的一个映射。

视图一经定义便存储在数据库中，与其相对应的数据并没有像表那样在数据库中再存储一份，通过视图看到的数据只是存放在基表中的数据。对视图的操作与对表的操作一样，可以对其进行查询、修改（有一定的限制）和删除。

当对通过视图看到的数据进行修改时，相应基表的数据也要发生变化，同样，若基表的数据发生变化，则这种变化也可以自动地反映到视图中。

视图有很多优点，主要表现为以下几点。

（1）视点集中。使用户只关心感兴趣的某些特定数据和他们所负责的特定任务，那些不需要或无用的数据则不必在视图中显示。

（2）简化操作。视图大大简化了用户对数据的操作。因为在定义视图时，若视图本身就是一个复杂查询的结果集，这样在每一次执行相同的查询时，不必重新编写这些复杂的查询语句，只要一条简单的查询视图语句即可。

（3）定制数据。视图能够实现让不同的用户以不同的方式看到不同或相同的数据集。因此，当有许多不同水平的用户共用同一数据库时，这就显得极为重要。

（4）合并分割数据。在有些情况下，由于表中数据量太大，故在表的设计时常将表进行水平分割或垂直分割，但表的结构的变化将对应用程序产生不良的影响。如果使用视图就可以重新保持表原有的结构关系，从而使外模式保持不变，原有的应用程序仍可以通过视图来重载数据。

（5）安全性。视图可以作为一种安全机制。通过视图用户只能查看和修改他们所能看到的数据，其他数据库或表既不可见也不可以访问。如果某一用户想要访问视图的结果集，其必须被授予访问权限。视图所引用表的访问权限与视图权限的设置互不影响。

6.2 创建视图

SQL Server 2005 提供了如下 2 种创建视图的方法。

- 使用图形化工具创建视图。
- 使用 Transact-SQL 语句中的 CREATE VIEW 命令创建视图。

创建视图之前，首先应注意以下 4 点。

（1）只能在当前的数据库中创建视图。

（2）视图中最多只能引用 1024 列。

（3）如果视图引用的表被删除，则当使用该视图时将返回一条错误提示信息，如果创建具有相同结构的新表来代替已经删除的表，则可以继续使用视图，否则必须重新创建视图。

（4）如果视图中的某一列是函数、数学表达式常量或来自多个表的列名相同，则必须为列定义名字。

6.2.1 使用图形化工具创建视图

使用图形化工具创建视图的操作步骤如下。

（1）在图形化工具中，展开指定的服务器，选择要创建视图的数据库，展开该数据库，选择“视图”文件夹，右击该文件夹，从弹出的快捷菜单中选择“新建视图”，如图 6.1 所示。接着就出现“添加表”对话框，如图 6.2 所示。

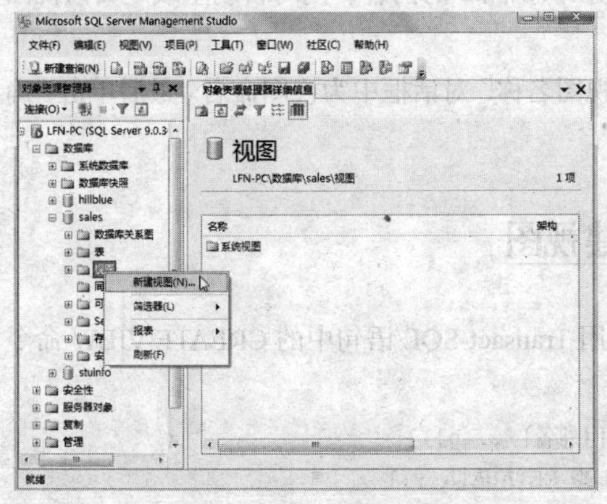

图 6.1　选择“新建视图”

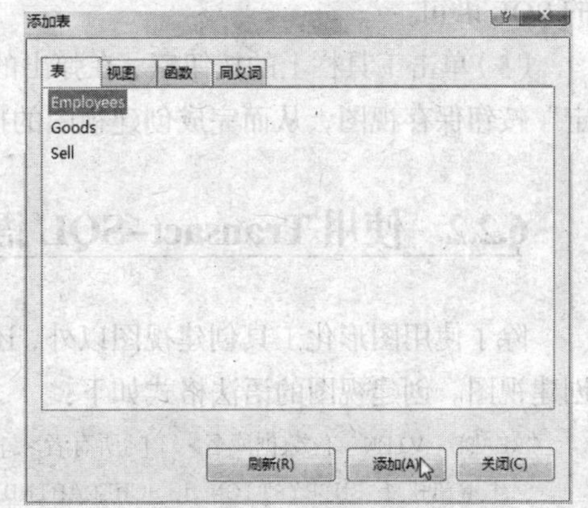

图 6.2　“添加表”对话框

（2）在“添加表”对话框中，有添加表、视图和函数的 3 个选项卡。在“表”选项卡中，列

出了所有可用的表，选择相应的表作为创建视图的基表，单击“添加”按钮，就可以添加进去；也可以切换到“视图”或“函数”选项卡，从中选择创建新视图需要的视图或函数。

注意　一个视图可以基于一个或若干个基表，也可以基于一个或若干个视图，同时也可以基于基表和视图的混合体。

（3）选择好创建视图所需的表、视图或函数后，关闭“添加表”对话框，返回图形化工具，出现了设计视图的窗口，单击字段左边的复选框选择视图需要的字段。另外，选中“输出”复选框会在视图中显示该字段，在“筛选器”下的文本框中可以输入限制条件，作用如查询语句中的 WHERE 子句。例如，要建立一个视图，通过该视图能够方便快捷地知道笔记本电脑的销售情况，可以将 sell 和 goods 2 张表同时添加到视图中，在 2 张表中依次选择商品编号、商品名称、生产厂商、数量、销出时间、销货员工编号等字段前面的复选框。然后在“商品名称”行对应的“筛选器”一栏中输入“笔记本电脑”，如图 6.3 所示。

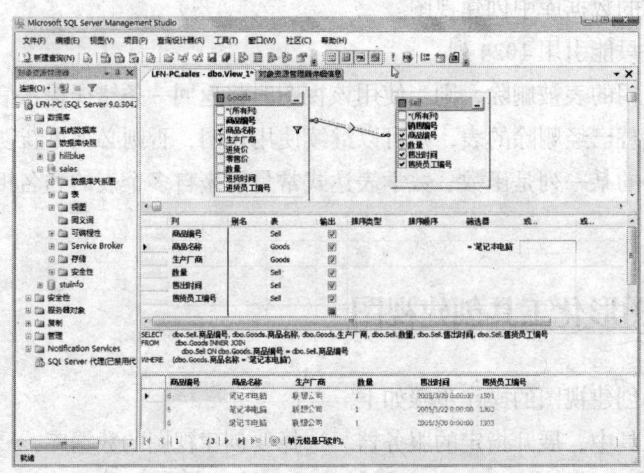

图 6.3　在视图设计窗口中选择字段

（4）单击工具栏上的按钮 ! 可以显示最终出现在该视图中的内容，同时自动生成定义该视图的 SQL 语句。

（5）单击工具栏上的按钮，在弹出的“输入视图名称”对话框中为视图命名。最后单击“确定”按钮保存视图，从而完成创建视图的操作。

6.2.2　使用 Transact-SQL 语句创建视图

除了使用图形化工具创建视图以外，还可以使用 Transact-SQL 语句中的 CREATE VIEW 命令创建视图。创建视图的语法格式如下：

```
CREATE  VIEW  [<数据库名>.][<所有者>.] 视图名 [(列名[,...n])]
   [ WITH { ENCRYPTION | SCHEMABINDING | VIEW_METADATA } ]
AS
 SELECT 查询语句
 [WITH  CHECK  OPTION]
```

（1）视图名称必须符合标识符规则。可以选择是否指定视图所有者名称。

（2）CREATE VIEW 子句中的列名是视图中显示的列名。只有在下列情况下才必须命名 CREATE VIEW 子句中的列名：当列是从算术表达式、函数或常量派生的；两个或更多的列可能会具有相同的名称（通常是因为联接）；视图中的某列被赋予了不同于派生来源列的名称。当然也可以在 SELECT 语句中指派列名。

如果未指定列名，则视图列将获得与 SELECT 语句中的列相同的名称。

（1）定义视图的语句是一个 SELECT 查询语句。该语句可以使用多个表或其他视图。若要从创建视图的 SELECT 子句所引用的对象中选择，必须具有适当的权限。视图不必是具体某个表的行和列的简单子集。可以用具有任意复杂性的 SELECT 子句，使用多个表或其他视图来创建视图。

（2）在索引视图定义中，SELECT 语句必须是单个表的语句或带有可选聚合的多表 JOIN。

（3）在 CREATE VIEW 语句中，对于 SELECT 查询语句有如下限制。

- 创建视图的用户必须对该视图所参照或引用的表或视图具有适当的权限。
- 在查询语句中，不能包含 ORDER BY（如果要包含的话 SELECT 子句中要用 TOP n [percent]）、COMPUTE 或 COMPUTE BY 关键字，也不能包含 INTO 关键字。
- 不能在临时表中定义视图（不能引用临时表）。

（4）WITH CHECK OPTION：强制视图上执行的所有数据修改语句都必须符合由 SELECT 查询语句设置的准则。通过视图修改数据行时，WITH CHECK OPTION 可确保提交修改后，仍可通过视图看到修改的数据。

（5）WITH ENCRYPTION：表示 SQL Server 加密包含 CREATE VIEW 语句文本的系统表列。使用 WITH ENCRYPTION 可防止将视图作为 SQL Server 复制的一部分发布。

（6）SCHEMABINDING：将视图绑定到基表的架构上。如果指定了 SCHEMABINDING，则不能按照将影响视图定义的方式修改基表，必须首先修改或删除视图定义本身，才能删除将要修改的表的依赖关系。SELECT 查询语句也必须包含所引用的表、视图或用户定义函数的两部分名称（如 owner.object）。

（7）VIEW_METADATA：指定为引用视图的查询请求浏览模式的元数据时，SQL Server 实例将向 DB-Library、ODBC 和 OLE DB API 返回有关视图的元数据信息，而不返回基表的元数据信息。浏览模式元数据是 SQL Server 实例向这些客户端 API 返回的附加元数据。如果使用此元数据，客户端 API 将可以实现可更新客户端游标。

【例 6.1】　创建一个视图 v_sales1，要求基表选择 goods，sell，employees；来源字段为 sell 表中的销售编号、商品编号和数量，goods 表中的商品名称，employees 表中编号和姓名；要求查询采购部的赵飞燕所采购商品的销售情况，程序为：

```
USE  Sales
GO
CREATE  VIEW  v_sales1
AS
SELECT  销售编号,sell.商品编号,sell.数量,商品名称,编号,姓名
FROM  sell,goods,employees
```

```
WHERE  goods.商品编号=sell.商品编号
AND  goods.进货员工编号=employees.编号
AND  employees.姓名='赵飞燕'
```

执行上面这段语句之后，会生成视图 v_sales1，可以像操作表一样使用 Transact-SQL 语句查询视图中的数据：

```
SELECT  *  FROM  v_sales1
```

程序执行结果如图 6.4 所示。

	销售编号	商品编号	数量	商品名称	编号	姓名
1	1	2	1	打印机	1001	赵飞燕
2	2	2	1	打印机	1001	赵飞燕
3	3	5	2	扫描仪	1001	赵飞燕
4	4	6	1	笔记本电脑	1001	赵飞燕
5	6	3	2	液晶显示器	1001	赵飞燕
6	7	3	1	液晶显示器	1001	赵飞燕
7	9	6	1	笔记本电脑	1001	赵飞燕
8	10	6	1	笔记本电脑	1001	赵飞燕

图 6.4　例 6.1 的查询结果

【例 6.2】　创建一个新视图 v_sales2，要求基表选择 goods，sell，employees；来源字段为 sell 表中的销售编号、商品编号和数量；goods 表中的商品名称；employees 表中编号和姓名；要求查询销售部的王峰所销售商品的情况，并对视图的定义进行加密，程序为：

```
USE  Sales
GO
CREATE  VIEW  v_sales2
with  encryption
AS
SELECT  销售编号,sell.商品编号,sell.数量,商品名称,编号,姓名
FROM  sell,goods,employees
WHERE  goods.商品编号=sell.商品编号
AND  sell.售货员工编号=employees.编号
AND  employees.姓名='王峰'
```

执行上面这段语句之后，会生成视图 v_sales2，可以使用 Transact-SQL 语句查看视图 v_sales2 中的数据：

```
SELECT  *  FROM  v_sales2
```

程序执行结果如图 6.5 所示。

	销售编号	商品编号	数量	商品名称	编号	姓名
1	2	2	1	打印机	1302	王峰
2	6	3	2	液晶显示器	1302	王峰
3	7	3	1	液晶显示器	1302	王峰
4	8	9	1	台式电脑	1302	王峰
5	20	9	2	台式电脑	1302	王峰
6	30	9	2	台式电脑	1302	王峰
7	40	9	2	台式电脑	1302	王峰

图 6.5　例 6.2 的查询结果

由于在定义视图的语句中增加了 with encryption 选项，所以只能对视图 v_sales2 进行查询操作，无法对视图的定义进行查看，所以如果在 SQL Server 管理平台中右击视图 v_sales2，无法选择“编辑”或“设计”选项。

【例 6.3】　创建一个新视图 v_sales3，要求基表选择 goods，sell，来源字段为 sell 表中的销售编号、商品编号、数量和售出时间，goods 表中的商品名称、进货价和零售价，再增加一列“该笔销售利润”。要求查询该公司 2004 年 10 月份商品的销售情况和每一笔销售的利润，并对视图的定义进行加密，程序为：

```
USE Sales
GO
CREATE VIEW v_sales3
with encryption
AS
SELECT 销售编号,sell.商品编号,sell.数量,售出时间,商品名称,进货价,零售价,
       (零售价-进货价)*sell.数量 as 该笔销售利润
FROM sell,goods
WHERE goods.商品编号=sell.商品编号
AND year(售出时间)=2004
AND month(售出时间)=10
```

执行上面这段语句之后，会生成视图 v_sales3，可以使用 Transact-SQL 语句查看视图 v_sales3 中的数据：

```
SELECT * FROM v_sales3
```

程序执行结果如图 6.6 所示。

	销售编号	商品编号	数量	售出时间	商品名称	进货价	零售价	该笔销售利润
1	1	2	1	2004-10-15 00:00:00.000	打印机	1205.00	1500.00	295.00
2	2	2	1	2004-10-16 00:00:00.000	打印机	1205.00	1500.00	295.00
3	3	5	2	2004-10-26 00:00:00.000	扫描仪	998.00	1320.00	644.00

图 6.6　例 6.3 的查询结果

year、month、day 是日期时间函数，分别可以返回指定日期的年、月、日部分的整数。

6.3 修改视图

6.3.1 使用图形化工具修改视图

使用图形化工具修改视图的步骤如下。

（1）在图形化工具中，右击要修改的视图，从弹出的快捷菜单中选择“设计”选项，接着右侧出现视图修改的窗口。

（2）视图修改的窗口和创建视图时的设计窗口相同，可以按照创建视图时方法对视图进行修改。如添加和删除数据源，在数据源列表窗格的复选框列表中增加或删除在视图中显示的字段，还可以修改字段的排序类型和排序顺序，修改查询条件等。

如果视图已经加密，则无法通过右击视图选取“编辑”选项。

6.3.2 使用 Transact-SQL 语句修改视图

对于一个已经创建好的视图，可以使用 ALTER VIEW 语句对其属性进行修改。ALTER VIEW 命令用于修改一个先前创建的视图，但是首先必须拥有使用视图的权限，并且不能影响到相关联的存储过程或触发器。该语句的语法格式如下：

```
ALTER VIEW [<数据库名>.][<所有者>.] 视图名 [( 列名[ ,...n ])]
[WITH { ENCRYPTION | SCHEMABINDING | VIEW_METADATA }]
AS
SELECT 查询语句
[WITH CHECK OPTION]
```

各参数的说明参见 6.2.2 节中创建视图的语法。

通过右击要修改的视图，从弹出的快捷菜单中选择“编辑”选项，可以使用 Transact-SQL 语句修改视图定义，但加密的视图无法选择该选项，只能在“新建查询”中使用 ALTER VIEW 命令完成。

【例 6.4】 修改视图 v_sale2，在该视图中增加一个新的限制条件，要求查询王峰所销售的液晶显示器的销售情况，并对视图 v_sale2 取消加密，程序为：

```
USE Sales
GO
ALTER VIEW v_sales2
AS
SELECT 销售编号,sell.商品编号,sell.数量,商品名称,编号,姓名
FROM sell,goods,employees
WHERE goods.商品编号=sell.商品编号
AND sell.售货员工编号=employees.编号
AND employees.姓名='王峰'
AND goods.商品名称='液晶显示器'
```

执行上面这段语句之后，会生成新的视图 v_sale2，可以使用 Transact-SQL 语句查看视图 v_sales2 中的数据：

```
SELECT * FROM v_sales2
```

程序执行结果如图 6.7 所示。

	销售编号	商品编号	数量	商品名称	编号	姓名
1	6	3	2	液晶显示器	1302	王峰
2	7	3	1	液晶显示器	1302	王峰

图 6.7 例 6.4 的查询结果

如果原来的视图定义中有 WITH ENCRYPTION 或 WITH CHECK OPTION 选项，那么只有在 ALTER VIEW 中也包含这些选项时，这些选项才继续有效。

6.4 使用视图管理表中的数据

6.4.1 使用视图查询数据

使用视图查询基表中的数据有两种方法。

1. 使用图形化工具通过视图查询数据

具体操作方法是：在 SSMS 的视图对象中右击要查看的视图，从弹出的快捷菜单中选择“打开视图”选项，在出现的新窗口中可以查看到满足该视图限制条件的基表中的数据。

2. 使用 Transact-SQL 语句

可以在“新建查询”窗口输入 Transact-SQL 语句查询数据。

【例 6.5】 查询视图 v_sales1 的基表中的数据，程序为：

```
SELECT * FROM v_sales1
```

6.4.2 使用视图插入、更新或删除数据

使用视图管理表中的数据包括插入、更新和删除 3 种操作，使用视图对基表中的数据进行插入、更新和删除操作时要注意以下几点。

（1）修改视图中的数据时，可以对基于两个以上基表或视图的视图进行修改，但是不能同时影响两个或者多个基表，每次修改都只能影响一个基表。

（2）不能修改那些通过计算得到的列，例如年龄和平均分等。

（3）若在创建视图时定义了 WITH CHECK OPTION 选项，那么使用视图修改基表中的数据时，必须保证修改后的数据满足定义视图的限制条件。

（4）执行 UPDATE 或 DELETE 命令时，所更新或删除的数据必须包含在视图的结果集中。

（5）当视图引用多个表时，无法用 DELETE 命令删除数据，若使用 INSERT 或 UPDATE 语句对视图进行操作时，被插入或更新的列必须属于同一个表。

使用图形化工具对表中的数据进行插入、更新和删除操作，只需在 SQL Server 管理平台的视图对象中右击该视图，在弹出的快捷菜单中右击“打开视图”选项，在出现的新窗口中对视图中的数据进行相应的操作即可。这里主要介绍使用 Transact-SQL 语句对视图中的数据进行操作的方法。

1. 插入数据

可以通过视图向基表中插入数据，但应该注意的是，插入的数据实际上存放在基表中，而不是存放在视图中。视图中的数据若发生变化，是因为相应的基表中的数据发生了变化。

【例 6.6】 创建一个视图 v_sex4，该视图的基表为 employees，要求在视图中显示采购部的所有男员工的详细信息，程序为：

```
USE  Sales
GO
CREATE  VIEW  v_sex4
AS
SELECT  *  FROM  employees
WHERE   性别=1  AND   部门='采购部'
```

此时视图中的数据如图 6.8 所示。

	编号	姓名	性别	部门	电话	地址
1	1002	刘德发	1	采购部	01032298726	北京市建国路101号
2	1003	李建国	1	采购部	01032147588	北京市民主路6号

图 6.8　例 6.6 的查询结果

如果通过视图 v_sex4 向表 employees 中插入数据，在“新建查询”中输入下列 Transact-SQL 语句：

```
USE  Sales
GO
INSERT  INTO  v_sex4
VALUES(1004,'周平',1,'采购部',01088828213,'北京市白石桥路 23 号')
INSERT  INTO  v_sex4
VALUES (1005,'刘阳',0,'采购部',01089374623,'北京市壮锦路 234 号')
INSERT  INTO  v_sex4
VALUES (1006,'潘灿军',1,'销售部',01067292909,'北京市五一路 26 号')
INSERT  INTO  v_sex4
VALUES (1007,'许晓伟',1,'财务部',01088811786,'北京市友爱路 73 号')
```

最后执行下面一段查询语句，分别查看视图 v_sex4 及其基表中数据的变化：

```
SELECT  *  FROM  v_sex4
GO
SELECT  *  FROM  employees
```

代码执行后，结果窗口如图 6.9 所示。

从图 6.9 中可以看出，成功地通过视图 v_sex4 向 employees 表中插入了所有的 4 条记录，但是并不是基表中所有的数据变化都会反映在视图中，只有符合视图定义的基表中数据的变化才会出现在视图中。

	编号	姓名	性别	部门	电话	地址
1	1002	刘德发	1	采购部	01032298726	北京市建国路101号
2	1003	李建国	1	采购部	01032147588	北京市民主路6号
3	1004	周平	1	采购部	1088828213	北京市白石桥路23号

	编号	姓名	性别	部门	电话	地址
1	1001	赵飞燕	0	采购部	01032198454	北京市南京东路55号
2	1002	刘德发	1	采购部	01032298726	北京市建国路101号
3	1003	李建国	1	采购部	01032147588	北京市民主路6号
4	1004	周平	1	采购部	1088828213	北京市白石桥路23号
5	1005	刘阳	0	采购部	1089374623	北京市壮锦路234号
6	1006	潘灿军	1	销售部	1067292909	北京市五一路26号
7	1007	许晓伟	1	财务部	1088811786	北京市友爱路73号
8	1101	李圆圆	0	财务部	01032358697	北京市仁爱路一巷41号
9	1102	刘金武	1	财务部	01032298726	北京市建国路101号
10	1103	万兴国	1	财务部	01032658325	北京市南大街南巷250号
11	1201	孟全	1	库存部	01058546230	北京市南大街南巷115号
12	1202	黎美丽	0	库存部	01058964357	北京市教育路32号
13	1301	冯晓丹	0	销售部	01036571568	北京市育才路78号
14	1302	王峰	1	销售部	01032987564	北京市沿江路123号
15	1303	陈吉轩	1	销售部	01058796545	北京市德外大街19号

图 6.9　例 6.6 插入数据后的查询结果

由于视图 v_sex4 定义为采购部男性员工的基本信息，而 4 条插入的记录中只有编号为 1004 的员工满足视图的定义，所以视图中只增加了编号为 1004 的一条记录。

注意

如果不想让不满足视图定义的数据插入到基表中，可以在定义视图时加上 WITH CHECK OPTION 选项，这样，在通过视图插入记录时，那些不符合视图定义条件的记录将无法插入到基表中，更无法映射到视图中。

【例 6.7】 创建一个视图 v_sex5，该视图的基表为 employees，要求在视图中显示财务部的所有男员工的详细信息，程序为：

```
USE  Sales
GO
CREATE  VIEW  v_sex5
AS
SELECT  *  FROM  employees
WHERE  性别=1  AND  部门='财务部'
With  check  option
```

此时视图 v_sex5 中的数据如图 6.10 所示。

	编号	姓名	性别	部门	电话	地址
1	1007	许晓伟	1	财务部	1088811786	北京市友爱路73号
2	1102	刘金武	1	财务部	01032298726	北京市建国路101号
3	1103	万兴国	1	财务部	01032658325	北京市南大街南巷250号

图 6.10 例 6.7 的查询结果

此时如果通过视图 v_sex5 向表 employees 中插入数据，在"新建查询"中输入下列 Transact-SQL 语句：

```
USE  Sales
GO
INSERT  INTO  v_sex5
VALUES (1008,'周小平',1,'采购部',01088828213,'北京市白石桥路 69 号')
INSERT  INTO  v_sex5
VALUES (1009,'刘立新',0,'财务部',01089374633,'北京市桃源路 28 号')
INSERT  INTO  v_sex5
VALUES (1010,'牟志刚',1,'财务部',01089374626,'北京市民生路 94 号')
```

运行之后在显示结果的消息窗口中有提示信息如图 6.11 所示。

```
消息 550，级别 16，状态 1，第 1 行
试图进行的插入或更新已失败，原因是目标视图或者目标视图所跨越的某一视图指定了 WITH CHECK OPTION，
而该操作的一个或多个结果行又不符合 CHECK OPTION 约束。
语句已终止。
消息 550，级别 16，状态 1，第 3 行
试图进行的插入或更新已失败，原因是目标视图或者目标视图所跨越的某一视图指定了 WITH CHECK OPTION，
而该操作的一个或多个结果行又不符合 CHECK OPTION 约束。
语句已终止。

(1 行受影响)
```

图 6.11 "插入数据失败"错误提示框

从消息窗口的提示信息中可以看出，前两条插入的记录由于不符合视图定义的条件，所以没有插入成功。而第三条完全符合视图 v_sex5"财务部男职员"的定义条件，因而成功插入到基表中。可见定义视图时用到的 WITH CHECK OPTION 选项会起到筛选的作用，并不是任何插入的记录都可以无条件地通过视图插入到基表中，而是只有符合视图定义的记录才被允许插入。

最后执行下面一段查询语句分别查看视图 v_sex5 及其基表中数据的变化：

```
SELECT  *  FROM  v_sex5
GO
SELECT  *  FROM  employees
```

代码执行后，视图 v_sex5 和基表 employees 中的数据分别如图 6.12 和图 6.13 所示。

从图 6.12 和图 6.13 中可以看出，只有编号为 1010 的员工牟志刚成功插入到 employees 表中，另外的两条记录既没有出现在基表 employees 中，也没有出现在视图 v_sex5 中，说明没有插入成功。

	编号	姓名	性别	部门	电话	地址
1	1007	许晓伟	1	财务部	1088811786	北京市友爱路73号
2	1010	牟志刚	1	财务部	1089374623	北京市民生路94号
3	1102	刘金武	1	财务部	01032298726	北京市建国路101号
4	1103	万兴国	1	财务部	01032658325	北京市南大街南巷250号

图 6.12　插入数据后视图 v_sex5 的变化

	编号	姓名	性别	部门	电话	地址
1	1001	赵飞燕	0	采购部	01032198454	北京市南京东路55号
2	1002	刘德发	1	采购部	01032298726	北京市建国路101号
3	1003	李建国	1	采购部	01032147588	北京市民主路6号
4	1004	周平	1	采购部	1088828213	北京市白石桥路23号
5	1005	刘阳	0	采购部	1089374623	北京市壮锦路234号
6	1006	潘灿军	1	销售部	1067292909	北京市五一路26号
7	1007	许晓伟	1	财务部	1088811786	北京市友爱路73号
8	1010	牟志刚	1	财务部	1089374623	北京市民生路94号
9	1101	李圆圆	0	财务部	01032358697	北京市仁爱路一巷41号
10	1102	刘金武	1	财务部	01032298726	北京市建国路101号
11	1103	万兴国	1	财务部	01032658325	北京市南大街南巷250号
12	1201	孟全	1	库存部	01058546230	北京市南大街南巷115号
13	1202	黎美丽	0	库存部	01058964357	北京市教育路32号
14	1301	冯晓丹	0	销售部	01036571568	北京市育才路78号
15	1302	王峰	1	销售部	01032987564	北京市沿江路123号
16	1303	陈吉轩	1	销售部	01058796545	北京市德外大街19号

图 6.13　插入数据后基表 employees 的变化

2. 更新数据

使用 UPDATE 命令通过视图更新数据时，被更新的列必须属于同一个表。

【例 6.8】 创建一个视图 v_goods6，该视图的基表为 goods，在视图中显示 goods 表中的商品编号、商品名称、生产厂商、进货价和零售价 5 个字段，要求只显示进货时间在 2004 年的进货情况，程序为：

```
CREATE VIEW v_goods6
AS
SELECT 商品编号,商品名称,生产厂商,进货价,零售价
FROM goods
WHERE year(进货时间)=2004
```

视图 v_goods6 中的数据如图 6.14 所示。

	商品编号	商品名称	生产厂...	进货价	零售价
1	2	打印机	hp	1205.00	1500.00
2	5	扫描仪	hp	998.00	1320.00
3	7	MP3播放器	联想	458.00	600.00

图 6.14　视图 v_goods6 中的数据

如果要通过视图 v_goods6 来更新表 goods 中的数据，则在“新建查询”中输入下列 Transact-SQL 语句：

```
USE Sales
GO
UPDATE v_goods6
SET 生产厂商='联想公司'
WHERE 商品编号=5
```

此时视图 v_goods6 和基表 goods 中的数据都发生了变化，商品编号为 5 的商品的生产厂商更新为联想公司，分别如图 6.15 和图 6.16 所示。

	商品编号	商品名称	生产厂...	进货价	零售价
1	2	打印机	hp	1205.00	1500.00
2	5	扫描仪	联想	998.00	1320.00
3	7	MP3播放器	联想	458.00	600.00

图 6.15　更新数据后视图 v_goods6 的变化

	商品编号	商品名称	生产厂...	进货价	零售价	数...	进货时间	进货员工编号
1	2	打印机	hp	1205.00	1500.00	10	2004-10-13 00:00:00.000	1001
2	3	液晶显示器	Samsung	2210.00	2980.00	12	2005-01-12 00:00:00.000	1001
3	4	数码相机	Canon	2380.00	3000.00	8	2005-03-15 00:00:00.000	1002
4	5	扫描仪	联想	998.00	1320.00	8	2004-08-15 00:00:00.000	1001
5	6	笔记本电脑	联想	7800.00	9980.00	20	2005-03-15 00:00:00.000	1001
6	7	MP3播放器	联想	458.00	600.00	18	2004-12-08 00:00:00.000	1002
7	8	摄像机	Sony	5850.00	7800.00	6	2005-02-23 00:00:00.000	1003
8	9	台式电脑	Dell	6850.00	7680.00	10	2005-01-05 00:00:00.000	1003
9	10	CRT显示器	TCL	1580.00	2200.00	3	2005-01-05 00:00:00.000	1001

图 6.16　更新数据后基表 goods 的变化

3. 删除数据

【例 6.9】 利用视图 v_sex5，删除编号为 1007 的员工的记录，程序为：

```
USE  Sales
GO
DELETE  FROM  v_sex5
WHERE  编号=1007
```

执行该段代码后，视图 v_sex5 和基表 employees 中的数据分别如图 6.17 和图 6.18 所示。

	编号	姓名	性别	部门	电话	地址
1	1010	车志刚	1	财务部	1089374623	北京市民生路94号
2	1102	刘金武	1	财务部	01032298726	北京市建国路101号
3	1103	万兴国	1	财务部	01032658325	北京市南大街南巷250号

图 6.17　删除数据后视图 v_sex5 的变化

	编号	姓名	性别	部门	电话	地址
1	1001	赵飞燕	0	采购部	01032198454	北京市南京东路55号
2	1002	刘德发	1	采购部	01032298726	北京市建国路101号
3	1003	李建国	1	采购部	01032147588	北京市民主路6号
4	1004	周平	1	采购部	1088828213	北京市白石桥路23号
5	1005	刘阳	0	采购部	1089374623	北京市壮锦路234号
6	1006	潘灿军	1	销售部	1067292909	北京市五一路26号
7	1010	车志刚	1	财务部	1089374623	北京市民生路94号
8	1101	李圆圆	0	财务部	01032358697	北京市仁爱路一巷41号
9	1102	刘金武	1	财务部	01032298726	北京市建国路101号
10	1103	万兴国	1	财务部	01032658325	北京市南大街南巷250号
11	1201	孟全	1	库存部	01058546230	北京市南大街南巷115号
12	1202	黎美丽	0	库存部	01058964357	北京市教育路32号
13	1301	冯晓丹	0	销售部	01036571568	北京市育才路78号
14	1302	王峰	1	销售部	01032987564	北京市沿江路123号
15	1303	陈吉轩	1	销售部	01058796545	北京市德外大街19号

图 6.18　删除数据后基表 employees 的变化

通过图 6.17 和图 6.18 可以发现，编号为 1007 的员工的记录已经从视图 v_sex5 和表 employees 中被删除。

注意

删除视图所引用的数据用 DELETE 命令，而删除一个视图则用 DROP VIEW 命令。例如，删除视图 v_sex5 的程序为 DROP　VIEW　v_sex5，程序执行后，视图 v_sex5 将不存在。

本章小结

本章主要讲述了创建和使用视图的方法，以及如何通过视图对视图所引用的基表进行检索、插入、更新和删除数据等操作，通过本章的学习，读者应该掌握下列内容。

- 理解视图的概念以及视图和表之间的主要区别。
- 掌握利用图形化工具和 Transact-SQL 语句创建视图和修改视图的方法。

- 掌握创建视图命令中的两个关键字 WITH CHECK OPTION 和 WITH ENCRYPTION 的作用。
- 了解利用视图对基表中的数据进行插入、更新和删除操作的注意事项和前提条件。
- 掌握利用视图对基表中的数据进行操作的方法。

本章习题

一、填空题

1. 视图是一个虚拟表，其结构和数据是建立在对表的________基础上的。
2. 在 Transact-SQL 语句中，使用________命令可以修改视图。
3. 在 Transact-SQL 语句中，对视图进行加密的关键字是________。
4. WITH CHECK OPTION 的作用是________。
5. 修改视图中的数据时，可以对基于两个以上基表或视图的视图进行修改，但是每次修改都只能影响________个基表。

二、单项选择题

1. 关于视图说法错误的是（　　）。
   A. 视图不是真实存在的基础表而是一个虚拟的表
   B. 视图所对应的数据存储在视图所引用的表中
   C. 视图只能由一个表导出
   D. 视图也可以包括几个被定义的数据列和多个数据行
2. 下列有关视图的说法中，正确的是（　　）。
   A. 如果视图引用多个表时，可以用 delete 命令删除数据
   B. 通过修改视图可以影响基表中的数据
   C. 修改基表中的数据不能影响视图
   D. 可以修改那些通过计算得到的字段，例如年龄
3. 删除视图 v_goods 的命令是（　　）。
   A. DELETE　FROM　v_goods
   B. DELETE　FROM　goods.v_goods
   C. DROP　VIEW　v_goods
   D. DROP　VIEW　goods.v_goods
4. 执行以下创建视图的语句时出现错误，原因是（　　）。

```
create view v_g
as
select 商品名称,生产厂商 from goods order by 商品名称 desc
```

   A. 视图数据只来源于一个基表
   B. 没有使用 WITH CHECK OPTION 选项
   C. 创建视图时不能使用 ORDER BY 子句
   D. 在创建视图时如果包含了 ORDER BY 子句，则要使用 TOP 语句才能生成视图

5. 要删除一个视图 v_sales，但是不知道数据库中有哪些对象依赖于此视图，下列（　　）方法可以查看这个视图的依赖关系。

A. 右击视图 v_sales，从弹出的快捷菜单中选择“查看依赖关系”选项

B. 右击视图 v_sales，从弹出的快捷菜单中选择“设计”选项

C. 使用 sp_helptext 的 v_sales 来得到视图的定义，从而得到依赖信息

D. 通过查询系统表 syscomments 来得到视图的定义，从而得到依赖信息

三、简答题

1. 视图和表有什么区别？
2. 视图有哪些优点？
3. 通过视图插入、更新和删除数据操作的注意事项是什么？

实验5　创建和使用视图

1. 实验目的

（1）掌握创建和修改视图的方法。

（2）掌握通过视图操作基表中的数据的方法。

2. 实验内容

（1）使用图形化工具创建视图。

（2）使用 Transact-SQL 语句的 CREATE VIEW 命令创建视图。

（3）创建视图时使用 WITH CHECK OPTION 选项，在视图中插入数据验证该选项的作用。

（4）通过视图查询、插入、更新和删除数据。

3. 实验步骤

（1）使用图形化工具创建一个视图 v_stu，视图数据来源于基表 t_student 和 t_score，查询学生的 S_name、Sex、Birthday、Politics、C_number 和 Score 6 个字段的信息。要求显示的学生出生年月要大于等于 1985 年 1 月 1 日且小于 1986 年 1 月 1 日。

① 在 SQL Server 管理平台中，展开指定的服务器和数据库 stuinfo，选择“视图”文件夹，右击该文件夹，从弹出的快捷菜单中选择“新建视图”，接着出现“添加表”对话框。

② 在“添加表”对话框中，将 t_student 和 t_score 2 张表同时添加到视图中，关闭“添加表”对话框，返回 SQL Server 管理平台，出现了设计视图的窗口。

③ 在设计视图的窗口中，单击 S_name、Sex、Birthday、Politics、C_number 和 Score 字段左边的复选框，此时会在下面的“列”显示区中依次出现这 6 个字段。然后在“Birthday”行对应的“筛选器”一栏中输入“>='1985-1-1'”，接着单击“列”显示区中最后一个“Score”行的下方框，会出现一个下拉列表，在下拉列表中选择“dbo.t_student.Birthday”行（或直接输入“t_student.Birthday”），在该行对应的“输出”复选框中去掉“√”，在对应的“筛选器”一栏中输入“<'1986-1-1'”，如图 6.19 所示。

④ 单击工具栏上的按钮 ! 可以显示最终出现在该视图中的数据，单击工具栏上的按钮 💾，

在弹出的“输入视图名称”对话框中输入视图名称，最后单击“确定”即可。

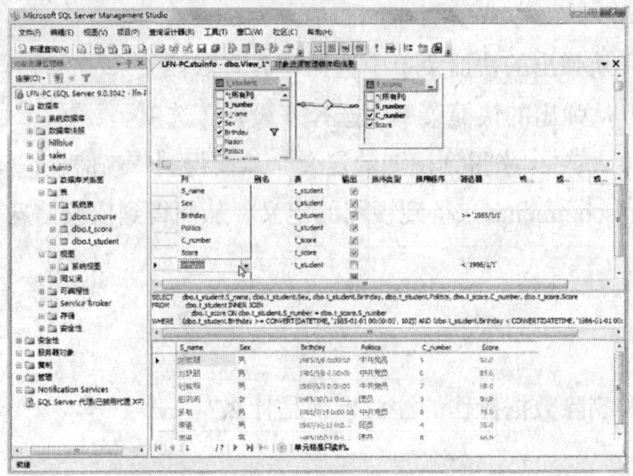

图 6.19　视图 v_stu 的设计窗口

思考　如果上题还要求所显示的学生的成绩必须大于 80，该如何使用图形化工具修改视图 v_stu，增加这一查询条件。

（2）使用 Transact-SQL 语句的 CREATE VIEW 命令创建视图 v_stu_sex1，以 t_student 为基表，查询所有男团员的详细信息。

（3）使用 Transact-SQL 语句的 CREATE VIEW 命令创建视图 v_stu_sex0，以 t_student 为基表，查询所有女团员的详细信息，要求添加上 WITH CHECK OPTION 选项。

（4）依次执行下列 6 条语句，向视图中插入数据，分别预测运行结果。

A. 该语句能运行成功吗？

B. 两个视图中会出现该条记录吗？

C. 基表中会出现该条记录吗？

① Insert　into　v_stu_sex1
Values(9952113,'周毅','女','1981-11-2','团员')

② Insert　into　v_stu_sex0
Values(9952114,'贾乐','女','1981-11-2','团员')

③ Insert　into　v_stu_sex1
Values(9952115,'韦志涛','男','1981-11-2','党员')

④ Insert　into　v_stu_sex0
Values(9952116,'李万忠','男','1981-11-2','团员')

⑤ Insert　into　v_stu_sex1
Values(9952117,'王斌跃','男','1981-11-2','党员')

⑥ Insert　into　v_stu_sex0
Values(9952118,'冉丽','女','1981-11-2','党员')

思考　WITH CHECK OPTION 选项的作用是什么？

（5）使用 ALTER VIEW 命令修改视图 v_stu，给视图增加加密选项。

第7章 Transact-SQL 程序设计

使用 Transact-SQL 进行程序设计是 SQL Server 的主要应用形式之一。不论是普通的客户机/服务器应用程序，还是 Web 应用程序，都应该对涉及数据库中数据进行的处理描述成 Transact-SQL 语句，并通过向服务器端发送 Transact-SQL 语句才能实现与 SQL Server 的通信。本章将首先介绍 Transact-SQL 的基本知识，然后在此基础上介绍 Transact-SQL 基本要素、流程控制语句和游标的使用。

7.1 Transact-SQL 基础

Transact-SQL（简称 T-SQL）语言是 SQL Server 使用的一种数据库查询和编程语言，是结构化查询语言 SQL 的增强版本，增加了一些非标准的 SQL 语句，使其功能更强大。使用 T-SQL 语句可建立、修改、查询和管理关系数据库，也可以把 T-SQL 语句嵌入到某种高级程序设计语言（如 VB、VC、DELPHI）中。但 T-SQL 本身不提供用户界面、文件或 I/O 设备，编程结构简单而有限。

T-SQL 的基本成分是语句，由一个或多个语句可以构成一个批处理，由一个或多个批处理可以构成一个查询脚本（以 sql 作为文件扩展名）并保存到磁盘文件中，供以后需要时使用。

在编写和执行 T-SQL 语句时，将会使用到下列语句。

（1）数据定义语言（DDL）语句。该语句用于对数据库以及数据库对象进行创建、修改和删除等操作，主要包括 CREATE、ALTER 和 DROP 语句。针对不同的数据库对象，其语法格式不同。例如，创建数据库是 CREATE DATABASE 语句，创建表是 CREATE TABLE 语句。

（2）数据操作语言（DML）语句。该语句用于查询和修改数据库中的数据，包括 SELECT、INSERT、UPDATE 和 DELETE 语句。

（3）数据控制语言（DCL）语句。该语句用于安全管理，改变数据库用户或角色的相关权限。包括 GRANT、REVOKE 和 DENY 语句。

有关 DDL、DML、DCL 各语句的语法、用法及例子请参考本书相关章节。

7.2 Transact-SQL 要素

7.2.1 批处理

批处理就是单个或多个 T-SQL 语句的集合，由应用程序一次性发送给 SQL Server 解释并执行批处理内的所有语句指令。使用 GO 命令和使用 EXECUTE 命令可以将批处理发送给 SQL Server。

1. GO 命令

GO 命令本身不属于 T-SQL 语句，它只是作为一个批处理的结束标志。在 GO 命令行里不能包含任何的 T-SQL 语句，但可以使用注释。在建立一个批处理时要遵循如下规则。

（1）CREATE DEFAULT、CREATE RULE、CREATE VIEW、CREATE PROCEDURE 和 CREATE TRIGGER 语句，只能在单独的批处理中执行。

（2）将默认值和规则绑定到表字段或用户自定义数据类型上之后，不能立即在同一个批处理中使用它们。

（3）定义一个 CHECK 约束之后，不能立即在同一个批处理中使用这个约束。

（4）修改表中的字段名之后，不能立即在同一个批处理中使用这个新字段名。

（5）用户定义的局部变量的作用范围局限于一个批处理内，并且在 GO 命令后不能再引用这个变量。

（6）如果一个批处理中的第一条语句是执行某存储过程的 EXEC 语句，则 EXEC 关键字可以省略不写；如果不是批处理的第一条语句，则必须要有 EXEC 关键字。

2. EXEC 命令

EXEC 命令用于执行用户定义的函数以及存储过程。使用 EXEC 命令，可以传递参数，也可以返回状态值。在 T-SQL 批处理内部，EXEC 命令也能够控制字符串的执行。

7.2.2 注释语句

注释是程序代码中不执行的文本字符串。它起到注解说明代码或暂时禁用正在进行诊断调试的部分语句和批处理的作用。注释能使得程序代码更易于维护和被读者所理解。

SQL Server 支持两种形式的注释语句，即行内注释和块注释。

1. 行内注释

行内注释的语法格式为：

```
--注释文本
```

两个连字符(--)开始到一行的末尾均为注释。两个连字符只能注释一行。如果要注释多行，则每个注释行的开始要使用两个连字符(--)。

【例 7.1】 下面的示例使用行内注释语句来解释正在进行的语句。

```
USE Sales  --选择数据库
GO
--使用 SELECT 语句查询进货时间在 2005 年 1 月的所有商品信息
SELECT *  --选择所有字段
   FROM Goods  --选择 Goods 表
 WHERE YEAR(进货时间)=2005 and MONTH(进货时间)=1
  --查询条件满足进货时间是 2005 年 1 月
GO
```

2. 块注释

块注释的语法格式为：

```
/* 注释文本 */
```

注释文本起始处的“/*”和结束处的“*/”符号之间的所有字符都是注释语句，这样，就可以创建包含多个行的块注释语句。虽然块注释语句可以注释多行，但整个注释不能跨越批处理，只能在一个批处理内。

【例 7.2】 下面的示例使用行内注释语句来解释正在进行的语句。

```
USE Sales --选择数据库
GO
/* 使用 SELECT 语句查询所有员工的信息
   用*表示选择表中的所有字段
   没有使用 WHERE 子句则显示表中的全部记录 */
SELECT *  /* 选择所有字段 */
   FROM employees  /* 选择 employee 表 */
GO
/* 调试程序时在一个 T-SQL 语句内部使用注释,
   临时禁止使用“电话”字段 */
SELECT 编号,姓名,/*电话,*/地址
   FROM employees
GO
```

7.2.3 标识符

SQL Server 的标识符分为标准标识符和分隔标识符两大类。

1. 标准标识符

标准标识符也称为常规标识符，它包含 1 ~ 128 个字符，以字母（a ~ z 或 A ~ Z）、下划线（_）、@或#开头，后续字符可以是 ASCII 字符、Unicode 字符、符号（_、$、@或#），但不能全为下划线（_）、@或#。

以符号开始的标识符是具有特殊用途的。

（1）以@开头的标识符代表局部变量或参数。

（2）以@@开头的标识符代表全局变量。

（3）以#开头的标识符代表临时表或存储过程。

（4）以##开头的标识符代表全局临时对象。

注意 标准标识符不能是 T-SQL 的保留关键字。标准标识符中是不允许嵌入空格或其他特殊符号的。

2. 分隔标识符

分隔标识符是包含在双引号（""）或中括号（[]）内的标准标识符或不符合标准标识符规则的标识符。

对于不符合标准标识符规则的，比如对象或对象名称的一部分使用了保留关键字的，或者标识符中包含嵌入空格的，都必须分隔。

【例 7.3】 本例列出一些合法和不合法的标识符。

以下是合法的标识符。

Table1、TABLE1、table1、stu_proc、_abc、@varname、#proc、##temptbl

A$bc、"Empoyees"、"Table 1"

以下是不合法的标识符。

Table 1、@@@、SELECT、TABLE

【例 7.4】 假如某公司数据库中有一张北京分公司所有员工的信息表，表名为 Empoyees In BeiJing，现要查询 Empoyees In BeiJing 表中的所有员工信息，则查询语句应为：

```
SELECT * FROM "Empoyees In BeiJing"
```

或者

```
SELECT * FROM [Empoyees In BeiJing]
```

注意 不提倡使用分隔标识符，推荐采用简单的有意义的名称，必要的时候利用下划线、数字加以区分各对象，以使得对象的名称更易读，也在一定程度上减少与保留关键字发生冲突的可能。

7.2.4 全局变量与局部变量

变量是用来临时存放数据的对象，是 SQL Server 用于在 T-SQL 语句间传递数据的方式之一。变量有名字和数据类型两个属性，由系统或用户定义并赋值。

SQL Server 中的变量可以分为全局变量和局部变量两大类。

1. 全局变量

全局变量以@@开头，由系统定义和维护，不能由用户创建，对用户来说是只读的，大部分的全局变量记录了 SQL Server 服务器的当前状态信息。全局变量是不可以赋值的。

全局变量在 SQL Server 中共有 33 个，下边介绍几个最常用的全局变量。

（1）@@ROWCOUNT：返回受上一条语句影响的行数，为 int 型。@@ROWCOUNT 的值会随着每一条语句的变化而变化。

（2）@@ERROR：用于返回最后执行的 T-SQL 语句的错误代码，为 int 型。如果@@ERROR 的值为非 0 值，则说明执行过程出错，此时应该参照错误代码的提示在程序中采取相应措施进行处理。

【例 7.5】 使用@@ERROR 变量在一个 UPDATE 语句中检测限制检查冲突（错误代码为#547）。

```
USE Sales
GO
--将编号为 1001 的员工编号更新为 1100
UPDATE Goods
SET 进货员工编号=1100
WHERE 进货员工编号='1001'
--检查是否出现限制检查冲突
IF @@ERROR=547
  PRINT '出现限制检查冲突，请检查需要更新的数据限制'
GO
```

（3）@@SPID：返回当前用户进程的服务器进程 ID。

【例 7.6】 下面这个程序段返回当前用户进程的 ID、登录名和用户。

```
SELECT @@SPID AS 'ID',SYSTEM_USER AS 'Login Name',USER AS 'User Name'
```

（4）@@TRANCOUNT：返回事务嵌套的级别。

（5）@@SERVERNAME：返回本地服务器的名称。

（6）@@VERSION：返回当前安装的 SQL Server 版本、日期及处理器类型。

（7）@@IDENTITY：返回上次 INSERT 操作中插入到 IDENTITY 列的值。

（8）@@LANGUAGE：返回当前所用语言的名称。

2. 局部变量

局部变量以@开头，由用户定义和赋值，指在 T-SQL 批处理和脚本中用来保存数据值的对象。此外，还允许用 table 数据类型的局部变量来代替临时表。

（1）局部变量的声明。在使用局部变量以前，必须使用 DECLARE 语句来声明这个局部变量。DECLARE 语句的语法格式如下：

```
DECLARE @局部变量名 数据类型[,…n]
```

局部变量的名称必须符合标识符的命名规则，局部变量的数据类型可以是系统数据类型，也可以是用户定义的数据类型，但不能指定局部变量为 text、ntext 或 image 数据类型。

【例 7.7】 本例使用 DECLARE 语句声明一个用于保存计数值的整型变量。

```
DECLARE @cnt int
```

【例 7.8】 本例使用一条 DECLARE 语句同时声明多个变量。

```
DECLARE @empid char(6),@empname char(8),@tel varchar(20)
```

（2）局部变量的赋值。给局部变量赋值有两种方法，可以使用 SET 语句赋值，也可以使用 SELECT 语句赋值。

使用 SET 语句赋值的语法格式为：

```
SET { @局部变量名=表达式}[,…n]
```

使用 SELECT 语句赋值的语法格式为：

```
SELECT @局部变量名=表达式[,…n]
```

SELECT 语句中的表达式可以是任何有效的 T-SQL 表达式，还可以是标量子查询。如果使用 SELECT 语句给一个局部变量赋值的时候，该 SELECT 语句返回多个值，则这个局部变量将获取的是所返回的最后一个值。另外，如果只是执行“SELECT @局部变量名”，则可以将局部变量的值输出显示在屏幕上。

【例 7.9】 声明一个名为 now 的局部变量并赋值，用此变量返回当前系统的日期和时间。

```
--声明两个局部变量
DECLARE @now datetime
--对局部变量赋值
SET @now=GETDATE()
--显示局部变量的值
SELECT @now
```

【例 7.10】 本例演示了使用查询给变量赋值的方法。

```
USE Sales
GO
DECLARE @cnt int
SET @cnt=(SELECT count(编号) FROM employees)
/*使用查询给变量赋值，注意这里的查询语句只能在返回单个值的情况下才能赋值成功*/
SELECT @cnt  AS 公司员工总数 /*将员工总数值输出到屏幕*/
GO
```

本例也可以不用 SET 语句赋值，而使用 SELECT 语句赋值，改写为：

```
USE Sales
GO
DECLARE @cnt int
SELECT @cnt= count(编号) FROM employees
SELECT @cnt  AS 公司员工总数
GO
```

（3）局部变量的作用域。局部变量只能在声明它们的批处理或存储过程中使用，一旦这些批处理或存储过程结束，局部变量将自动清除。

【例 7.11】 本例演示了局部变量的作用域。

在查询分析器中建立以下两个批处理：

```
DECLARE @msg varchar(50)
SET @msg= '欢迎您使用 SQL Server 2005'
GO
PRINT @msg
GO
```

在查询分析器中执行上述批处理的情况如图 7.1 所示。在第一个批处理中声明了一个局部变量@msg 并使用 SET 语句对它赋值。在第二个批处理中试图用 PRINT 语句输出该变量，可因为在第一个批处理结束后，局部变量@msg 已经被清除，它的作用范围只局限于第一个批处理内，这样当在第二个批处理中试图引用它的时候系统提示出错，必须重新声明变量@msg。

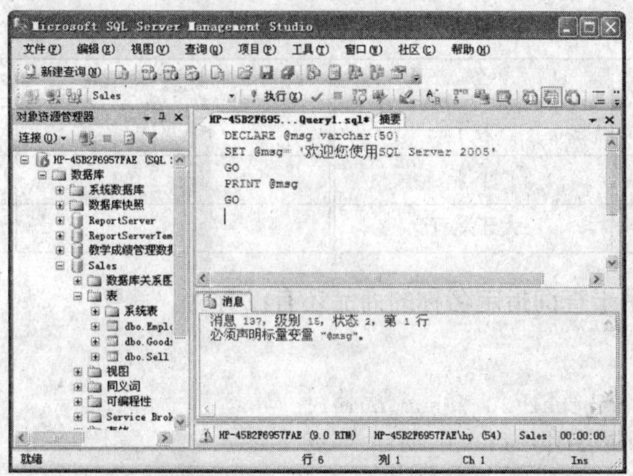

图 7.1　局部变量的作用域示例

7.2.5　运算符和表达式

1. 运算符

运算符是执行数学运算、字符串连接以及比较操作的一种符号。SQL Server 2005 使用的运算符共有 7 类：算术运算符、比较运算符、逻辑运算符、字符串串联运算符、按位运算符、赋值运算符和一元运算符。

下边分别对各类运算符做简要的介绍。

（1）算术运算符。算术运算符在两个表达式上进行数学计算，包括加（+）、减（-）、乘（*）、除（/）和取模（%）5 种运算。表 7.1 中列出了算术运算符及其适用的数据类型。

表 7.1　　算术运算符及其适用的数据类型

算术运算符	适用数据类型
+、-	任何数字数据类型、日期时间型
*、/	任何数字数据类型
%	Int、Smallint、Tinyint、Bigint

【例 7.12】　求现有进货表中每种商品的总价。

```
USE Sales
GO
SELECT 商品编号,商品名称,进货价*数量 AS 总价
FROM Goods
```

（2）比较运算符。比较运算符又称关系运算符，用于测试两个表达式的值之间的关系，运算结果返回一个逻辑值（TRUE、FALSE、UNKNOWN）。除了 text、ntext 或 image 数据类型的表达式外，比较运算符可以用于所有的表达式。通常多出现在条件表达式中。表 7.2 中列出了比较运算符及其含义。

表 7.2　　比较运算符及其含义

比较运算符	含　义	比较运算符	含　义
=	等于	<=	小于等于

续表

比较运算符	含　义	比较运算符	含　义
>	大于	<>或!=	不等于
<	小于	!<	不小于
>=	大于等于	!>	不大于

【例 7.13】 本例用于查询指定名称的商品还有没有货。

```
USE Sales
GO
DECLARE @goodname varchar(20),@num numeric
SET @goodname='HP喷墨打印机 photosmart 7268'
SELECT @num=数量
FROM goods
WHERE 商品名称=@goodname
IF @num>0  PRINT '还有货'
ELSE PRINT '无库存，请尽快进货!'
```

（3）逻辑运算符。逻辑运算符用于对某个条件进行测试。与比较运算符一样，逻辑运算符运算的结果也返回一个为 TRUE 或 FALSE 的逻辑值。表 7.3 中列出了逻辑运算符及其运算规则。

表 7.3　　逻辑运算符及其运算规则

逻辑运算符	运 算 规 则
AND	如果两个表达式值都为 TRUE，则运算结果为 TRUE
OR	如果两个表达式中有一个值为 TRUE，则运算结果为 TRUE
NOT	对表达式的值取反
ALL	如果每个操作数的值都为 TRUE，则运算结果为 TRUE
ANY	在一系列的操作数比较中只要有一个值为 TRUE，则结果为 TRUE
BETWEEN	如果操作数的值在指定的范围内，则运算结果为 TRUE
EXISTS	如果子查询包含一些记录，则为 TRUE
IN	如果操作数是表达式列表中的某一个，则运算结果为 TRUE
LIKE	如果操作数与一种模式相匹配，则为 TRUE
SOME	如果在一系列的操作数比较中，有一些为 TRUE，则结果为 TRUE

【例 7.14】 本例演示逻辑运算符 ALL 的使用。查询单笔商品销售量高于王峰最高销售量的员工姓名、所销售的商品名称、售出时间及销售量。

```
USE Sales
GO
SELECT 姓名,商品名称,售出时间,Sell.数量
FROM Employees JOIN Sell ON  Employees.编号=Sell.售货员工编号 JOIN Goods ON Goods.商品编号=Sell.商品编号
WHERE Sell.数量>ALL(SELECT Sell.数量
                 FROM Employees JOIN Sell
                      ON  Employees.编号=Sell.售货员工编号
                    JOIN Goods ON Goods.商品编号=Sell.商品编号
                WHERE 姓名='王峰')
```

能否用逻辑运算符 MAX 改写例 7.14?

（4）字符串串联运算符。通过加号（+）实现两个字符串的串联运算。这个加号也被称为字符串串联运算符。

【例 7.15】 本例演示多个字符串的串联。

```
USE Sales
GO
SELECT RTRIM(姓名)+ ': '+SPACE(1)+电话  AS 姓名及电话
FROM Employees
```

（5）按位运算符。按位运算符在两个表达式之间执行按位操作。这两个表达式适用的数据类型可以是整型或与整型兼容的数据类型（比如字符型等），但不能为 image 型。表 7.4 中列出了按位运算符及其运算规则。

表 7.4　按位运算符及其运算规则

按位运算符	运 算 规 则
&（按位 AND 运算）	两个位均为 1 时，结果为 1，否则为 0
|（按位 OR 运算）	只要有一个位为 1，结果为 1，否则为 0
^（按位异或运算）	两个位值不同时，结果为 1，否则为 0

（6）赋值运算符。在给局部变量赋值的时候，SET 和 SELECT 语句中使用的等号（=），称为赋值运算符。

（7）一元运算符。一元运算符有 3 个：+（正）、-（负）、~（按位 NOT 运算）。

不同的运算符具有不同的优先级，同一表达式中含有不同的运算符时，一定要遵循运算符规定的先后顺序，否则会导致得到错误的运算结果。

SQL Server 中各运算符的优先级如表 7.5 所示（同一行的优先级别相同）。

表 7.5　运算符的优先级

运 算 符	优 先 级 别
+（正）、-（负）、~（按位 NOT）	1
*（乘）、/（除）、%（取模）	2
+（加）、-（减）	3
=(等于)、>、<、>=、<=、<>、!=、!>、!<	4
&、|、^	5
NOT	6
AND	7
ALL、ANY、BETWEEN、IN、LIKE、OR、SOME	8
=（赋值）	9

2. 表达式

表达式是符号和运算符的组合，通过运算符连接运算量构成表达式，用来计算以获得单个数据值。

表达式可以是由单个常量、变量、字段或标量函数构成的简单表达式，也可以是通过运算符连接起来的两个或更多的简单表达式所组成的复杂表达式。

结果的数据类型由表达式中的元素来决定。

7.2.6 流程控制语句

使用 T-SQL 编程的时候，常常要利用各种流程控制语句去进行顺序、分支控制转移、循环等操作。T-SQL 提供了一组流程控制语句，包括条件控制语句、无条件控制语句、循环语句和返回状态值给调用例程的语句，如表 7.6 所示。

表 7.6 流程控制语句汇总

语　句	说　明
BEGIN…END	定义一个语句块
IF…ELSE	如果条件成立，执行一个分支，否则执行另一个分支
WHILE	基本循环语句，指定条件为真时重复执行一条语句或语句块
…BREAK	退出最内层的 WHILE 循环
…CONTINUE	退出本次 WHILE 循环，重新开始一个 WHILE 循环
CASE(表达式)	允许表达式按照条件返回不同的值
GOTO	转到指定标签语句处继续执行
RETURN	无条件退出语句。可以给调用的过程或应用程序返回整型值
TRY…CATCH	错误处理语句
WAITFOR	为语句执行设置时间。时间可以是一个延时，也可以是一天中的某个时间点

1. BEGIN…END 语句块

从语法格式来说，IF、WHILE 等语句体内通常只允许包含一条语句，为了满足复杂程序设计的需求，就需要用 BEGIN…END 语句将多条 T-SQL 语句封装起来，构成一个语句块。BEGIN…END 语句块可以嵌套。

BEGIN…END 语句块几乎可以用于程序中的任何地方，但通常多使用于下列情况。

（1）当 WHILE 循环需要包含多条语句的时候。

（2）当 CASE 函数的元素需要包含多条语句的时候。

（3）当 IF 或 ELSE 子句中需要包含多条语句的时候。

【例 7.16】 在 WHILE 循环中，包含两条语句，需要 BEGIN…END 语句将这两条语句封闭起来组成一个语句块。

```
DECLARE @counter int
SELECT @counter=0
WHILE @counter<10
BEGIN
   SELECT @counter=@counter+1  --计数器循环累加
   PRINT @counter        --将计数器的值显示出屏幕来
END
```

2. IF…ELSE 语句

用于条件的测试，系统将根据条件满足与否来决定语句程序流。ELSE 语句可选。

有以下两种语法格式。

（1）不使用 ELSE 子句。

```
IF 逻辑表达式
语句块 1
语句块 2
```

如果 IF 语句中的逻辑表达式取值为 True，则执行语句块 1，否则将跳过语句块 1 直接执行语句块 2。

（2）使用 ELSE 子句。

```
IF 逻辑表达式
语句块 1
ELSE
语句块 2
语句块 3
```

如果 IF 语句中的逻辑表达式取值为 True，则执行语句块 1，然后跳过 ELSE 子句中的语句块 2 执行语句块 3；否则，程序将跳过语句块 1 而直接执行 ELSE 子句中的语句块 2 然后继续执行语句块 3。

【例 7.17】 测试 Sales 数据库的 Goods 表中是否有"HP 喷墨打印机 photosmart 7268"这种商品，有的话显示该商品的信息，否则显示"该商品无进货记录!"

```
USE Sales
GO
DECLARE @Goodname varchar(20)
SET @Goodname='HP 喷墨打印机 photosmart 7268'
IF EXISTS(SELECT * FROM Goods WHERE 商品名称=@Goodname)
    BEGIN
        PRINT @Goodname+'商品的信息如下：'
        SELECT * FROM Goods WHERE 商品名称=@Goodname
    END
ELSE
    BEGIN
        PRINT '该商品无进货记录！'
    END
GO
```

3. WHILE 语句

WHILE 语句控制在逻辑表达式结果为真时，重复执行指定的语句或语句块。通常与 WHILE 语句同时使用的 T-SQL 语句有两条：BREAK 和 CONTINUE。

（1）BREAK：该语句在某些情况发生时，控制程序立即无条件地退出最内层 WHILE 循环。语法格式为：

```
WHILE  逻辑表达式
BEGIN
    …
    BREAK
```

```
    …
END
```

（2）CONTINUE：该语句在某些情况发生时，控制程序跳出本次循环，重新开始下一次WHILE循环。语法格式为：

```
 WHILE  逻辑表达式
BEGIN
    …
    CONTINUE
    …
END
```

【例 7.18】 判断Sales数据库是否有商品的库存量少于10，如果有，则将每一商品都入货50，直到所有商品的库存量都多于10或者有商品的库存量超过200。

```
USE Sales
GO
WHILE EXISTS(SELECT * FROM Goods WHERE 数量<10)
   BEGIN
    UPDATE Goods
    SET 数量=数量+50
    IF (SELECT MAX(数量) FROM Goods)>200
    BREAK
  END
GO
```

4. CASE 语句

CASE 语句使用户能够方便地实现多重选择的情况。

CASE 表达式的语法格式为：

```
CASE 字段名或变量名
WHEN 逻辑表达式 1 THEN 结果表达式 1
WHEN 逻辑表达式 2 THEN 结果表达式 2
WHEN 逻辑表达式 3 THEN 结果表达式 3
…
ELSE 结果表达式
END
```

【例 7.19】 在Sales数据库中查询每个员工在2005年1月的销售商品数量并发布奖罚信息，销售商品数量低于30的为不合格员工，扣除当月提成；30到60之间的，为合格员工；高于60的，为优秀员工，凭多出的销量获取奖金；其他情况视为无销量记录。

```
USE Sales
GO
SELECT 售货员工编号,姓名,奖罚信息=
    CASE
      WHEN sum(数量)<30 THEN '不合格员工，扣除当月提成'
      WHEN sum(数量)>=30 AND sum(数量)<60 THEN '合格员工'
      WHEN sum(数量)>=60 THEN '优秀员工，凭多出的销量获取奖金'
      ELSE '无销售记录'
    END
    FROM Sell JOIN Employees ON Employees.编号=Sell.售货员工编号
    WHERE YEAR(售出时间)=2005 AND MONTH(售出时间)=1
    GROUP BY 售货员工编号,姓名
```

```
GO
```

5. GOTO 语句

GOTO 语句的主要功能是使 T-SQL 批处理的执行跳转到某个指定的标签，而不执行 GOTO 语句和该标签之间的语句。GOTO 语句可以嵌套。

语法格式为：

GOTO 标签名称

定义标签的语法格式为：

标签名称：

6. RETURN 语句

用于无条件终止查询、存储过程或批处理，RETURN 语句后面的语句将不再执行。如果在存储过程中使用 RETURN 语句，那么这个语句可以用来指定返回给调用应用程序、批处理或过程的整数值；如果没有为 RETURN 指定整数值，那么这个存储过程将返回 0。

```
RETURN 语句的格式为：
RETURN [整数表达式]
RETURN 语句的使用将在第 8 章中举例介绍。
```

7. TRY...CATCH 语句

TRY...CATCH 语句类似 C # 和 C++语言中的异常处理的出错处理。当执行 TRY 语句块时，若其中的代码出现错误，则系统将会把控制权传递到 CATCH 语句块中进行处理。其语法格式如下：

```
BEGIN TRY
   语句块 1
END TRY
BEGIN CATCH
   语句块 2
END CATCH
```

【例 7.20】 在 sales 数据库中，删除编号是“1301”的员工信息。

```
USE sales
GO
BEGIN TRY
   DELETE FROM employees WHERE 编号='1301'
END TRY
BEGIN CATCH
   PRINT '出错信息为：'+error_message()
END CATCH
```

运行结果为：

```
出错信息为：DELETE 语句与 REFERENCE 约束"FK_Sell_Employees"冲突。该冲突发生于数据库"Sales"，表
"dbo.Sell", column '售货员工编号'。
```

8. WAITFOR 语句

使用 WAITFOR 语句来挂起执行连接，使查询在某一时刻或在一段时间间隔后继续执行。

WAITFOR 语句的语法格式有两种。

（1）WAITFOR DELAY 时间间隔。时间间隔将指定执行 WAITFOR 语句之前需要等待的时

间，最多为 24 小时。

（2）WAITFOR TIME 时间值。时间值将指定 WAITFOR 语句将要执行的时间。

【例 7.21】

（1）使用 DELAY 关键字指定在执行 SELECT 语句之前等待 5 秒。

```
USE Sales
GO
WAITFOR  DELAY  '00:00:05'
SELECT 商品名称,生产厂商,进货价
FROM Goods
WHERE 进货时间>='2005-1-1'
GO
```

（2）使用 TIME 关键字指定在 9 时 25 分 50 秒执行 SELECT 语句。

```
USE Sales
GO
WAITFOR  TIME  '9:25:50'
SELECT 商品名称,生产厂商,进货价
FROM Goods
WHERE 进货时间>='2005-1-1'
GO
```

7.3 使用游标

通常情况下，关系数据库中的操作总会对整个记录集产生影响，而在实际应用中，应用程序有时只需要每次处理一条或一部分记录。在这种情况下，就需要使用游标在服务器内部处理结果集。游标可视为一种特殊的指针，它不但可以定位在结果集的特定记录上，还可以从结果集的当前位置查询一条或多条记录并对读取到的数据进行处理。

使用游标要遵循以下顺序。

声明游标→打开游标→读取数据→关闭游标→删除游标

7.3.1 游标的声明

游标与局部变量一样，也要先声明后使用。声明游标使用 DECLARE CURSOR 语句。有两种语法格式，一种是支持 SQL-92 标准的游标声明，另一种是支持 T-SQL 扩展的游标声明。

1. SQL−92 标准的游标声明

基于 SQL-92 标准的游标声明语句的语法格式为：

```
DECLARE 游标名称 [INSENSITIVE] [SCROLL] CURSOR
 FOR SELECT 语句
[FOR {READ ONLY | UPDATE[OF 字段名[,…n]]}]
```

● INSENSITIVE：如果指定这个关键字，则在定义游标时将在 tempdb 数据库中创建一个临时表，用于存储由该游标使用的数据。对游标的所有请求都从这个临时表中得到应答，因此对该游标进行提取操作时返回的数据中并不反映对基表所做的修改，

并且该游标不允许修改。如果省略 INSENSITIVE 关键字，则任何用户对基表提交的删除和更新都反映在后边的提取（FETCH）中。

- SCROLL：说明声明的游标可以前滚、后滚。所有的提取选项（FIRST、LAST、PRIOR、NEXT、RELATIVE 和 ABSOLUTE）都可以使用。如果没有指定 SCROLL，则只能使用 NEXT 提取选项。
- SELECT 语句：用来定义游标的结果集。这个 SELECT 语句中不允许出现 COMPUTE、COMPUTE BY、INTO 或 FOR BROWSE 关键字。
- READ ONLY：说明声明的游标是只读的，不能通过该游标更新数据。
- UPDATE：指定游标内可以更新的字段。如果指定了参数 OF 字段名[,…n]，则只能修改所列出的字段。如果在 UPDATE 中没有指定字段，则可以修改所有字段。

【例 7.22】　本例是符合 SQL-92 标准的游标声明语句。声明一个游标，用于访问 Sales 数据库中的所有进货商品信息。

```
USE Sales
GO
--声明游标
DECLARE Goods_cursor CURSOR
   FOR
   SELECT * FROM Goods
   FOR READ ONLY
```

该语句声明的游标与表 Goods 的查询结果集相关联，是只读游标，因为没有指定 SCROLL 选项，游标只能采用 NEXT 的提取选项，从头到尾顺序提取数据。

2. T-SQL 扩展标准的游标声明

基于 T-SQL 标准的游标声明语句的语法格式为：

```
DECLARE 游标名称 CURSOR
[LOCAL|GLOBAL]
[FORWARD_ONLY|SCROLL]
[STATIC|KEYSET|DYNAMIC|FAST_FORWARD]
[READ_ONLY|SCROLL_LOCKS|OPTIMISTIC]
[TYPE_WARNING]
FOR SELECT 语句
[FOR UPDATE [OF 字段名[,…n]]]
```

- LOCAL 和 GLOBAL：指定游标的作用范围。LOCAL 指定游标的作用域是局部的，该游标名称只在创建它的批处理、存储过程或触发器中有效。GLOBAL 指定游标是全局游标，在由连接执行的任何存储过程或批处理中都可以引用该游标名称，在连接释放时游标自动释放。
- FORWARD_ONLY 和 SCROLL：指定游标的移动方向。FORWARD_ONLY 指定游标只能从第一行滚动到最后一行，只能支持 FETCH NEXT 提取选项。SCROLL 含义与前面介绍的 SQL-92 标准中相同。
- STATIC、KEYSET、DYNAMIC 和 FAST_FORWARD：指定了游标的 4 种类型。

STATIC：定义一个静态游标，与 SQL-92 标准中的 INSENSITIVE 关键字作用相同。

KEYSET：定义一个关键字集游标，对记录进行唯一识别的关键字集在游标打开时建立在 tempdb 数据库内 keyset 表中。打开关键字集游标时，游标中的记录的顺序是固定的，可以通过关键字集游标修改基表中的非关键字字段的值，但不可以插入数据。

DYNAMIC：定义一个动态游标，它能反映在滚动游标时对结果集中记录所做的全部修改。结果集中记录的数据值、顺序和成员在每次提取时都会改变。动态游标不支持 ABSOLUTE 提取选项。

FAST_FORWARD：定义一个启用了性能优化的 FORWARD_ONLY、READ_ONLY（只读前向）游标。它只支持游标从头到尾顺序读取数据。

- READ_ONLY、SCROLL_LOCKS 和 OPTIMISTIC：指定了游标或基表的访问属性。READ_ONLY 指定游标为只读游标。SCROLL_LOCKS 指定确保通过游标完成的定位更新或定位删除可以成功。当记录读入游标的时候，SQL Server 会锁定这些记录，以确保它们以后可进行修改。OPTIMISTIC 指定如果记录从被读入游标以后已经得到更新，则通过游标进行的定位更新或定位删除不成功。
- TYPE_WARNING：指定如果游标从所请求的类型隐形转换为另一种类型，则给客户端发送警告信息。
- SELECT 语句：用来定义游标的结果集。这个 SELECT 语句中不允许出现 COMPUTE、COMPUTE BY、INTO 或 FOR BROWSE 关键字。
- FOR UPDATE：指定游标中可以更新的字段。如果指定了 OF 字段名[,…n]，则只能修改所列出的字段。如果在 UPDATE 中没有指定字段，除非指定了 READ_ONLY 选项，否则可以修改所有字段。

使用 T-SQL 扩展语法声明游标还要注意以下两点。

（1）在声明游标时如果已经指定了 FAST_FORWARD，则不能指定 SCROLL 和 FOR UPDATE，也不能指定 SCROLL_LOCKS 和 OPTIMISTIC。而且，FAST_FORWARD 与 FORWARD_ONLY 只能选一个，不能同时指定。

（2）如果指定了移动方向为 FORWARD_ONLY，而不指定 STATIC、KEYSET 和 DYNAMIC 关键字，则该游标默认是作为 DYNAMIC 游标进行操作。如果移动方向 FORWARD_ONLY 和 SCROLL 都没有指定，如果指定了 STATIC、KEYSET 和 DYNAMIC 关键字，则移动方向默认是 SCROLL；没有指定 STATIC、KEYSET 和 DYNAMIC 关键字，则移动方向默认是 FORWARD_ONLY。

【例 7.23】 声明一个全局滚动动态游标 sales_cursor，它用于获取所有员工销售“9”号商品的信息，其中包括员工姓名、销售数量和售出时间 3 列。

```
USE Sales
GO
DECLARE sales_cursor CURSOR
GLOBAL  SCROLL  DYNAMIC
FOR
SELECT 姓名,数量,售出时间
    FROM Employees JOIN Sell ON Employees.编号=Sell.售货员工编号
    WHERE 商品编号=9
```

7.3.2　打开和读取游标

1. 打开游标

声明游标之后，要使用游标提取数据，必须先打开游标。使用 OPEN 语句可以打开游标，然后通过执行在 DECLARE CURSOR 语句中指定的 T-SQL 语句来填充游标。打开游标的语法格式为：

```
OPEN [GLOBAL] 游标名称
```

其中，GLOBAL 指定要打开的是全局游标。游标名称必须是已经声明了的游标名称。如果全局游标和局部游标同名，则指定 GLOBAL 是表示打开的是全局游标，否则是局部游标。

打开一个游标后，可以使用全局变量@@ERROR 来判断打开操作是否成功，打开成功则返回 0 值，否则返回非 0 值。游标打开成功后，可以使用全局变量@@CURSOR_ROWS 来获取游标中的记录行数。当其值为 0，表示无游标打开；其值为-1，表示游标是动态的；其值为-m（m 是正整数），表示游标被异步填充；其值为 m（m 是正整数），表示游标已经被完全填充。返回值 m 是游标中的记录行数。

【例 7.24】　将例 7.22 中声明的游标 sales_cursor 打开，输出这个游标中的记录行数。

```
OPEN sales_cursor
SELECT @@CURSOR_ROWS AS '游标 sales_cursor 记录行数'
```

结果游标 sales_cursor 记录行数显示为-1，这符合之前对游标 sales_cursor 是动态游标的定义。动态游标可以反映所有的修改，这样符合游标的记录行数不断变化，因此永远不能确切地说符合条件的记录行都被查询到。

2. 读取数据

游标打开后，就可以使用 FETCH 命令从中读取数据。语法格式为：

```
FETCH [[NEXT|PRIOR|FIRST|LAST|ABSOLUTE{n|@var}|RELATIVE{n|@var}]
FROM] [GLOBAL] 游标名称
[INTO @变量名[,…n]]
```

- NEXT|PRIOR|FIRST|LAST|ABSOLUTE {n|@var}：指定读取记录的位置。

NEXT：说明读取当前记录行的下一行，并使其设置为当前行。如果 FETCH NEXT 是对游标第一次进行提取操作，则读取的是结果集的第一行记录。NEXT 为默认的游标提取选项。

PRIOR：说明读取当前记录行的前一行，并使其设置为当前行。

FIRST：说明读取游标的第一行并将其设置为当前行。

LAST：说明读取游标的最后一行并将其设置为当前行。

- ABSOLUTE{n|@var}：如果 n 或@var 为正数，则读取从游标头开始的第 n 行并将提取到的行设置为新的当前行；如果 n 或@var 为负数，则读取从游标尾之前的第 n 行并将提取到的行设置为新的当前行；如果 n 或@var 为 0，则没有行返回。n 必须整型常量，@var 必须为 tinyint、smallint 或 int。
- RELATIVE {n|@var}：如果 n 或@var 为正数，则读取当前行之后的第 n 行并

将提取到的行设置为新的当前行；如果 n 或@var 为负数，则读取当前行之前的第 n 行并将提取到的行设置为新的当前行；如果 n 或@var 为 0，则读取当前行。如果在对游标进行第一次读取操作时将 n 或@var 指定为负数或 0，则没有记录返回。n 必须为整型常量，@var 必须为 tinyint、smallint 或 int。

- GLOBAL：说明读取的是全局游标。
- INTO：说明将读取到的游标数据放到指定的局部变量中。变量列表中各变量从左到右要与游标结果集中的相应字段顺序相关联。变量数目要与游标结果集的字段数据相同。

【例 7.25】 将例 7.23 中声明的游标打开，并使用该游标读取结果集中的所有记录。

```
--打开游标
OPEN sales_cursor
--第一次读取，得到结果集的首行记录
FETCH NEXT FROM sales_cursor
--循环读取结果集中剩余的数据行
WHILE @@FETCH_STATUS=0
BEGIN
FETCH NEXT FROM sales_cursor
END
```

7.3.3 关闭和释放游标

游标使用完后，要及时关闭游标，以释放当前的结果集并解除定位在该游标记录行上的游标锁定。关闭游标的语法格式为：

```
CLOSE [GLOBAL] 游标名称
```

其中，各选项的含义与 OPEN 语句的语法相同。

关闭一个游标后，其数据结构仍存储在系统中，需要的时候仍然可以再次使用 OPEN 语句打开和使用该游标。如果确定以后不再使用该游标，则可以删除游标，将游标占用的系统空间释放出来。释放游标的语法格式为：

```
DEALLOCATE [GLOBAL] 游标名称
```

其中，各选项的含义与 OPEN 和 CLOSE 语句的语法相同。

【例 7.26】 关闭和释放例 7.22 中声明的游标 sales_cursor。

```
--关闭游标 sales_cursor
CLOSE sales_cursor
--释放（删除）游标 sales_cursor
DEALLOCATE sales_cursor
```

本章小结

在 SQL Server 中使用 T-SQL 进行程序设计时，通常是使用批处理来提交一个或多个 T-SQL 语句，一个或多个批处理又可以构成一个脚本，以文件形式保存在磁盘上从而得到可再次使用的代码模块。局部变量用于在 T-SQL 语句间传递数据。设计程序时，往往需要利用各种流程控制语句，包括条件控制语句、无条件控制语句和循环语句等来控制计算机的执行进程。

游标提供对结果集进行逐行处理的机制。使用游标的时候，首先声明游标，然后从游标中读取或修改数据，最后还要注意及时关闭游标并将不再使用的游标删除以释放系统空间。

本章习题

一、填空题

1. T-SQL 中的变量分为全局变量和局部变量。全局变量由________定义并维护，而局部变量由________声明和赋值。
2. 表达式是________和________的组合。
3. SQL Server 2005 使用的运算符共有 7 类：________、________、________、字符串串联运算符、按位运算符________和一元运算符。
4. 给局部变量赋值可以使用________语句或________语句赋值。
5. 使用游标要遵循________、打开游标、________、________、删除游标的顺序。

二、选择题

1. 已经声明了一个字符型的局部变量@n，在下列语句中，能对该变量正确赋值的是(　　)。

   A. @n='HELLO'　　　　B. SELECT @n='HELLO'

   C. SET @n=HELLO　　　　D. SELECT @n=HELLO

2. 一个脚本有如下代码：

```
CREATE TABLE Stud_info                --第一条语句
( 学号 Char(6) not null PRIMARY KEY,
  姓名 char(8) not null,
性别 char(2) not null,
专业 varchar(20) not null
)
SELECT * FROM Stud_info               --第二条语句
CREATE RULE RU_sex                    --第三条语句
AS @sex='男' OR @sex='女'
sp_bindrule RU_sex, ' Stud_info. 性别'     --第四条语句
```

在执行该脚本的过程中下面哪些是必需的？(　　)

   A. “第二条语句”语句前加 GO 语句　　　　B. “第三条语句”语句前加 GO 语句

   C. “第四条语句”语句前加 GO 语句　　　　D. 可以正确执行

3. T-SQL 中，条件“年龄 BETWEEN 15 AND 35”，表示年龄在 15 岁至 35 岁之间且(　　)。

   A. 包括 15 岁和 35 岁　　　　B. 不包括 15 岁和 35 岁

   C. 包括 15 岁但不包括 35 岁　　　　D. 包括 35 岁但不包括 15 岁

4. SQL 语言中，不是逻辑运算符号的是（　　）。

A. AND　　B. NOT　　C. OR　　D. XOR

5. 下列（　　）语句不属于数据定义语言（DDL）语句。

A. ALTER TABLE　　B. DROP DATABASE

C. DELETE　　D. CREATE VIEW

三、综合题

1. 什么叫批处理？批处理的结束标志是什么？建立批处理要注意什么事项？
2. 简述局部变量的声明和赋值方法。
3. 写出 Transact-SQL 语句，将 SQL Server 2005 服务器的名称放在局部变量@srv 中，并将该局部变量的值输出显示在屏幕上。想一想，可以用几种方法实现该局部变量的赋值和显示？
4. 下面的语句错在什么地方？应该如何修改才能显示@的值为 2？

```
DECLARE  @a int
SELECT  @a = 1
GO
SET  @a=@a+1
SELECT  @a
```

5. 在 Sales 数据库中查询各商品的进货数量及剩余数量。

实验 6　Transact-SQL 程序设计

1. 实验目的

掌握在程序中如何使用变量和函数，如何使用语句控制执行的顺序，如何使用游标来访问数据集中的一条单独的记录，以及如何使用批处理将程序划分成为多个语句组的方法。最终能够掌握 T-SQL 程序设计的方法和技巧。

2. 实验内容

（1）返回当前日期的年、月、日信息。

（2）在 UPDATE 语句中使用@@ROWCOUNT 变量来检测是否存在发生更改的记录。

```
USE STUINFO
GO
--将 2004 级学生的入学日期 2004 年 9 月 1 日更改为 2004 年 9 月 9 日
UPDATE t_student
SET EnrollDate='2004-9-9'
 WHERE EnrollDate='2004-9-1'
--如果没有发生记录更新，则发出警告信息
IF @@ROWCOUNT=0
PRINT '警告：没有发生记录更新'
```

（3）使用@@ERROR 变量在一个 UPDATE 语句中检测限制检查冲突（错误代码为#547）。首先在 STUINFO 数据库的 t_student 表中设置 check 约束：Politics in ('党员','团员','群众')，然后执行如下语句：

```
USE STUINFO
GO
```

```
--将黄方方的政治面貌更新为“党员”
UPDATE t_student
SET Politics='党员'
WHERE Politics ='团员'
--检查是否出现限制检查冲突
IF @@ERROR=547
  PRINT '出现限制检查冲突，请检查需要更新的数据限制'
```

（4）练习 IF…ELSE 语句。用 T-SQL 语句进行程序设计：在 STUINFO 数据库中，测试 t_student 表中是否有“张三”这个学生，如果有，则显示该学生信息，否则显示“在数据库中无此人信息!”

（5）练习 CASE 语句。在 STUINFO 数据库中，查询“电子商务”这门课程的成绩并按成绩折算为等级：低于 60 分的为“不及格”，大于等于 60 而小于 70 分的为“及格”，大于等于 70 而小于 80 分的为“中等”，大于等于 80 而小于 90 分的为“良好”，90 及 90 分以上的为“优秀”，其他情况判定为“无成绩”。

（6）使用游标从学生信息数据库中查询学生的信息。

（7）使用游标修改 STUINFO 数据库中的数据，查找 S_number 是“20040101”的学生，修改该生的“6”号课程成绩，加上 5 分。

（8）练习 WAITFOR 语句。查询计算机系的专业核心课程信息，并在执行查询语句前等待 10 秒。

3. 实验步骤

（1）根据实验内容，写出程序代码。

（2）运行、调试程序代码。

（3）测试并记录结果。

4. 思考与练习

（1）如果“会计”课程的平均成绩低于 75 分，则显示“平均成绩低于 75 分”，否则显示“平均成绩不低于 75 分”。

（2）修改实验内容（2）的语句，将 2004 级学生的入学日期更改为 2004 年 9 月 8 日，如果没有记录发生更新，则显示警告信息，否则显示诸如“有×××位学生记录发生更新”格式的语句。

第8章 存储过程

在 SQL Server 数据库系统中，存储过程具有很重要的作用。存储过程是 T-SQL 语句的集合，它提供了一种高效和安全的访问数据库的方法，经常被用来访问数据和管理被修改的数据。SQL Server 2005 不仅提供了用户自定义存储过程的功能，而且也提供了许多可作为工具使用的系统存储过程。本章重点介绍存储过程的概念、存储过程的创建和管理，并介绍存储过程的一些应用技巧。

8.1 存储过程简介

存储过程存放在服务器端数据库中，是经编译过的能完成特定功能的 T-SQL 语句的集合，是作为一个单元来处理的。在存储过程中可以对任何数据及对象进行修改，包括新建或删除表、修改数据库设置等。

存储过程在第一次执行时进行语法检查和编译，执行后它的执行计划就驻留在高速缓存中，用于后续调用。存储过程可以接收和输出参数、返回执行存储过程的状态值，还可以嵌套调用。用户可以像使用函数一样重复调用这些存储过程，实现它所定义的操作。

8.1.1 存储过程的优点

存储过程是一种数据库对象，使用存储过程优点如下。

（1）执行速度快，改善系统性能。存储过程在服务器端运行，可以利用服务器强大的计算能力和速度，执行速度快。而且存储过程是预编译的，第一次执行后的存储过程会驻留在高速缓存中，以后直接调用，执行速度很快，如果某个操作需要大量的 T-SQL 语句或重复执行，那么使用存储过程比直接使用 T-SQL 语句执行得更快。

（2）减少网络流量。用户可以通过发送一条执行存储过程的语句实现一个复杂的操

作，而不需要在网络上发送几百条 T-SQL 语句，这样可以减少在服务器和客户端之间传递语句的数量，减轻了服务器的负担。

（3）增强代码的重用性和共享性。存储过程在被创建后，可以在程序中被多次调用，而不必重新编写。所有的客户端都可以使用相同的存储过程来确保数据访问和修改的一致性。而且存储过程可以独立于应用程序而进行修改，大大提高了程序的可移植性。

（4）提供了安全机制。如果存储过程支持用户需要执行的所有业务功能，SQL Server 可以不授予用户直接访问表、视图的权限，而是授权用户执行该存储过程，这样，可以防止把数据库中表的细节暴露给用户，保证表中数据的安全性。

8.1.2　存储过程的类别

在 SQL Server 2005 中，存储过程有 3 种类型。

1. 用户自定义存储过程

用户自定义存储过程包括 Transact-SQL 和 CLR 两种。

（1）Transact-SQL 存储过程。Transact-SQL 存储过程是指保存的 Transact-SQL 语句集合，可以接受和返回用户提供的参数。

（2）CLR 存储过程。CLR 存储过程是指对 Microsoft .NET Framework 公共语言运行时（CLR）方法的引用，可以接受和返回用户提供的参数。它们在.NET Framework 程序集中是作为类的公共静态方法实现的。注意：CLR 集成提供了更为可靠和安全的替代方法来编写扩展存储过程。后续版本将删除扩展存储过程的功能。

2. 系统存储过程

系统存储过程主要从系统表中查询信息或完成与更新数据库表相关的管理任务或其他的系统管理任务。存储在 master 数据库中，可以在其他数据库中任意进行调用，由前缀“sp_”标识。

3. 扩展存储过程

扩展存储过程以在 SQL Server 环境外执行的动态链接库（DLL）来实现。由前缀“xp_”标识。扩展存储过程直接在 SQL Server 的实例的地址空间中运行，可以使用 SQL Server 扩展存储过程 API 完成编程。

本章主要介绍 Transact-SQL 存储过程的创建和管理。

8.2 创建存储过程

8.2.1　使用图形化工具创建存储过程

使用图形化工具创建存储过程。我们将在 Sales 数据库中，创建一个名为 proc_price 查询商品

编号、商品名称、进货价、零售价的存储过程，步骤如下。

（1）启动 SSMS，连接到数据库实例，在“对象资源管理器”窗口里，展开数据库实例。

（2）依次选择“数据库”→要存放存储过程的数据库，这里选择“Sales”→“可编程性”→“存储过程”，右键快捷菜单的“新建存储过程”选项，这时就在 SSMS 的右边打开了创建存储过程的模板，其中已经加入了一些创建存储过程的代码，如图 8.1 所示。

（3）选择“查询”菜单→“指定模板参数的值”选项，这时打开了“指定模板参数的值”对话框，如图 8.2 所示。

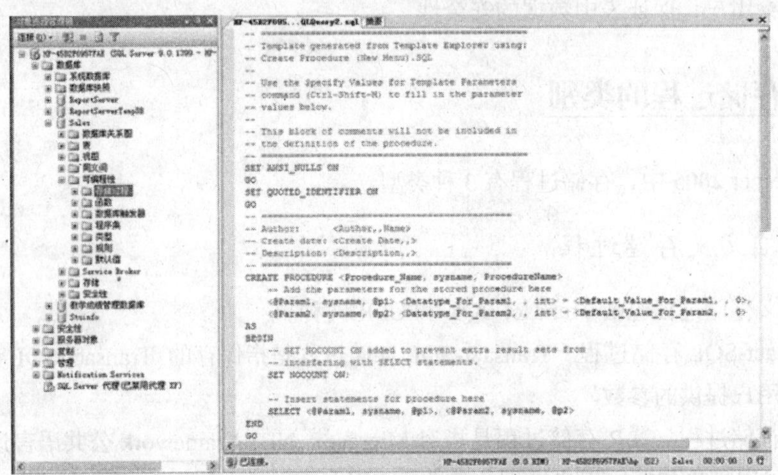

图 8.1 “创建存储过程”模板

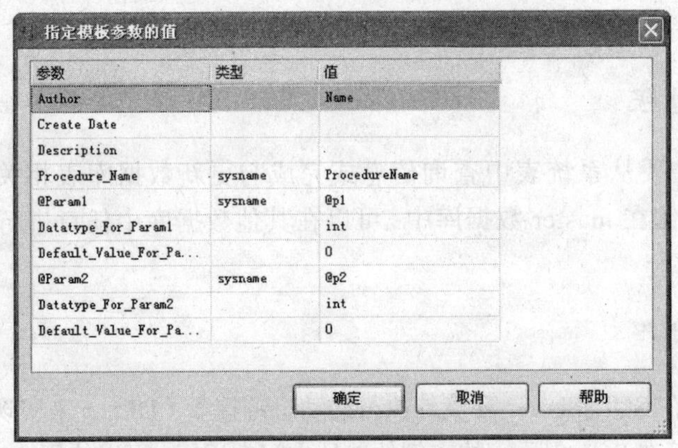

图 8.2 “指定模板参数的值”对话框

（4）设置好相应的参数值。根据上述例子的要求，我们将存储过程名称 Procedure_Name 的值设置为 proc_price，由于该存储过程无参数，参数@Param1 和@Param2 以及它们的数据类型在此不做设置。单击“确定”按钮，返回到创建存储过程的窗口，此时内容已经改变，如图 8.3 所示。

（5）由于该存储过程无参数，在“创建存储过程”窗口中，把参数的代码“@p1 int = 0，@p2 int = 0”删除，将代码“SELECT @p1，@p2”更改为“SELECT 商品编号，商品名称，进货价，零售价 FROM Goods”。

（6）单击 SQL 编辑器工具栏上的 ! 执行(X) 按钮，完成存储过程的创建。

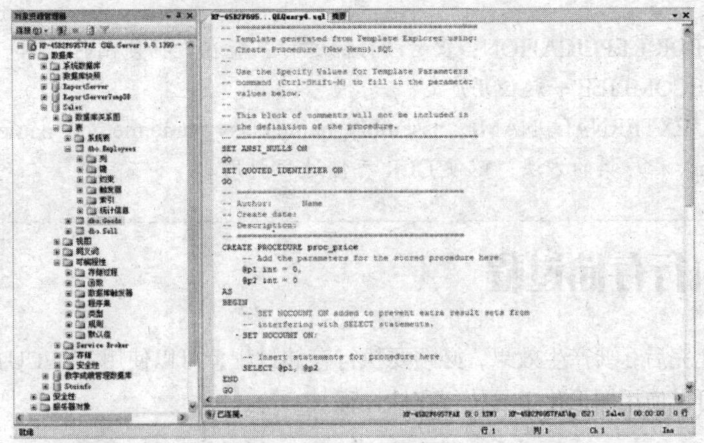

图 8.3　指定模板参数后的“创建存储过程”窗口

8.2.2　使用 Transact-SQL 创建存储过程

上节在 SSMS 中创建存储过程其实仍是基于命令的，SQL Server 使用 CREATE PROCEDURE 语句用于创建存储过程，语法格式如下：

```
CREATE PROC[EDURE] [所有者.]存储过程名[;整数]
[{@参数 数据类型}[VARYING][= 默认值][OUTPUT][,...n]
[WITH {RECOMPILE|ENCRYPTION|RECOMPILE,ENCRYPTION|EXECUTE_AS_Clause}]
   [FOR REPLICATION]
   AS
     {SQL 语句[,...n]|EXTERNAL NAME assembly_name.class_name.method_name}
```

说明

- 存储过程名：必须符合标识符规则，且对于数据库及其所有者必须唯一。要创建局部临时存储过程，可以在存储过程名前面加一个“#”字符（#存储过程名）；要创建全局临时存储过程，可以在存储过程名前面加“##”字符（##存储过程名）。完整的名称（包括#或##）不能超过 128 个字符。可以选择是否指定过程所有者的名称。
- ;整数：是可选的整数，用来对同名的存储过程分组，以便用一条 DROP PROCEDURE 语句即可将同组的过程一起除去。例如，名为 orders 的应用程序使用的过程可以命名为 orderproc;1、orderproc;2 等。此时 DROP PROCEDURE orderproc 语句将可以除去整个组。
- @参数：数据类型 [VARYING][= 默认值][OUTPUT]：用于定义存储过程参数的类型和参数的属性。指定的参数除游标参数不限制个数外，其他最多可以指定 2100 个，其中 VARYING 指定作为输出参数支持的结果集（仅是适用于游标参数），OUTPUT 用来指定该参数是可以返回的，可将信息返回给调用过程。Text、Ntext 和 Image 参数可用作 OUTPUT 参数。
- {RECOMPILE |ENCRYPTION | RECOMPILE, ENCRYPTION|EXECUTE_AS_Clause }：用于定义存储过程的处理方式。RECOMPILE 指定每执行一次存储过程都要重新编译，虽然可能降低了执行速度，但也可能有助于数据的最后处理；ENCRYPTION 表示 SQL Server 加密 syscomments 系统表中包含 CREATE PROCEDUDE 的语句。EXECUTE AS 指定在其中执行存储过程的安全上下文。

● FOR REPLICATION：表示该存储过程只能在数据复制时使用。该选项不能与 WITH RECOMPILE 一起使用。

● EXTERNAL NAME assembly_name.class_name.method_name：指定.NET Framework 程序集的方法，以便 CLR 存储过程引用。

8.3 执行存储过程

存储过程创建完后，要产生效果，必须要执行存储过程，可以使用 EXECUTE 语句来执行这个存储过程，也可以使用图形化工具执行存储过程。

8.3.1 使用 EXECUTE 语句执行存储过程

1. 通过存储过程自身执行存储过程

语法格式如下：

```
[EXEC[UTE]]
{[@整型变量=]存储过程名[;分组标识号]|@存储过程变量}
[[@参数=]{参量值|@变量 [OUTPUT]|[DEFAULT]}][,...n]
[WITH RECOMPLILE]
```

● @整型变量：为整型局部变量，用于保存存储过程的返回状态。使用 EXECUTE 语句之前，这个变量必须在批处理、存储过程或函数中声明过。

● ;分组标识号：当执行与同名存储过程同组的存储过程时，就要指定该存储过程的分组标识号。

● @存储过程变量：是局部定义的变量，表示存储过程名称。

● @参数:是在创建存储过程时定义的过程参数。调用者向存储过程所传递的参数值由参量值或@变量提供，或者使用 DEFAULT 关键字指定使用该参数的默认值。OUTPUT 参数说明指定参数为返回参数。

● WITH RECOMPILE：指定在实行存储过程时重新编译执行计划。

【例 8.1】 本例创建一个简单的无参数的存储过程：在 Sales 数据库中，创建存储过程 proc_Employees，查询采购部的员工信息。

创建和执行存储过程的脚本内容如下：

```
USE Sales
GO
CREATE PROC proc_Employees
AS
SELECT *
FROM Employees
WHERE 部门='采购部'
GO
--执行存储过程
EXEC proc_Employees
```

【例 8.2】　创建一个带有输入参数的存储过程 proc_goods，查询指定员工所进商品信息。

创建和执行存储过程的脚本内容如下：

```
USE Sales
GO
CREATE PROC proc_goods
  @员工编号 char(6)='1001'
AS
  SELECT 商品编号,商品名称,生产厂商,进货价,零售价,数量,进货时间
  FROM Goods
  WHERE 进货员工编号=@员工编号
GO
--执行存储过程,查询 1001 号员工所进的商品的信息
EXEC proc_goods @员工编号=default
--或
EXEC proc_goods @员工编号='1001'
```

【例 8.3】　创建一个带有输入和输出参数的存储过程 proc_GNO，查询指定厂商指定名称的商品所对应的商品编号。

```
USE Sales
GO
CREATE PROC proc_GNO
  @商品名称 varchar(20),@生产厂商 varchar(30),
  @商品编号 int OUTPUT
AS
  SELECT @商品编号=商品编号
  FROM Goods
  WHERE 商品名称=@商品名称 AND 生产厂商=@生产厂商
GO
--执行存储过程，查询惠普公司打印机商品编号
DECLARE @商品编号 int
EXEC proc_GNO '打印机', '惠普公司',@商品编号 OUTPUT
PRINT '该商品编号为:'+CAST(@商品编号 AS char(6))
```

【例 8.4】　创建带有参数和返回值的存储过程。在 Sales 数据库中创建存储过程 ProcSum ByGoods，查询指定厂商指定名称的商品在某年某月的总销售量。

```
USE Sales
GO
CREATE PROC ProcSumByGoods
  @goodname varchar(20),@corp varchar(30),@year int, @month int,
  @sum int OUTPUT
AS
--声明和初始化一个局部变量，用于保存系统函数@@ERROR 的返回值
DECLARE @ErrorSave int
SET @ErrorSave=0
--统计指定厂商指定名称的商品在指定年份月份总的销售量
SELECT @sum=SUM(Sell.数量)
FROM Sell JOIN Goods ON Sell.商品编号=Goods.商品编号
WHERE 商品名称=@goodname AND 生产厂商=@corp AND YEAR(售出时间)=@year AND MONTH(售出时间)=@month
IF (@@ERROR<>0)
  SET @ErrorSave=@@ERROR
  RETURN @ErrorSave
GO
```

```
GO
--执行存储过程，查询 HP 公司 2004 年 10 月的打印机销售总量
DECLARE @ret int,@sum int
EXEC @ret=ProcSumByGoods '打印机','HP 公司',2004,10,@sum OUTPUT
PRINT '该存储过程执行结果如下：'
PRINT '返回值='+CAST(@ret AS char(1))
PRINT '总销售量='+CAST(@sum AS char(4))
```

【例 8.5】 创建一个名为 FindEmployee 的存储过程，可以用它来找出 Sales 数据库的 Employees 表中员工编号为指定值（输入参数）的记录的"姓名"字段的名称，另外指定一个参数 LineNum 作为输出参数，且必须在存储过程中判断员工编号不能为空串，是的话要打印出出错信息，并返回错误值 0，如果查询成功在输出变量 LineNum 中保留所影响的行数，然后返回值 1。

```
USE Sales
GO
CREATE PROC FindEmployee
@LineNum int OUTPUT,
@EmployeeID char (6)
AS
IF LEN(@EmployeeID)=0
  BEGIN
    PRINT '请输入一个合法的员工编号！'
    RETURN 0
  END
SELECT  姓名
From Employees WHERE 编号=@EmployeeID
SET @LineNum = @@ROWCOUNT
RETURN 1
GO
--执行存储过程（查询结果以文本方式显示）
DECLARE @ret int,@LineNum int
exec @ret=FindEmployee @LineNum output,'1002'
print '返回值='+CAST(@ret AS char(1))
print '行数='+CAST(@LineNum AS char(4))
```

【例 8.6】 本例演示了存储过程的嵌套调用：创建存储过程 proc_GoodsSell，嵌套调用存储过程 proc_GNO，查询指定厂商指定名称商品的销售情况。

```
CREATE PROC proc_GoodsSell
  @商品名称 varchar(20),@指定厂商 varchar(30)
AS
  DECLARE @商品编号 int
  EXEC proc_GNO @商品名称,@指定厂商,@商品编号 OUTPUT
  SELECT 商品编号,数量 AS 销售数量,售出时间,售货员工编号
  FROM Sell
  WHERE 商品编号=@商品编号
GO
--执行存储过程，查询 HP 公司打印机的销售情况
EXEC proc_GoodsSell '打印机', 'HP 公司'
```

注意

嵌套的存储过程会增加复杂级别，使得性能问题的故障诊断比较困难，所以要谨慎选择创建嵌套的存储过程。想一想，例 8.6 中如果不用嵌套存储过程的方法，还可以采用何种方法创建存储过程。

2. 执行字符串

EXECUTE语句的主要用途是执行存储过程。此外，我们还可以将T-SQL语句放在字符串变量中，然后使用EXECUTE语句来执行该字符串，语法格式如下：

```
EXEC[UTE] ({@字符串变量}|[N] 'tsql字符串') [+...n])
```

说明

- @字符串变量是局部变量的名称。它可以是char、varchar、nchar或nvarchar数据类型，最大值为服务器的可用内存。如果字符串长度超过4000个字符，则把多个局部变量串联起来用于EXECUTE字符串。
- [N] 'tsql字符串'是一个常量。它可以是nvarchar或varchar数据类型。如果包含N，则该字符串将解释为nvarchar数据类型，最大值为服务器的可用内存。如果字符串长度超过4000个字符，则把多个局部变量串联起来用于EXECUTE字符串。

【例8.7】 本例是用EXECUTE语句执行字符串的示例。

```
USE Sales
GO
DECLARE @sqlstr VARCHAR(40)
SET @sqlstr='SELECT * FROM Employees ORDER BY 姓名'
EXEC(@sqlstr)
```

8.3.2 使用图形化工具执行存储过程

这里我们举一个例子说明在SSMS中执行存储过程的步骤。在SSMS中执行存储过程proc_goods的步骤如下。

（1）启动SSMS，连接到数据库实例，在“对象资源管理器”窗口里，展开数据库实例。

（2）依次选择“数据库”→存放存储过程的数据库，这里选择“Sales”→“可编程性”→“存储过程”→proc_goods右键快捷菜单的“执行存储过程”选项，这时就打开了“执行过程”窗口，可以看到该存储过程有一个输入参数“@员工编号”，在该参数的“值”输入框中输入一个值“1001”，如图8.4所示。

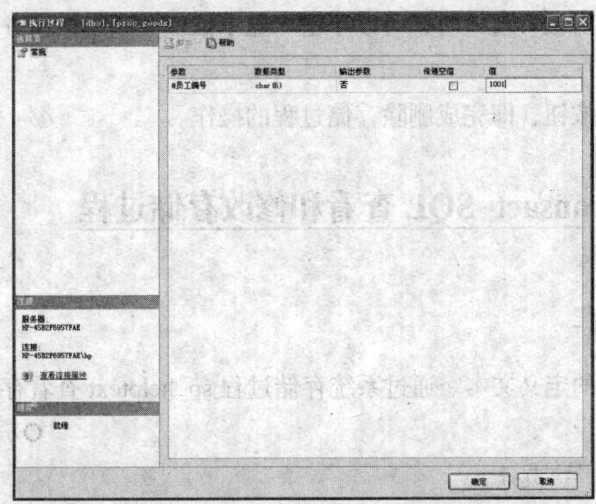

图8.4 “执行过程”窗口

（3）单击“确定”按钮，执行存储过程，在结果窗口中就可以看到执行的结果。

8.4 修改和删除存储过程

8.4.1 使用图形化工具查看和修改存储过程

1. 查看存储过程定义文本和修改存储过程

启动 SSMS，连接到数据库实例，在“对象资源管理器”窗口里，展开数据库实例。接着依次选择“数据库”→要查看或修改的存储过程所在的数据库→“可编程性”→“存储过程”→右键单击要查看或修改的存储过程，在快捷菜单中选择“修改”选项，可以在 SSMS 右边窗口查看该存储过程的定义文本和修改存储过程代码。

2. 查看存储过程的依赖关系

在 SSMS 中用鼠标右键单击需要查看依赖关系的存储过程，在弹出菜单中选择 “查看依赖关系”选项，则可以在“对象依赖关系”窗口中查看到依赖于该存储过程的对象和该存储过程依赖的对象。

3. 重命名存储过程

在 SSMS 中用鼠标右键单击需要重命名的存储过程，在弹出菜单中选择 “重命名”选项，则可以修改存储过程的名称。

4. 删除存储过程

对于不再需要的用户存储过程，在设施 SSMS 中删除的步骤如下。

（1）用鼠标右键单击待删除的存储过程，在弹出菜单中选择“删除”选项，或鼠标单击要删除的存储过程，接着按下 Delete 键。

（2）当出现“删除对象”窗口时，可以单击“显示依赖关系”按钮查看删除该存储过程对数据库有什么影响。

（3）单击“确定”按钮，即完成删除存储过程的操作。

8.4.2 使用 Transact-SQL 查看和修改存储过程

1. 查看存储过程

（1）查看存储过程的定义文本。通过系统存储过程 sp_helptext 查看存储过程的定义文本，语法格式如下：

```
EXEC sp_helptext 存储过程名
```

若在创建存储过程时使用了 WITH ENCRYPTION 关键字，则不能查看该存储过程的定义文本。

（2）查看存储过程的依赖关系。通过系统存储过程 sp_depends 查看存储过程的依赖关系，语法格式如下：

```
EXEC sp_depends 存储过程名
```

（3）查看存储过程的参数。通过系统存储过程 sp_help 查看存储过程的参数，语法格式如下：

```
EXEC sp_help 存储过程名
```

除了使用以上 3 种方法查看存储过程的信息外，使用 sp_stored_procedures 系统存储过程可以打印数据库中存储过程和所有者名字的列表，也可以查询 sysobjects、syscomments 和 sysdepends 系统表来获取信息。

【例 8.8】 使用相关的系统存储过程查看 Sales 数据库中 proc_GoodsSell 存储过程的定义、相关性和参数。

```
USE Sales
GO
EXEC sp_helptext proc_GoodsSell   --查看存储过程的定义
EXEC sp_depends proc_GoodsSell    --查看存储过程的相关性
EXEC sp_help proc_GoodsSell       --查看存储过程的参数
```

2. 修改存储过程

（1）重新命名存储过程。使用系统存储过程 sp_rename 重新命名存储过程，语法格式如下：

```
EXEC sp_rename 存储过程原名,存储过程新名
```

【例 8.9】 将存储过程 ProcSumByGoods 重命名为 proc_单月总销量。

```
EXEC sp_rename ProcSumByGoods, proc_单月总销量
```

重命名过程不会更改该存储过程在定义文本中指定的名称。

（2）使用 ALTER PROCEDURE 语句修改存储过程，语法格式如下：

```
ALTER PROC[EDURE] [所有者.]存储过程名[;整数]
[{@参数 数据类型}[VARYING][= 默认值][OUTPUT][,...n]
[WITH {RECOMPILE|ENCRYPTION|RECOMPILE,ENCRYPTION}]
 [FOR REPLICATION]
AS  SQL语句[,...n]
```

- 各参数含义与 CREATE PROCEDURE 命令相同。
- 只有存储过程的创建者、db_owner 和 db_ddladmin 的成员才可以修改存储过程。
- 在 CREATE PROCEDURE 语句中使用的选项，如 WITH RECOMPILE 和 WITH ENCRYPTION，当在 ALTER PROCEDURE 语句中也使用时，这些选项才有效。
- 用 ALTER PROCEDURE 语句更改的存储过程，其权限和启动属性都是保持不变的。

【例 8.10】 修改例 8.2 中的存储过程，要求加密存储过程的定义文本，不指定参数的默认值，只查询指定员工所进商品的名称、生产厂商、进货价和数量信息。

```
USE Sales
GO
CREATE PROC proc_goods
  @员工编号 char(6)
WITH ENCRYPTION
AS
   SELECT 商品名称,生产厂商,进货价,数量
   FROM Goods
   WHERE 进货员工编号=@员工编号
GO
```

3. 删除存储过程

使用 DROP PROCEDURE 语句从当前数据库中删除一个或多个用户定义的存储过程或存储过程组，语法格式如下：

```
DROP PROC[EDURE] {[所有者.]存储过程(组)名}[,...n]
```

不能在存储过程名前指定服务器或数据库名称。

【例 8.11】 删除例 8.3 和例 8.6 中创建的存储过程。

```
DROP PROC proc_GNO, proc_GoodsSell
```

本章小结

存储过程是一种数据库对象，是存储在服务器上的一组预定义的 SQL 语句集合。创建存储过程并将编译好的版本存储在高速缓存中，可以加快程序的执行效率。存储过程可以有输入、输出参数，可以返回结果集以及返回值。通过本章的学习，应掌握各种存储过程的创建、执行、修改和删除方法。

本章习题

一、填空题

1. ________存放在服务器端数据库中，是经编译过的能完成特定功能的 T-SQL 语句的集合。
2. EXECUTE 语句主要用于执行________。另外，我们也可以预先将 T-SQL 语句放在________中，然后使用 EXECUTE 语句来执行。

3. 在 SQL Server 2005 中，用户自定义存储过程包含________和________两种类型。
4. 在用 CREATE PROC 语句创建存储过程时，使用________选项可以加密存储过程的定义文本。
5. 系统存储过程存储在________数据库中，可以在其他数据库中任意进行调用，由前缀________标识。

二、选择题

1. 假定在 Sales 数据库中创建了一个名为 proc_sales 的存储过程，而且没有被加密，那么以下哪些方法可以查看存储过程的内容。(　　)

   A. EXEC sp_helptext proc_sales

   B. EXEC sp_depends proc_sales

   C. EXEC sp_help proc_sales

   D. EXEC sp_stored_procedures proc_goods

   E. 查询 syscomments 系统表

   F. 查询 sysobjects 系统表

2. 要删除一个名为 A1 的存储过程，应用命令：(　　) procedure　A1

   A. DELETE　　B. DROP　　C. CLEAR　　D. ALTER

3. Create procedure 是用来创建 (　　) 的语句。

   A. 函数　　B. 视图　　C. 触发器　　D. 存储过程

4. 下列属于局部临时存储过程的是 (　　)。

   A. sp_procA　　B. xp_procA　　C. # procA　　D. ## procA

5. 下列属于扩展存储过程的是 (　　)。

   A. sp_procB　　B. xp_procB　　C. # procB　　D. ## procB

三、综合题

1. 存储过程与存储在客户计算机的本地 T-SQL 语句相比，它具有什么优点？
2. SQL Server 支持哪几类存储过程？
3. 希望人力资源部门的用户可以在 Sales 数据库中插入、更新和删除数据，但不希望他们有访问基表的权限。那么除了创建一个视图以外，还能如何实现该目标？
4. 在 Sales 数据库中建立一个名为 proc_find 的存储过程，如果查询到指定的商品，则用 RETURN 语句返回 1，否则返回 0。
5. 在 Sales 数据库中建立一个名为 date_to_date_sales 的存储过程，该存储过程将返回在两个指定日期之间的所有销售记录。

实验 7　创建和使用存储过程

1. 实验目的

（1）了解存储过程的概念和作用。

（2）掌握使用图形化工具和 T-SQL 语句创建存储过程的方法。

（3）掌握执行存储过程的方法。

（4）掌握查看、修改和删除存储过程的方法。

2. 实验内容

（1）使用 T-SQL 语句创建和执行存储过程。

① 创建和执行不带参数的存储过程。

在数据库 STUINFO 中创建存储过程 Proc_score，用于查询所有选修“2”号课程的学生成绩信息，该存储过程带有重新编译和加密存储过程定义选项。

② 创建和执行带输入参数的存储过程。

在数据库 STUINFO 中创建存储过程 Proc_list，列出指定课程成绩排名前 5 位的学生成绩记录，允许附加成绩相同的记录。

③ 创建和执行带输入和输出参数的存储过程。

在数据库 STUINFO 中创建存储过程 ProcAvgScore，用于查询指定课程考试成绩的最高分、最低分和平均分。

（2）使用 T-SQL 语句查看、修改和删除存储过程。

① 查看上述创建的存储过程。

② 修改存储过程 Proc_score，将其修改为查询选修“1”号课程的学生成绩信息。另外，不加密存储过程的定义。

③ 删除上述创建的存储过程。

（3）使用 SSMS 创建、查看、修改和删除存储过程。

3. 实验步骤

（1）根据实验内容，写出程序代码。

（2）在查询分析器中，运行、调试程序代码。

（3）测试结果。

（4）使用 SSMS 创建、查看、修改和删除存储过程。

将存储过程 Proc_score 使用 SSMS 重新创建一次，然后通过 SSMS 查看该存储过程的定义文本、相关性及其他参数信息，接着在 SSMS 中按实验内容修改存储过程 Proc_score，最后通过 SSMS 删除该存储过程。

4. 思考与练习

（1）创建一个添加新课程的存储过程，要求进行出错处理。然后对这个存储过程进行测试，确保该存储过程可以像预期那样插入新的课程记录，另外，也要测试这个存储过程的出错处理情况。

（2）创建存储过程，在 STUINFO 数据库中查询指定学生选修某门课程的成绩和所获得的学分。最后用一个实例执行该存储过程以进行验证。

第9章 触发器

SQL Server 2005 提供了两种主要机制来强制执行业务规则和数据完整性：约束和触发器。就本质而言，触发器也是一种存储过程，但是是一种特殊类型的存储过程。触发器只要满足一定的条件，就可以触发完成各种简单和复杂的任务，可以帮助我们更好地维护数据库中数据的完整性。本章要重点理解触发器的特点和作用，掌握创建和管理触发器的方法。

9.1 触发器简介

9.1.1 触发器的概念

触发器是一种特殊的存储过程，在语言事件发生时，所设置的触发器就会自动被执行，以进行维护数据完整性或其他一些特殊的任务。

与上一章介绍的一般意义的存储过程不同，触发器是当发生 DML 或 DDL 语言事件时自动执行的存储过程。不能直接被调用，也不能传递或接受参数。

9.1.2 触发器的类型和触发操作

1. 类型

在 SQL Server 2005 中，触发器分为两大类：DML 触发器和 DDL 触发器。DDL 触发器是 SQL Server 2005 的新增功能，当服务器或数据库中发生数据定义语言（DDL）事件时将调用这些触发器。

（1）DML 触发器。DML 触发器是一种与表紧密关联的特殊的存储过程，当数据库中发生数据操作语言（DML）事件时将调用 DML 触发器。

DML 触发器分为 AFTER 触发器和 INSTEAD OF 触发器两种，其功能对比如表 9.1 所示。

- AFTER 触发器：在数据变动（INSERT、UPDATE 和 DELETE 操作）完成后才被激发。对变动数据进行检查，如果发现错误，将拒绝或回滚变动的数据。

表 9.1　　AFTER 触发器与 INSTEAD OF 触发器的功能对比

功　能	AFTER 触发器	INSTEAD OF 触发器
适用对象	表	表和视图
每个表或视图可用的数量	允许每个动作有多个触发器	每个动作（UPDATE、DELETE 和 INSERT）一个触发器
级联引用	没有限制	在作为级联引用完整性约束目标的表上限制应用
执行时机	声明引用动作之后	在约束处理之前，代替了触发动作
	在创建 inserted 表和 deleted 表触发时	在 inserted 表和 deleted 表创建之后
执行顺序	可以指定第一个和最后一个触发器执行动作（用 sp_settriggerorder 完成）	不适用
在 inserted 表和 deleted 表引用 text、ntext 和 image 类型的数据	不允许	允许

- INSTEAD OF 触发器：在数据变动以前被激发，并取代变动数据（INSERT、UPDATE 和 DELETE 操作）的操作，转而去执行触发器定义的操作。

（2）DDL 触发器。与 DML 触发器一样，DDL 触发器也是通过事件来激活并执行其中的 SQL 语句。但与 DML 触发器不同，DDL 触发器是在响应数据定义语言（DDL）语句时激发。这些语句主要是以 CREATE、ALTER 和 DROP 开头的语句。DDL 触发器可用于管理任务，例如审核和控制数据库操作。

2. 触发操作

（1）DML 触发器。在建立 DML 触发器时，要指定触发操作：INSERT、UPDATE 或 DELETE。至少要指定一种操作，也可以同时指定多种。在同一个表中可以创建多个 AFTER 触发器，但在表或视图上，每个 INSERT、UPDATE 或 DELETE 语句最多可以定义一个 INSTEAD OF 触发器。

（2）DDL 触发器。DDL 触发器是响应 CREATE、ALTER、DROP、GRANT、DENY、REVOKE 和 UPDATE STATISTICS 等语句而触发的。

9.1.3　触发器的功能

1. DML 触发器

DML 触发器有助于在表或视图中修改数据时强制业务规则，扩展数据完整性，它具有以下功能。

（1）级联修改数据库中相关的表。

（2）实现比 CHECK 约束更为复杂的约束操作。

（3）拒绝或回滚违反引用完整性的约束操作。

（4）比较表修改前后数据之间的差别，并根据差别采取相应的操作。

2. DDL 触发器

DDL 触发器用于执行管理任务，并强制影响数据库的业务规则。它具有以下功能。

（1）防止对数据库架构进行某些更改。

（2）使得数据库中发生某种情况以响应数据库架构中的更改。

（3）记录数据库架构中的更改或事件。

9.2 创建触发器

9.2.1 使用图形化工具创建 DML 触发器

这里举例说明在 Sales 数据库的 Goods 表中使用图形化工具创建 DML 触发器的方法，操作步骤如下。

（1）启动 SSMS，连接到数据库实例，在“对象资源管理器”窗口中展开数据库实例。

（2）依次选择“数据库”→DML 触发器所在的数据库，这里选择“Sales”→“表”→触发器所在的表，这里选择“dbo Goods”→“触发器”右键快捷菜单的“新建触发器”选项，如图 9.1 所示。

（3）这时就在 SSMS 右边打开了“创建触发器”模板，其中已经加入了一些创建触发器的代码，如图 9.2 所示。

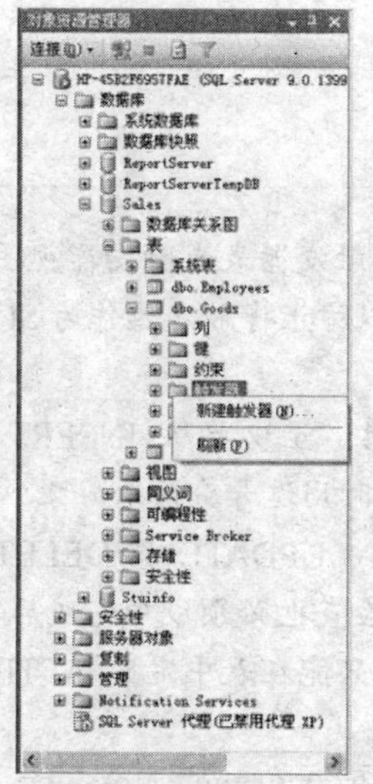

图 9.1　“对象资源管理器”窗口的“新建触发器”选项

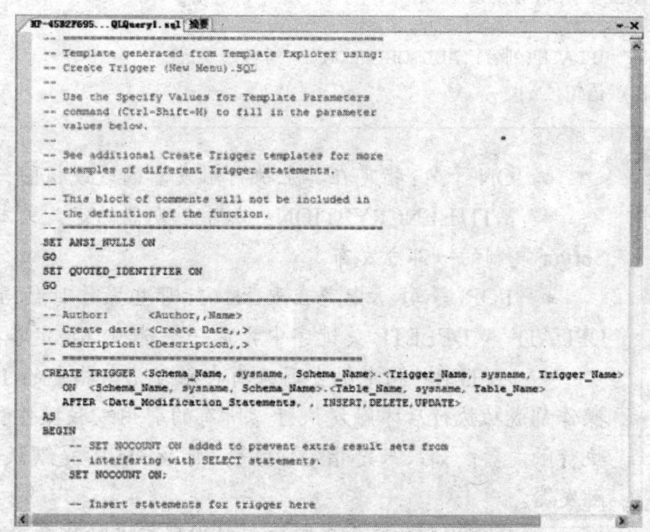

图 9.2　“创建触发器”模板

（4）在“创建触发器”模板中，直接修改代码，或者选择“查询”菜单→“指定参数的模板”选项，打开“指定模板参数的值”对话框，如图 9.3 所示。

（5）指定模板参数，根据上述例子要求，触发器名称 Trigger_Name 的值指定为 Tri_Newgood，触发器表 Table_Name 的值指定为 goods，数据变动类型 Data_Modification_Statements 的值指定为 INSERT，单击“确定”按钮，返回到创建触发器的模板窗口，此时内容已经改变。

（6）之后在模板里根据具体要求修改其他代码，如图 9.4 所示。然后单击 SQL 编辑器工具栏上的 ! 执行(X) 按钮，完成触发器的创建。

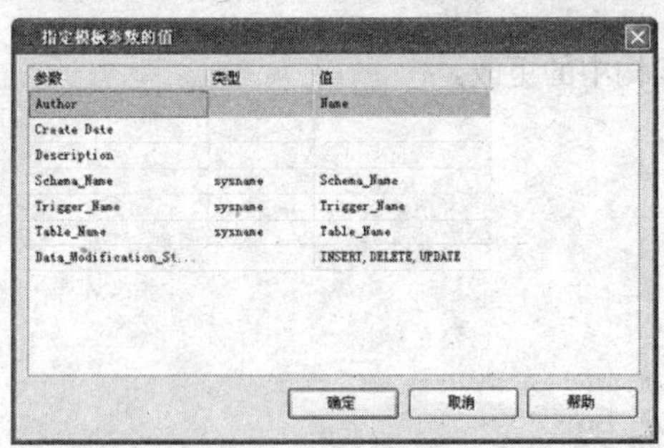

图 9.3 “指定模板参数的值”对话框

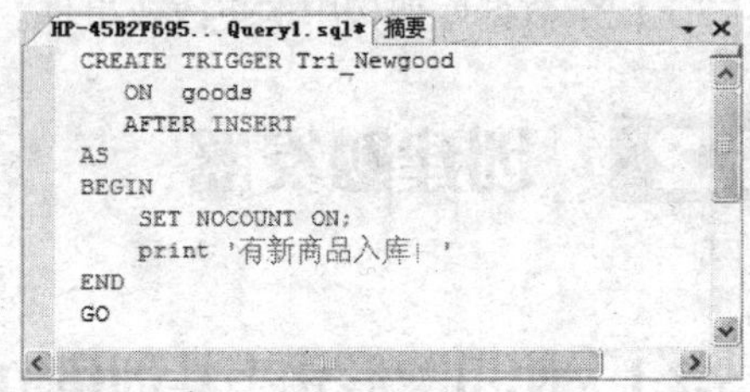

图 9.4 修改代码之后的“创建触发器”窗口

9.2.2 使用 Transact-SQL 创建 DML 触发器

用 CREATE TRIGGER 语句创建 DML 触发器，要注意的是该语句必须是批处理中的第一条语句，并且只能应用于一个表。CREATE TRIGGER 语句的部分语法格式如下：

```
CREATE TRIGGER [所有者.]触发器名称
ON {[所有者.]表名|视图}
 [WITH ENCRYPTION]
{FOR|AFTER|INSTEAD OF}{[INSERT][,][UPDATE][,][DELETE]}
 [NOT FOR REPLICATION]
AS
  IF UPDATE(列名)[AND|OR UPDATE(列名)][...n]
  SQL语句[...n]
```

说明

- ON 子句：指定在其上执行触发器的表或视图，也称为触发器表或触发器视图。
- WITH ENCRYPTION：加密触发器的定义文本。可以防止将触发器作为 SQL Server 复制的一部分发布。
- FOR 子句：指定在表上执行哪些操作时激活触发器，至少要从 INSERT、UPDATE 和 DELETE 关键字中指定一个选项。指定多个选项时用逗号分隔。
- AFTER：指定触发器只有在触发语句指定的 INSERT、UPDATE 和 DELETE 操作都成功执行后才触发执行。所有的引用级联操作和约束检查也必须成功完成后再执行触发器。如果只是指定 FOR，则 AFTER 是默认设置。只能在表中定义 AFTER 触发器。
- INSTEAD OF：指定执行触发器定义的操作而不是执行 INSERT、UPDATE 或 DELETE 操作，从而替代变动数据的操作。在表或视图上，每个 INSERT、UPDATE

或 DELETE 语句最多可以定义一个 INSTEAD OF 触发器。

- {[INSERT][,][UPDATE][,][DELETE]}：指定在表上执行哪些数据修改语句时将激活触发器，必须至少指定一项。INSTEAD OF 触发器中每一种操作只能存在一个。
- NOT FOR REPLICATION：表示当复制进程更改触发器所涉及的表时，不应执行该触发器。
- IF UPDATE 子句：指定只有在对表中的某个字段进行 INSERT 或 UPDATE 操作时才激发该触发器，不能用于 DELETE 操作，可以指定多列。
- AS：指定触发器要执行的操作。
- SQL 语句：给出触发器的条件和操作。

（1）只有 INSTEAD OF 触发器才可以基于视图创建。

（2）FOR 语法和 AFTER 语法在创建同一类型触发器的时候是等价的，这些触发器都是在开始动作之后被触发。

（3）不能在系统表上创建用户自定义的 DML 触发器。

（4）DML 触发器只能在当前数据库中创建，但可引用当前数据库的外部对象。

（5）在触发器内可以指定任意的 SET 语句。选择的 SET 选项在触发器执行期间保持有效，然后恢复为原来的设置。

（6）通常 DML 触发器不要返回任何结果集，这主要是为避免由于触发器触发而向应用程序返回结果。这样就不要在触发器定义中使用 SELECT 语句或变量赋值语句。如果必须使用变量赋值语句的话，则要在触发器定义的开始部分使用 SET NOCOUNT 语句来避免返回任何结果集。

（7）DELETE 触发器不能捕获 TRUNCATE TABLE 语句。因为它是无日志记录的，因而不能执行触发器。因为 TRUNCATE TABLE 语句的权限属于该表所有者且不可转移，所以只有表所有者才需要考虑无意中用 TRUNCATE TABLE 语句规避 DELETE 触发器的问题。

（8）无论有日志记录还是无日志记录，WRITETEXT 语句都不触发触发器。

【例 9.1】 创建一个简单的 DML 触发器，当有人试图更新 Sales 数据库的商品信息时，利用触发器产生提示信息。

```
--创建触发器
USE Sales
GO
CREATE TRIGGER tri_UpdateGoods
ON Goods
FOR UPDATE
AS
RAISERROR('更新表数据',16,10)
GO

--测试触发器
UPDATE Goods
SET 数量=8
where 商品编号=5
```

```
结果如下：
服务器：消息 50000，级别 16，状态 10，过程 tri_UpdateGoods，行 5
更新表数据
```

就 DML 触发器的工作原理而言，大多数 DML 触发器是“后过滤器”（除了 INSTEAD OF 是前反应的），在数据修改通过了所有规则、默认值之后才执行。DML 触发器是一种特殊类型的存储过程，在对表进行插入、修改或删除操作时执行。因为 DML 触发器是在操作生效后执行的，因此它表示修改操作的最后一个字。如果 DML 触发器请求失败，将拒绝修改信息，回滚或返回错误信息。DML 触发器常常用来加强业务规则和数据完整性。

在 DML 触发器执行时，将生成两个临时表（逻辑表），即 inserted 表和 deleted 表。这两个临时表由系统管理，存储在内存中，不允许用户直接对其进行修改。可以在 SQL 语句中引用，用于触发器条件的测试。在执行 INSERT 语句时，插入到表中的新记录也同时被插入到临时表 inserted 中。在执行 UPDATE 语句时，系统首先删除原有的记录，并将原有记录行插入到 deleted 表中，而新插入的记录也同时插入到 inserted 表中。在执行 DELETE 语句时，删除的记录将被插入到 deleted 表中。关于触发器创建的表，如表 9.2 所示。当触发器结束时，临时性的 inserted 及 deleted 表会自动消失。

表 9.2　　　　DML 触发器创建的表

触发器类型	创建 inserted 表	创建 deleted 表
INSERT	是	否
UPDATE	是	是
DELETE	否	是

【例 9.2】　创建一个 AFTER INSERT 触发器，当在 Sales 数据库的 employees 表中插入一条新员工记录时，如果不是“采购部”、“财务部”、“销售部”或“库存部”的员工，则撤销该插入操作，并返回出错消息。

```
USE Sales
GO
CREATE TRIGGER tri_InsertEmp
ON Employees
FOR INSERT
AS
declare @depart varchar(16)
select @depart=Employees.部门
from Employees,inserted
where Employees.编号=inserted.编号
if @depart not in( '采购部' ,'财务部' ,'销售部','库存部')
begin
   rollback transaction
--返回用户定义的错误信息并设系统标志，记录发生错误
   raiserror('不能插入非本公司设定部门的员工信息！',16,10)
end
GO
--测试 insert 触发器
INSERT Employees(编号,姓名,性别,部门,电话,地址)
 VALUES('1501','彭真',1,'人事部','3988563','北京市南京路 756 号')
```

【例 9.3】　在 Sales 数据库的 employees 表和 Sell 表之间具有逻辑上的主外键关系，要求当删除或更新单个员工记录的时候，要激发触发器 tri_Delete，在 Sell 表中也删除或更新相对应的记录行。

```
USE Sales
GO
CREATE TRIGGER tri_Update_Delete
ON Employees
FOR UPDATE, DELETE
AS
   SET NOCOUNT OFF    --不返回结果
   DECLARE @delcount INT
   DECLARE @Empid CHAR(6)
   --更新
    IF UPDATE(编号)
       BEGIN
         UPDATE Sell
           SET 售货员工编号=(SELECT 编号 FROM inserted)
           WHERE 售货员工编号 in (SELECT 编号 FROM deleted)
       END
     --删除
     SELECT @delcount=COUNT(*) FROM deleted
     IF @delcount>0
       BEGIN
         --从临时表 deleted 中获取要删除的售货员工编号
         SELECT @Empid=编号 FROM deleted
         --从 Sell 表中删除该员工的销售记录
         DELETE FROM  Sell WHERE 售货员工编号=@Empid
       END
GO
```

9.2.3　使用 Transact-SQL 创建 DDL 触发器

创建 DDL 触发器的语法格式如下：

```
CREATE TRIGGER 触发器名称
ON {ALL SERVER|DATABASE}
[ WITH ENCRYPTION | EXECUTE AS Clause [ ,...n ] ]
{ FOR | AFTER } { 事件名称 | 事件分组名称 } [ ,...n ]
AS {SQL 语句 [ ; ] [ ...n ] | EXTERNAL NAME assembly_name.class_name.method_name [ ; ] }
```

说明

- ALL SERVER：将 DDL 触发器的作用域应用于当前服务器。在当前服务器的任意一个数据库都能激活该触发器。
- DATABASE：将 DDL 触发器的作用域应用于当前数据库。只能在这个数据库激活该触发器。
- WITH ENCRYPTION：加密触发器的定义文本。可以防止将触发器作为 SQL Server 复制的一部分发布。
- EXECUTE AS：指定用于执行该触发器的安全上下文。允许控制 SQL Server 实例用于验证被触发器引用的任意数据库对象的权限的用户账户。

- FOR 和 AFTER 是等价的，指定的是 AFTER 触发器，DDL 触发器不能指定 INSTEAD OF 触发器。
- 激活 DDL 触发器的事件包括两种，数据库作用域和服务器作用域。

数据库作用域的事件如下所述：

```
CREATE_APPLICATION_ROLE
ALTER_APPLICATION_ROLE
DROP_APPLICATION_ROLE
CREATE_ASSEMBLY
ALTER_ASSEMBLY
DROP_ASSEMBLY
ALTER_AUTHORIZATION_DATABASE
CREATE_CERTIFICATE
ALTER_CERTIFICATE
DROP_CERTIFICATE
CREATE_CONTRACT
DROP_CONTRACT
GRANT_DATABASE
DENY_DATABASE
REVOKE_DATABASE
CREATE_EVENT_NOTIFICATION
DROP_ EVENT_NOTIFICATION
CREATE_FUNCTION
ALTER_FUNCTION
DROP_FUNCTION
CREATE_INDEX
ALTER_INDEX
DROP_INDEX
CREATE_MESSAGE_TYPE
ALTER_MESSAGE_TYPE
DROP_MESSAGE_TYPE
CREATE_PARTITION_FUNCTION
ALTER_PARTITION_FUNCTION
DROP_PARTITION_FUNCTION
CREATE_PARTITION_SCHEME
ALTER_PARTITION_SCHEME
DROP_ PARTITION_SCHEME
CREATE_PROCEDURE
ALTER_PROCEDURE
DROP_PROCEDURE
CREATE_QUEUE
ALTER_QUEUE
DROP_QUEUE
CREATE_REMOTE_SERVICE_BINDING
ALTER_REMOTE_SERVICE_BINDING
DROP_REMOTE_SERVICE_BINDING
CREATE_ROLE
ALTER_ROLE
DROP_ROLE
```

```
CREATE_ROUTE
ALTER_ROUTE
DROP_ROUTE
CREATE_SCHEME
ALTER_SCHEME
DROP_SCHEME
CREATE_SERVICE
ALTER_SERVICE
DROP_SERVICE
CREATE_STATISTICS
DROP_ STATISTICS
UPDATE_STATISTICS
CREATE_SYNONYM
DROP_SYNONYM
CREATE_TABLE
ALTER_TABLE
DROP_TABLE
CREATE_TRIGGER
ALTER_TRIGGER
DROP_TRIGGER
CREATE_TYPE
ALTER_TYPE
DROP_TYPE
CREATE_USER
ALTER_USER
DROP_USER
CREATE_VIEW
ALTER_VIEW
DROP_VIEW
CREATE_XML_SCHEMA_COLLLECTION
ALTER_XML_SCHEMA_COLLLECTION
DROP_XML_SCHEMA_COLLLECTION
```

服务器作用域的事件如下所述：

```
ALTER_AUTHORIZATION_SERVER
CREATE_DATABASE
ALTER_DATABASE
DROP_DATABASE
CREATE_ENDPOINT
DROP_ENDPOINT
CREATE_LOGIN
ALTER_LOGIN
DROP_LOGIN
GRANT_SERVER
DENY_SERVER
REVOKE_SERVER
```

【例 9.4】 在 Sales 数据库中，创建一个 DDL 触发器，以防止视图的删除。

```
CREATE TRIGGER not_drop_view
ON DATABASE
FOR DROP_VIEW
AS
PRINT '对不起，您不能删除该数据库中的视图！'
```

```
ROLLBACK
GO
```

【例 9.5】 创建一个 DDL 触发器，以保护当前服务器中的所有数据库不能被删除。

```
CREATE TRIGGER not_drop_database
ON ALL SERVER
FOR DROP_DATABASE
AS
PRINT '对不起，您不能删除当前服务器中的数据库！'
ROLLBACK
GO
```

服务器作用域的 DDL 触发器显示在 SSMS 对象资源管理器中的“触发器”文件夹中。此文件夹位于“服务器对象”文件夹下。数据库作用域的 DDL 触发器显示在“数据库触发器”文件夹中。此文件夹位于相应数据库的“可编程性”文件夹下。

9.3 修改触发器

9.3.1 使用图形化工具查看和修改 DML 触发器

使用图形化工具查看和修改 DML 触发器的操作步骤如下。

（1）启动 SSMS，连接到数据库实例，在“对象资源管理器”窗口中展开数据库实例。

（2）依次选择“数据库”→DML 触发器所在的数据库→“表”→DML 触发器所在的表→“触发器”右键快捷菜单的“修改”选项。

（3）这时就在 SSMS 右边打开了该触发器的代码编辑框，在这里可以查看触发器，也可以修改该触发器。如果是修改触发器，直接修改其代码，然后单击 SQL 编辑器工具栏上的 ! 执行(X) 按钮，完成该触发器的修改。

9.3.2 使用 Transact-SQL 查看和修改 DML 触发器

1. 查看 DML 触发器信息

（1）使用系统存储过程 sp_helptrigger 返回指定表中定义的当前数据库的触发器类型。语法格式如下：

```
EXEC sp_helptrigger '表名|视图名' [,'触发器操作类型']
```

如果不指定触发器类型，将列出所有的触发器。

【例 9.6】 查看 Sales 数据库中 employees 表的触发器类型。

```
USE Sales
GO
EXEC sp_helptrigger 'employees'
EXEC sp_helptrigger 'employees','DELETE'
```

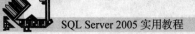

其中，执行前一条 SQL 语句将列出 employees 表的所有触发器，后一条 SQL 语句指定了触发器的操作类型是 DELETE，这样只能查看到 DELETE 类型的触发器。

（2）查看触发器的定义文本。语法格式如下：

```
EXEC sp_helptext '触发器名称'
```

【例 9.7】 查看例 9.3 中创建的触发器 tri_Update_Delete 的定义文本。

EXEC sp_helptext 'tri_Update_Delete'

如果在创建触发器时对定义文本用 WITH ENCRYPTION 进行过加密处理，则用 sp_helptext 不能查看到定义文本信息。

（3）查看触发器的所有者和创建日期。语法格式如下：

```
EXEC sp_help '触发器名称'
```

【例 9.8】 查看例 9.3 中创建的触发器 tri_Update_Delete 的所有者和创建日期。

```
EXEC sp_help 'tri_Update_Delete'
```

2. 修改 DML 触发器

使用 ALTER TRIGGER 语句修改 DML 触发器，基本语法格式如下：

```
ALTER TRIGGER [所有者.]触发器名称
ON {[所有者.]表名|视图}
[WITH ENCRYPTION]
{FOR|AFTER|INSTEADOF}{[INSERT][,][UPDATE][,][DELETE]}
 [NOT FOR REPLICATION]
AS
  IF UPDATE(列名)[AND|OR UPDATE(列名)][…n]
       SQL语句[…n]
```

ALTER TRIGGER 语句的触发器名称为要修改的现有触发器名称。

各参数含义与创建触发器 CREATE TRIGGER 命令相同，在此不再说明。

【例 9.9】 修改触发器 tri_UpdateGoods，加密触发器文本定义。

```
USE Sales
GO
ALTER TRIGGER tri_UpdateGoods
ON Goods
WITH ENCRYPTION
FOR UPDATE
AS
RAISERROR('更新表数据',16,10)
GO
```

3. 重命名 DML 触发器

语法格式如下：

```
EXEC sp_rename '原触发器名', '新触发器名'
```

【例 9.10】 修改触发器 tri_UpdateGoods 的名称，更名为“triUpdGood”。

```
EXEC sp_rename 'tri_UpdateGoods', 'triUpdGood'
```

9.3.3 禁用或启用 DML 触发器

当暂时不想某个触发器发生作用时，可将其禁用。禁用触发器不会删除该触发器，只是当执行数据变动的 INSERT、UPDATE 或 DELETE 操作时，触发器将不会被激发。已经被禁用的触发器可以重新被启用。默认状态下，触发器创建后数据库就会启用该触发器。

1. 通过图形化工具禁用或启用触发器

使用 SSMS 禁用触发器的步骤与通过 SSMS 修改触发器的步骤类似，只要右键单击要禁用的触发器，在弹出的快捷菜单中选择“禁用”选项。如要启用，则选择已经禁用的触发器右键快捷菜单上的“启用”选项即可。

2. 使用 T-SQL 语句禁用或启用 DML 触发器

语法格式如下：

```
ALTER TABLE 触发器表名称
{ENABLE|DISABLE} TRIGGER {ALL|触发器名称[,…n]}
```

- ENABLE|DISABLE：为启用或禁用触发器。默认设置为 ENABLE，触发器在创建之后就处于启用状态。一旦禁用触发器，则触发器虽然存在于表中但对表的数据变动不发生触发。
- ALL：不指定触发器名称的话，指定 ALL 则启用或禁用触发器表中的所有触发器。

【例 9.11】 禁止触发器 tri_Update_Delete 的使用。

```
ALTER TABLE employees
DISABLE  TRIGGER tri_Update_Delete
/*测试，看 tri_Update_Delete 触发器禁用后删除一个员工记录还有没有使得触发器触发执行*/
DELETE employees
WHERE 编号='1301'
```

9.3.4 修改 DDL 触发器

修改 DDL 触发器通过 ALTER TRIGGER 语句实现，基本语法格式如下：

```
ALTER TRIGGER 触发器名称
ON {ALL SERVER|DATABASE}
[ WITH ENCRYPTION | EXECUTE AS Clause [ ,...n ] ]
{ FOR | AFTER } { 事件名称 | 事件分组名称 } [ ,...n ]
AS {SQL 语句 [ ; ] [ ...n ] | EXTERNAL NAME assembly_name.class_name.method_name [ ; ] }
```

ALTER TRIGGER 语句的触发器名称为要修改的现有触发器名称。
各参数含义与创建 DDL 触发器 CREATE TRIGGER 命令相同，在此不再说明。

9.4 删除触发器

当不需要某个触发器时，可以将其删除，删除触发器有两种方法，一是通过 SSMS 删除，二是使用 T-SQL 语句删除。

9.4.1 通过图形化工具删除触发器

首先在 SSMS 对象资源管理器中选择要删除的 DML 触发器或 DDL 触发器，在右键快捷菜单中选择“删除”选项，在打开的“删除对象”窗口中单击“确定”按钮即可删除该触发器。

9.4.2 使用 Transact-SQL 删除触发器

通过 DROP TRIGGER 语句，可以从当前数据库中删除一个或多个 DML 或 DDL 触发器。删除触发器的语法格式如下：

```
DROP TRIGGER 触发器名称[,…n]
```

说明

可以通过删除 DML 触发器或删除触发器表来删除 DML 触发器。删除表时，将自动删除与该表有关的所有触发器。

仅当所有触发器均使用相同的 ON 子句创建时，才能使用一个 DROP TRIGGER 语句删除多个 DDL 触发器。

【例 9.12】 删除触发器 triUpdGood 和 tri_Update_Delete。

```
DROP TRIGGER triUpdGood,tri_Update_Delete
```

本章小结

触发器是一种与数据库和表相结合的特殊的存储过程，SQL Server 2005 有两类触发器：DML 触发器和 DDL 触发器。当表有 INSERT、UPDATE、DELETE 操作影响到触发器所保护的数据时，DML 触发器就会自动触发执行其中的 T-SQL 语句。一般在使用 DML 触发器之前应优先考虑使用约束，只在必要的时候才使用 DML 触发器。而当数据库有 CREATE、ALTER、DROP 操作时，可以激活 DDL 触发器，并运行其中的 T-SQL 语句。触发器主要用于加强业务规则和数据完整性。通过本章的学习，应掌握 DML 和 DDL 触发器的创建、修改和删除。

本章习题

一、填空题

1. 在 DML 触发器中可以使用两个特殊的临时表，即________表和 deleted 表，前者用来保存那些受 INSERT 和 UPDATE 语句影响的记录，后者用于保存那些受________和________语句影响的记录。
2. SQL Server 2005 有两类触发器：________触发器和________触发器。
3. DDL 触发器是响应________、________、________等语句时激发的。
4. 可以通过删除________或删除________来删除 DML 触发器。删除________时，将同时删除与表关联的所有触发器。
5. ________触发器可以基于视图创建。

二、选择题

1. 在登记学生成绩时要保证列 Score 的值在 0 ~ 100 之间，下面哪种方法实现起来最简单？（　　）
   A. 编写一个存储过程，管理插入和检查数值，不允许直接插入
   B. 生成用户自定义类型 type_Score 和规则，将规则与数据类型 type_Score 相关联，然后设置列 Score 的数据类型类型为 type_Score
   C. 编写一个触发器来检查 Score 的值，如果不在 0 ~ 100 之间，则撤销插入
   D. 在 Score 列增加检查限制
2. 当试图向表中插入数据时，将执行（　　）。
   A. INSERT 触发器　　B. UPDATE 触发器
   C. DELETE 触发器　　D. INSTEAD OF 触发器
3. 当试图向表中更新数据时，将执行（　　）。
   A. INSERT 触发器　　B. UPDATE 触发器
   C. DELETE 触发器　　D. INSTEAD OF 触发器
4. 当试图向表中删除数据时，将执行（　　）。
   A. INSERT 触发器　　B. UPDATE 触发器
   C. DELETE 触发器　　D. INSTEAD OF 触发器
5. （　　）事件属于激活 DDL 触发器的服务器作用域事件。
   A. CREATE_ROLE　　B. ALTER_DATABASE
   C. DROP_VIEW　　D. ALTER_TABLE
6. （　　）事件属于激活 DDL 触发器的数据库作用域事件。
   A. CREATE_DATABASE　　B. ALTER_DATABASE
   C. CREATE_LOGIN　　D. CREATE_TABLE

三、综合题

1. 什么是触发器，触发器有什么功能？

2. 在 Sales 数据库中，创建触发器 tri_ReportGoods，当商品库存低于 5 件时发出库存量少请求进货的提示信息。
3. 在 Sales 数据库中，创建触发器 tri_GoodsCount，当商品销售之后，相应的库存要有所变化。
4. 更改 tri_ReportGoods 触发器，当商品库存低于 10 件时才发出库存量少请求进货的提示信息，并对触发器定义文本进行加密。
5. 在 Sales 数据库中，创建一个 DDL 触发器，以防止表的删除。
6. 创建一个 DDL 触发器，保护当前服务器中的所有数据库不能被修改。

实验 8　创建触发器

1. 实验目的

（1）理解触发器的触发过程和类型。

（2）掌握创建 DML 和 DDL 触发器的方法和触发器的应用。

（3）掌握利用触发器维护数据完整性的方法。

2. 实验内容

（1）创建一个 INSERT 触发器，当用户给 t_score 表插入数据时，在另外一个表中生成该表数据的副本。

```
USE STUINFO
GO
--创建存放副本的表
CREATE TABLE score_bak
(S_number char(8) NOT NULL ,
 C_number char(4) NOT NULL,
 PRIMARY KEY (S_number,C_number),
 Score REAL )
--创建 INSERT 触发器
CREATE TRIGGER Score_insert
ON t_score
FOR INSERT
AS
IF @@ROWCOUNT<>0
BEGIN
INSERT INTO score_bak
SELECT * FROM inserted
END
--测试 INSERT 触发器
INSERT INTO t_score
  VALUES('040102','9',86.0)
```

（2）为 STUINFO 数据库的 t_student 表创建一个 UPDATE 触发器，以检查当更新了某位学生的学号信息时，激发触发器级联更新相关成绩记录中的学号信息，并返回一个提示信息。

```
USE STUINFO
GO
create trigger tri_update_stu
on t_student
```

```
for update
as
declare @oldsno char(8),@newsno char(8)
select @oldsno=deleted.S_number,@newsno=inserted.S_number
  from deleted,inserted
  where deleted.S_name=inserted.S_name
print '准备级联更新t_score表中相关成绩记录的学生信息……'
update t_score
set S_number=@newsno
where S_number=@oldsno
print '已经级联更新t_score表中原学号为'+@oldsno+'的成绩记录!'

--测试update触发器
update t_student
set S_number='040155'
where S_number='040101'
```

（3）为 STUINFO 数据库的 t_student 表创建一个 DELETE 触发器，当删除一个学生的信息时，将其在 t_score 表中相应的成绩记录删除掉。

```
USE STUINFO
GO
CREATE TRIGGER stu_delete
ON t_student
FOR DELETE
AS
DECLARE @sno char(8)
SELECT @sno=deleted.S_number FROM deleted
DELETE FROM t_score WHERE S_number=@sno
--测试DELETE触发器
delete from t_student where S_number='040155'
```

（4）创建一个 INSTEAD OF 触发器。建立触发器前，首先创建一个数据库原理课程的成绩表和一个计算机网络课程的成绩表，放置在视图上的 INSTEAD OF 触发器将把更新操作重新定向到适当的基表上。

① 创建包含数据库原理成绩信息的表和包含计算机网络成绩信息的表：

```
SELECT * INTO DBScore FROM t_score WHERE C_number=
(SELECT C_number FROM t_course WHERE C_name='数据库原理')
SELECT * INTO NetScore FROM t_score WHERE C_number=
(SELECT C_number FROM t_course WHERE C_name='计算机网络')
GO
```

② 创建视图，使得视图包含上述两表的数据：

```
CREATE VIEW ScoreView
AS
SELECT * FROM DBScore
UNION
SELECT * FROM NetScore
GO
```

③ 创建一个在 ScoreView 视图上的 INSTEAD OF 触发器：

```
CREATE TRIGGER Score_Update
ON ScoreView
INSTEAD OF UPDATE
AS
```

```
DECLARE @cno char(4)
SET @cno=(SELECT C_number FROM inserted)
IF @cno=(SELECT C_number FROM t_course WHERE C_name='数据库原理')
 BEGIN
  UPDATE DBScore
  SET DBScore.score=inserted.score
  FROM DBScore JOIN inserted
  ON DBScore.C_number=inserted.C_number
 END
ELSE
 IF  @cno=(SELECT C_number FROM t_course WHERE C_name='计算机网络')
 BEGIN
  UPDATE NetScore
  SET NetScore.score=inserted.score
  FROM NetScore JOIN inserted ON NetScore.C_number=inserted.C_number
 END
--通过更新视图，测试 INSTEAD OF 触发器
UPDATE ScoreView  SET score=65
 WHERE S_number='040102'AND C_number='5'
SELECT * FROM ScoreView
WHERE S_number='040102'AND C_number='5'
SELECT * FROM NetScore
WHERE S_number='040102'AND C_number='5'
```

从这个触发器的测试结果能得出什么结论？这时更新操作所发生的新数据的插入是对视图的插入还是对基表 NetScore 的插入？

（5）在 STUINFO 数据库中创建一个 DDL 触发器，防止对表进行修改。

（6）创建一个 DDL 触发器，保护当前服务器中的所有数据库不能被修改。

3. 思考与练习

（1）为 STUINFO 数据库创建 UPDATE 触发器 Score_update，阻止用户修改 t_course 表中的 credit 列。

（2）为 STUINFO 数据库的 t_course 表创建一个 DELETE 触发器，当删除一门课程的信息时，将该门课程在 t_score 表中相应的成绩记录删除掉。

（3）在 STUINFO 数据库中首先修改 t_score 表结构，添加一个允许为空值的 credit 字段，用于记录某位学生选修某门课程所获得的学分。然后为 t_score 表创建一个 INSERT 触发器，当向 t_score 表插入数据时，如果某门课程成绩大于等于 60 分，则这名学生就能得到该门课程相应的学分，否则，不能得到相应的学分。

第10章 用户自定义函数与事务

函数是接受参数、执行操作（例如复杂计算）并将操作结果以值的形式返回的例程。返回值可以是单个标量值或结果集。SQL Server 2005 中有多种函数，根据返回值的类型和是否由系统提供，分为标量函数、表值函数和内置函数。SQL Server 2005 支持 3 种用户定义函数：标量函数、表值函数和聚合函数。本章介绍用户定义函数的创建、修改及删除。

事务是作为单个逻辑工作单元执行的一系列操作，这些操作要么全部执行，要么都不执行。SQL Server 2005 使用锁确保事务完整性和数据库一致性，锁可以防止用户读取正在由其他用户更改的数据，并可以防止多个用户同时更改相同数据。本章介绍如何定义事务进行数据处理并详细说明了锁定机制中锁的粒度、不同类型的锁的特点。

10.1 用户自定义函数简介

SQL Server 不但提供了系统内置函数，而且还允许用户根据实际需要创建用户自定义函数。用户自定义函数是由一条或多条 T-SQL 语句组成的子程序，保存在数据库内。它可以具有多个输入参数，并返回一个标量值（单个数据值）或一个表。

SQL Server 支持 3 种类型的用户自定义函数：标量函数、表值函数及用户定义聚合函数。

10.2 创建用户自定义函数

创建用户自定义函数通常是在命令行方式下使用 CREATE FUNCTION 语句来完成的。

10.2.1　标量函数

标量函数类似于系统内置函数。函数的输入参数可以是所有标量数据类型，输出参数的类型可以是除了 text、nText、image、cursor、timestamp 以外的任何数据类型，函数主体在 BEGIN-END 块中定义。

【例 10.1】　使用命令行方式在 Sales 数据库创建名为 Fn_Cost 的自定义函数，用于计算 Goods 表的进货金额，并将其绑定到 Goods 表。

1．定义函数

（1）打开 SQL Server Management Studio，连接到数据库服务器。

（2）单击“新建查询”按钮，进入命令行方式。

（3）输入以下代码：

```
USE Sales
GO
CREATE FUNCTION Fn_Cost
(@x Int , @y Money )
RETURNS Money
 AS
BEGIN
   RETURN (@x*@y)
END
```

（4）单击“运行”按钮，完成了标量函数的创建。

2．在 Goods 表中增加一列，列名为金额，并将函数 Fn-Cost 与其绑定

（1）单击“新建查询”按钮，进入命令行方式。

（2）输入以下代码：

```
ALTER TABLE Goods ADD 金额 AS dbo.Fn_Cost(数量,进货价)
```

（3）单击“运行”按钮，完成了列与函数 Fn-Cost 的绑定。

3．测试

（1）单击“新建查询”按钮，进入命令行方式。

（2）输入以下代码：

```
SELECT * FROM Goods
```

（3）单击“运行”按钮，从返回结果可以看到列名为金额的值确实等于数量乘进货价。

10.2.2　表值函数

1．内嵌表值函数

内嵌表值函数没有函数体，其返回的表是单个 SELECT 语句的结果集。虽然视图不支持在 WHERE 子句的搜索条件中使用参数，但内嵌表值函数可弥补视图的这一不足之处，即内嵌表值

函数可用于实现参数化的视图功能。

【例 10.2】 使用命令行方式在 Sales 数据库创建名为 Fn_Total 的自定义函数，用于统计 Sell 表在某一时间段内的销售情况。

（1）定义函数。

① 打开 SQL Server Management Studio，连接到数据库服务器。

② 单击“新建查询”按钮，进入命令行方式。

③ 输入以下代码：

```
USE Sales
GO
CREATE FUNCTION Fn_Total
(@bt  DateTime,@et  DateTime)
RETURNS TABLE
AS
RETURN
       (SELECT Goods.商品名称,Sell.数量
FROM Goods,Sell
WHERE (Sell.售出时间>=@bt  AND Sell.售出时间<=@et
             AND Goods.商品编号=Sell.商品编号)
       )
```

④ 单击“运行”按钮，完成了内嵌表值函数的创建。

（2）测试。

① 单击“新建查询”按钮，进入命令行方式。

② 输入以下代码：

```
SELECT * FROM  dbo.Fn_Total('2005-1-1','2005-1-31')
```

③ 单击“运行”按钮，从返回结果可以看到 1 月份的销售记录。

2. 多语句表值函数

多语句表值函数的函数体在 BEGIN-END 块中定义。函数体可以包含多条 T-SQL 语句，这些语句可生成行并将行插入将返回的表中。由于视图只能包含单条 SELECT 语句，而多语句表值函数可包含多条 T-SQL 语句。因此，多语句表值函数的功能比视图更强大。此外，多语句表值函数还可替换返回单个结果集的存储过程。

【例 10.3】 使用命令行方式在 Sales 数据库创建名为 Fn_Lan 的自定义函数，该函数生成一张表，表的内容为进货价为指定价格以上的商品。

（1）定义函数。在查询窗口输入以下 SQL 语句并运行：

```
USE Sales
GO
CREATE FUNCTION Fn_Lan
(@price  Money)
RETURNS  @Fn_Lan  TABLE
(商品编号 Int PRIMARY KEY NOT  NULL,
 商品名称 VarChar(20)  NOT  NULL,
 生产厂商 VarChar(30)  NOT  NULL,
 进货价  Money  NOT NULL,
 进货时间  DateTime  NOT NULL
)
```

```
AS
 BEGIN
    INSERT @Fn_Lan
    SELECT 商品编号,商品名称,生产厂商,进货价,进货时间
      FROM Goods
      WHERE (进货价>=@price)
 RETURN
END
```

（2）测试。在查询窗口输入以下 SQL 语句并运行：

```
SELECT * FROM dbo.Fn_Lan(1000)
```

运行后，返回结果都是进货价为 1000 元以上的商品。

删除用户自定义函数通常是在命令行方式下使用 DROP FUNCTION 语句来完成。DROP FUNCTION 语句的格式为：

```
DROP  FUNCTION  自定义函数名
```

【例 10.4】　在命令行方式下使用 DROP FUNCTION 语句删除【例 10.3】在 Sales 数据库中创建的名为 Fn_Lan 的自定义函数。

在查询窗口输入以下 SQL 语句并运行：

```
USE Sales
GO
DROP  FUNCTION  Fn_Lan
GO
```

运行后，完成了对自定义函数 Fn_Lan 的删除。

10.2.3　用户定义聚合函数

前面介绍的是使用 T-SQL 来创建 SQL Server 的函数。SQL Server 2005 数据库还完全支持.NET 通用语言运行库（CLR）。这允许用户使用.NET 的语言，如 C#、VB.NET 等开发 SQL Server 的聚合函数。读者如有兴趣可阅读相关资料获得这方面的知识。

10.3　事务处理

10.3.1　事务简介

事务是一个逻辑工作单元，其中包括了一系列的操作，这些操作要么全部执行，要么都不执行。典型的事务实例是两个银行之间的转账，账号 A 转出 1000 元至账号 B，这笔转账业务可分解为：（1）账号 A 减去 1000 元；（2）账号 B 增加 1000 元。当然，要求这两项操作要么同时成功（转账成功），要么同时失败（转账失败）。只有其中一项操作成功则是不可接受的事情。如果确实发生了只有其中一项操作成功的话，那么应该撤销所做的操作（回滚事务），就好像什么操作都没有发生一样。

事务具有 4 个属性：原子性、一致性、隔离性、持久性，简称为 ACID 属性。

- 原子性（Atomicity）：事务必须作为工作的最小单位，即原子单位。其所进行的操作要么

全部执行，要么都不执行。

- 一致性（Consistency）：每个事务必须保证数据的一致性。事务完成后，所有数据必须保持其合法性，即所有数据必须遵守数据库的约束和规则。
- 隔离性（Isolation）：一个事务所做的修改必须与其他事务所做的修改隔离。一个事务所使用的数据必须是另一个并发事务完成前或完成后的数据，而不能是另一个事务执行过程的中间结果。也就是说，两个事务是相互隔离的，其中间状态的数据是不可见的。
- 持久性（Durability）：事务完成后对数据库的修改将永久保持。

在 SQL Server 2005 中，事务的模式可分为显式事务、隐式事务和自动事务。

显式事务：由用户自己使用 T-SQL 语言的事务语句定义的事务，具有明显的开始和结束标志。

隐式事务：SQL Server 为用户而做的事务。例如，在执行一条 INSERT 语句时，SQL Server 将把它包装到事务中，如果执行此 INSERT 语句失败，SQL Server 将回滚或取消这个事务。用户可以通过执行以下命令使 SQL Server 进入或退出隐式事务状态。

SET IMPLICIT TRANSACTI ON：使系统进入隐式事务模式。

SET IMPLICIT TRANSACTI OFF：使系统退出隐式事务模式。

自动事务：SQL Server 的默认事务管理模式。在自动提交模式下，每个 T-SQL 语句在成功执行完成后，都被自动提交；如果遇到错误，则自动回滚该语句。当用户开始执行一个显式事务时，SQL Server 进入显式事务模式。当显式事务被提交或回滚后，SQL Server 又重新进入自动事务模式。对于隐式事务也是如此，每当隐式事务被关闭后，SQL Server 会返回自动事务模式。

10.3.2 事务处理

T-SQL 语言的事务语句包括以下几种。

1. BEGIN TRANSACTION 语句

格式：BEGIN TRANSACTION [事务名]

功能：定义一个事务，标志一个显式事务的起始点。

2. COMMIT TRANSACTION 语句

格式：COMMIT TRANSACTION [transaction_name]

其中 transaction_name 是由前面 BEGIN TRANSACTION 语句指派的事务名称。

功能：提交一个事务，标志一个成功的显式事务或隐式事务的结束。

当在嵌套事务中使用 COMMIT TRANSACTION 语句时，内部事务的提交并不释放资源，也没有执行永久修改。只有在提交了外部事务时，数据修改才具有永久性，资源才会释放。

3. ROLLBACK TRANSACTION 语句

格式：ROLLBACK TRANSACTION [事务名]

其中“事务名”是由前面 BEGIN TRANSACTION 语句指派的事务名称。

功能：回滚一个事务，将显式事务或隐式事务回滚到事务的起点或事务内的某个保存点。

（1）执行了 COMMIT TRANSACTION 语句后不能再回滚事务。

（2）事务在执行过程中出现的任何错误，SQL Server 实例将回滚事务。

（3）系统出现死锁时会自动回滚事务。

（4）由于其他原因（客户端网络连接中断、应用程序中止等）引起客户端和 SQL Server 实例之间通信的中断，SQL Server 实例将回滚事务。

（5）在触发器中发出 ROLLBACK TRANSACTION 命令，将回滚对当前事务中所做的数据修改，包括触发器所做的修改。

（6）对于嵌套事务，ROLLBACK TRANSACTION 语句将所有内层事务回滚到最远的 BEGIN TRANSACTION 语句，“事务名”也只能是来自最远的 BEGIN TRANSACTION 语句的名称。

4. SAVE TRANSACTION 语句

格式：SAVE TRANSACTION 保存点名

功能：建立一个保存点，使用户能将事务回滚到该保存点的状态，而不是简单回滚整个事务。

在编写事务处理程序中，使用到的全局变量如下。

- @@error：最近一次执行的语句引发的错误号，未出错时其值为零。
- @@rowcount：受影响的行数。

在事务中不能包含的语句有：

```
CREATE  DATABASE
ALTER  DATABASE
DROP  DATABASE
RESTORE  DATABASE
BACKUP  LOG
RESTORE  LOG
RECONFIGURE
UPDATE  STATISTICS
```

【例 10.5】　使用命令行方式定义一个事务，向表 Sell 插入 3 条记录，最后提交该事务。

（1）定义事务。在查询窗口输入以下 SQL 语句并运行：

```
USE  Sales
GO
--事务开始
BEGIN  TRANSACTION
 INSERT  Sell (销售编号,商品编号,数量,售出时间,销售员工编号)
         VALUES (20,18,2,'2005-5-20','000008')
 INSERT  Sell (销售编号,商品编号,数量,售出时间,销售员工编号)
         VALUES (30,18,2,'2005-5-20','000008')
 INSERT  Sell (销售编号,商品编号,数量,售出时间,销售员工编号)
         VALUES (40,18,2,'2005-5-20','000008')
--提交事务
COMMIT  TRANSACTION
```

（2）验证结果。在查询窗口输入以下 SQL 语句并运行：

```
SELECT  *  FROM  Sell  WHERE 销售员工编号='000008'
```

运行后，可以看到以上 3 条记录已经被添加到 Sell 表。

【例 10.6】 使用命令行方式定义一个事务，向表 Sell 插入 3 条记录，最后回滚该事务。

（1）定义事务。在查询窗口输入以下 SQL 语句并运行：

```
USE  Sales
GO
--事务开始
BEGIN  TRANSACTION
 INSERT  Sell (销售编号,商品编号,数量,售出时间,销售员工编号)
          VALUES(13,18,2,'2005-5-20','000009')
INSERT  Sell (销售编号,商品编号,数量,售出时间,销售员工编号)
          VALUES(14,12,5,'2005-5-20','000009')
INSERT  Sell (销售编号,商品编号,数量,售出时间,销售员工编号)
         VALUES(15,16,3,'2005-5-20','000009')
--回滚事务
ROLLBACK  TRANSACTION
```

（2）验证结果。在查询窗口输入以下 SQL 语句并运行：

```
SELECT  *  FROM  Sell  WHERE 销售员工编号='000009'
```

运行后，可以看到以上 3 条记录确实没有添加。

【例 10.7】 使用命令行方式定义一个事务，向表 Sell 插入 1 条记录后设置一个保存点，然后再向表 Sell 插入 3 条记录，最后将事务回滚到该保存点。

（1）定义事务。在查询窗口输入以下 SQL 语句并运行：

```
USE  Sales
GO
--事务开始
BEGIN  TRANSACTION
 INSERT  Sell (销售编号,商品编号,数量,售出时间,销售员工编号)
          VALUES(16,18,2,'2005-5-20','000019')
 SAVE  TRANSACTION  s1
  INSERT  Sell (销售编号,商品编号,数量,售出时间,销售员工编号)
           VALUES(17,12,5,'2005-5-20','000019')
 INSERT  Sell (销售编号,商品编号,数量,售出时间,销售员工编号)
          VALUES(18,16,3,'2005-5-20','000019')
   INSERT  Sell (销售编号,商品编号,数量,售出时间,销售员工编号)
           VALUES(19,16,3,'2005-5-20','000019')
--回滚事务到保存点 s1
ROLLBACK  TRANSACTION  s1
```

（2）验证结果。在查询窗口输入以下 SQL 语句并运行：

```
SELECT  *  FROM  Sell  WHERE 销售员工编号='000019'
```

运行后，从显示结果可以看到只有 1 条记录被添加，另外 3 条记录确实没有添加。

为了维护事务的 ACID 属性，启动事务后系统将耗费很多资源。例如，当事务执行过程中涉及数据的修改时，SQL Server 就会自动启动独占锁，以防止任何其他事务读取该数据，而这种锁定一直持续到事务结束为止。这期间其他用户将不能访问这些数据。所以在多用户系统中，使用事务处理程序时必须有意识地提高事务的工作效率。以下给出一些经验性的建议。

（1）让事务尽可能短。只有确认必须对数据进行修改时才启动事务，执行修改语句，修改结束后应该立即提交或回滚事务。

（2）在事务进行过程中应该尽可能避免一些耗费时间的交互式操作，缩短事务进程的时间。

（3）在使用数据操作语句（如 INSERT、UPDATE、DELETE）时最好在这些语句中使用条件判断语句，使得这些数据操作语句涉及尽可能少的记录，从而提高事务的处理效率。

（4）SQL Server 虽然允许使用事务嵌套，在实际应用中建议少用或不用事务嵌套。

（5）有意识地避免并发问题。在实际应用中应特别注意管理隐性事务，在使用隐性事务时，COMMIT 语句或 ROLLBACK 语句之后的下一个 T-SQL 语句会自动启动一个新的事务，这样将导致并发情况出现的可能性较高。建议在完成保护数据修改所需要的最后一个事务之后和再次需要一个事务来保护数据修改之间关闭隐性事务。

10.4 锁

10.4.1 锁的概念

锁作为一种安全机制，用于控制多个用户的并发操作，防止用户读取正在由其他用户更改的数据或者多个用户同时修改同一数据，确保事务的完整性和数据的一致性。

锁定机制的主要属性是锁的粒度和锁的类型。

SQL Server 提供了多种粒度的锁，允许一个事务锁定不同类型的资源。锁的粒度越小，系统允许的并发用户数目就越多，数据库的利用率就越高，管理锁定所需要的系统资源越多。反之，则相反。为了减少锁的成本，应该根据事务所要执行的任务，合理选择锁的粒度，将资源锁定在适合任务的级别范围内。

按照粒度增加的顺序，不同粒度的锁可以锁定的资源如表 10.1 所示。

表 10.1　不同粒度的锁可以锁定的资源

资　源	说　明
行	行锁定，锁定表中的一行数据
键	键值锁定，锁定具有索引的行数据
页	页面锁定，锁定 8KB 的数据页或索引页
区域	区域锁定，锁定 8 个连续的数据页面或索引页面
表	表锁定，锁定整个表，包括所有数据和索引在内
数据库	数据库锁定，锁定整个数据库

SQL Server 使用不同的锁模式锁定资源，这些锁模式确定了并发事务访问资源的方式。常用的锁模式有以下 3 种。

（1）共享（Shared）锁。用于只读取数据的操作。共享锁锁定的资源是只读的，任何用户和应用程序都不能修改其中的数据，只能读取数据。在默认情况下，当数据读操作完成时就释放锁，但用户可以通过使用 SELECT 命令的锁定选项和事务隔离级别的选项设置来改变这一默认值。多个用户可以在同一对象上获得共享锁，但任何用户都不能在已存在共享锁的对象上获得更新锁或者独占锁。

（2）更新（Update）锁。用于可更新的资源中，防止多个会话在读取、锁定及随后可能进行

的资源更新时发生常见形式的死锁。

更新数据通常使用一个事务来完成。当事务需要对数据进行修改时，事务首先向 SQL Server 申请一个共享锁，先读取数据。数据读取完毕后，该事务会申请将共享锁升级为独占锁，申请成功后便开始修改数据。如果在事务申请将共享锁升级为独占锁时有其他事务正在使用共享锁访问同一数据资源，那么 SQL Server 会等待所有的共享锁都被释放后才允许使用独占锁。如果两个并发事务在获得共享锁后都需要修改数据，同时申请将共享锁升级为独占锁，这时就会出现两者都不释放共享锁而一直等待对方释放共享锁的现象，这种现象称为死锁。为了避免这种情况，SQL Server 提供了更新锁。SQL Server 允许需要修改数据的事务一开始就申请更新锁，但一次只能有一个事务可以获得资源的更新锁，如果事务修改资源，则直接将更新锁转换为独占锁。

（3）独占（Exclusive）锁。用于数据修改操作。使用独占锁时，只有锁的拥有者能对锁定的资源进行读和写的操作，其他用户和应用程序都不能对锁定的资源进行读写。SQL Server 在对数据进行 INSERT、UPDATE、DELETE 操作时自动启用独占锁。

不同类型的锁的兼容性不一样。所谓锁的兼容性指的是：当用户 1 使用锁 A 对某一资源进行锁定后，其他用户是否能同时使用别的类型的锁 B 对同一资源进行锁定。若能，则认为锁 A 和锁 B 是兼容的，否则是不兼容的。下面列出了各种锁之间的兼容性，如表 10.2 所示。

表 10.2　各种锁之间的兼容性

	共享锁	更新锁	独占锁
共享锁	是	是	不
更新锁	是	不	不
独占锁	不	不	不

在命令行方式下，使用系统存储过程 SP_LOCK 可以查看正在运行的某一进程拥有的锁的信息。系统存储过程 SP_LOCK 的语法格式如下：

```
SP_LOCK  [[@spid1=] 'spid1'] [,[@spid2=]' spid2']
```

其中存储过程的参数指定的是进程的标识号，该标识号存储在 master.dbo.sysprocess 中。如果没有指定参数，存储过程将返回所有锁的信息。

【例 10.8】 在命令行方式下，使用系统存储过程 SP_LOCK 查看当前持有锁的信息。

在查询窗口输入以下 SQL 语句并运行：

```
USE MASTER
GO
EXEC SP_LOCK
GO
```

运行后，从显示结果可以看到当前持有锁的信息。

运行结果中各列的含义请参看 SQL Server 的联机文档。

10.4.2　死锁及其排除

锁机制的引入能解决并发用户的数据一致性问题，但可能会引起进程间的死锁。引起死锁的主要原因是，两个进程已各自锁住一个页，但又要求访问被对方锁住的页。更一般的情况是，一个事务独占了其他事务正在申请的资源，且若干个这样的事务形成一个等待圈。例如，用户 A 和

用户 B 按照如表 10.3 所示的时间顺序执行操作，在 T3 时间点将会产生死锁。

表 10.3　　两个用户竞争资源引起死锁的操作说明

时间 用户	T1	T2	T3
A	查询 TAB1 表的信息 （使用 HOLDLOCK 选项）	修改 TAB2 表的数据	
B	查询 TAB2 表的信息 （使用 HOLDLOCK 选项）	修改 TAB1 表的数据	
说明：HOLDLOCK 选项表示将共享锁保留到事务完成，而不是在相应的表、行或数据页不再需要时就立即释放锁			

SQL Server 能自动发现并解除死锁。当发现死锁时，它会选择其进程累计的 CPU 时间最少者所对应的用户作为“牺牲者”（令其夭折），以让其他进程能继续执行。此时 SQL Server 发送错误号 1205（即@@error=1205）给牺牲者。

在并发操作中，为了避免死锁，建议采用以下措施。

（1）最大限度地减少保持事务打开的时间长度。

（2）按同一顺序访问对象。

（3）尽量避免事务中的用户交互。

（4）保持事务简短并在一个批处理中。

本章小结

SQL Server 支持 3 种类型的用户自定义函数：标量函数、表值函数及用户定义聚合函数。本章通过 3 个实例说明了如何创建和使用标量函数、表值函数的方法。

SQL Server 的事务模式可分为 3 种：显式事务、隐式事务和自动事务。本章主要介绍了如何使用显式事务来实现数据操作的完整性和一致性，并对多用户系统使用事务处理程序给出几点经验性的建议。

锁作为一种安全机制，用于控制多个用户的并发操作，防止其他用户修改另一个还未完成的事务中的数据。本章详细说明了锁定机制中锁的粒度、不同类型的锁的特点。

本章习题

一、判断题（在命题的后面用“√”或“×”符号表示“正确”或“错误”）

1. 自定义函数在对任何表的查询中都可以使用。（　　）
2. 内嵌表值函数可用于实现参数化视图的功能。（　　）

3. 在事务处理中可以包含 create database 语句。(　　)
4. 事务故障恢复时要对事务的每一个操作执行逆操作，即将日志记录中“改前值”写入数据库中。(　　)
5. SQL Server 允许使用事务嵌套。(　　)

二、选择题

1. 下面哪种自定义函数不是 SQL Server 2005 的自定义函数？(　　)
   A. 标量函数　　B. 内嵌表值函数
   C. 多语句表值函数　　D. 矢量函数
2. 修改用户自定义函数使用下面哪个语句？(　　)
   A. ALTER FUNCTION　　B. MODIFY FUNCTION
   C. ALTER COMMAND　　D. MODIFY COMMAND
3. 删除用户自定义函数使用下面哪个语句？(　　)
   A. DROP FUNCTION　　B. DELETED FUNCTION
   C. DROP COMMAND　　D. DELETED COMMAND
4. 提交事务的语句是(　　)。
   A. COMMIT TRANSACTION　　B. SAVE TRANSACTION
   C. BEGIN TRANSACTION　　D. ROLLBACK TRANSACTION
5. 回滚事务的语句是(　　)。
   A. COMMIT TRANSACTION　　B. SAVE TRANSACTION
   C. BEGIN TRANSACTION　　D. ROLLBACK TRANSACTION

三、填空题

1. SQL Server 2005 支持 3 种类型的用户自定义函数：________、________、________。
2. 事务具有 4 个属性：即________、________、________、________。
3. SQL Server 使用不同的锁模式锁定资源，这些锁模式确定了并发事务访问资源的方式。常用的锁模式有________、________、________。
4. 锁作为一种安全机制，用于控制________。
5. 锁定机制的主要属性是________。

四、问答题

1. 在 Sales 数据库中，编写函数显示表 Sell 指定日期的销售记录。
2. 在 Sales 数据库中，编写函数对表 Sell 进行统计并生成指定月份销售统计表，该表包含有两列：日期 DateTime，日销售额 Money。
3. 已知 Test 数据库中有库存表 T1 和某日进货表 GG，分别如表 10.4 与表 10.5 所示。

表 10.4　库存表 T1 的内容

编　号	数　量
001	5
002	6
005	20
006	10
007	30

表 10.5　进货表 GG 的内容

编　号	数　量
001	10
006	20
008	8
009	9

编写一事务处理程序根据 GG 表的内容更新 T1 表。

实验 9　用户自定义函数与事务

1. 实验目的

（1）掌握用户自定义函数的使用方法，能编写用户自定义函数解决常见的应用问题。

（2）掌握事务处理的基本方法，能编写事务处理程序解决一般的实际应用问题。

2. 实验内容

（1）编写函数统计 T_score 表中指定班级（如果学号前 4 位相同则认为是同一个班）的成绩并生成课程成绩统计表，该表包含有两列：C_number Char(4)，aver Decimal(6.2)。

说明：C_number 为课程编号，aver 为相应课程的平均成绩。

（2）完成习题 3。

3. 实验步骤

（1）准备实验所需要的表和数据。

（2）根据实验内容，写出程序代码。

（3）在查询分析器中，运行、调试程序代码。

（4）测试结果。

第11章 SQL Server 2005管理

科学管理 SQL Server 2005 是应用好 SQL Server 2005 的基础，对 SQL Server 2005 的管理涉及许多方面，本章主要介绍几种常用的管理，包括安全管理、数据导入导出（DTS）、数据库备份和数据库恢复。本章重点讲述安全管理、数据备份和数据恢复，其中难点是安全管理。本章以案例学习为主线，强调实训练习。通过本章学习，主要掌握如下内容：SQL Server 2005 的身份验证、账号管理、角色管理、权限管理、数据的导入导出（DTS）、备份设备、备份策略、执行数据库备份、数据库恢复和 SQL Server 代理。

11.1 安全管理

安全性对于任何一个数据库管理系统都是至关重要的，数据库中存在大量重要的数据，如果安全性不好，就有可能对系统中的重要数据造成极大的危害。

SQL Server 的安全管理架构在认证和权限两大机制下。要想访问 SQL Server 数据库中的数据需要经过两道关：登录认证和权限确认。

SQL Server 2005 使用身份验证、账号管理、角色管理、权限管理来保护数据库中的数据。

11.1.1 SQL Server 2005 的身份验证

SQL Server 2005 的身份验证有两种模式。

- Windows 身份验证模式：也称 Windows 验证。此模式下，SQL Server 直接利用 Windows 2000 操作系统上创建的登录者来登录。
- 混合模式：此模式下，用户能使用 Windows 身份验证或 SQL Server 2005 的身份验证进行连接。

1. 设置 Windows 身份验证模式

操作步骤如下。

（1）运行“SQL Server Management Studio”，连接到所访问的服务器上。

（2）右击所连接的服务器，选择“属性”菜单，如图 11.1 所示。

（3）单击“服务器属性”窗口中的“安全性”选项卡，如图 11.2 所示。

（4）单击“服务器身份验证”区域中的“Windows 身份验证模式”单选按钮，即指定使用 Windows 身份验证连接 SQL Server 服务器。

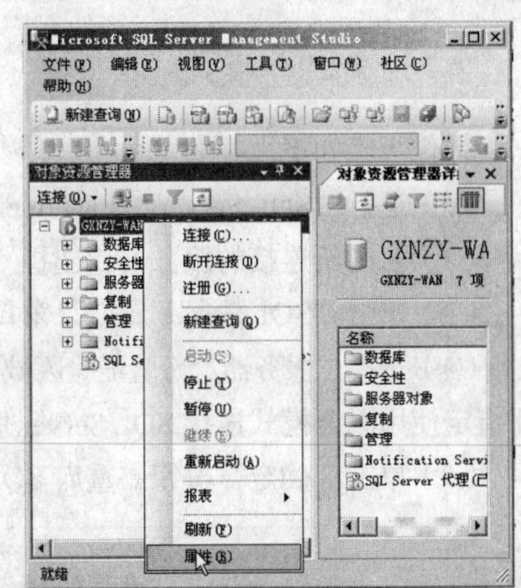

图 11.1　选择服务器属性

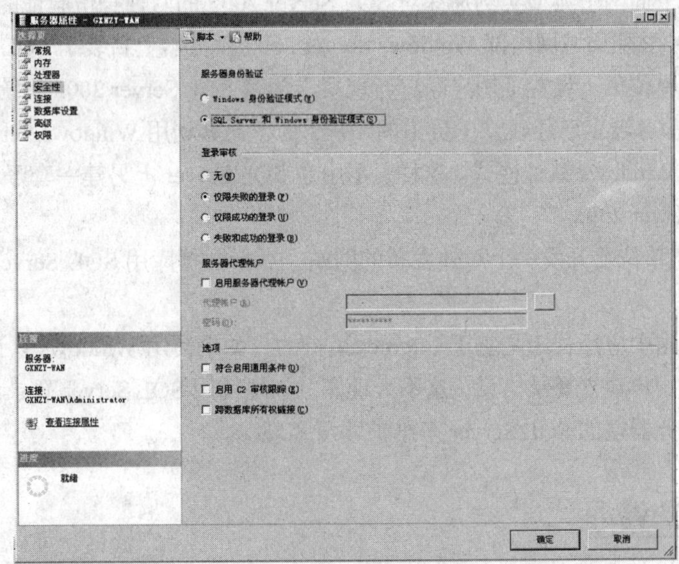

图 11.2　服务器安全选项

（5）单击“登录审核”区域中的“无”单选按钮。审核级别是 SQL Server 用来跟踪和记录登录用户在 SQL Server 实例上所发生的活动的，如成功或失败的记录。

- 选择“无”——系统不执行审核，这是系统默认值。
- 选择“仅限失败的登录”——系统审核成功的登录尝试。
- 选择“仅限成功的登录”——系统审核失败的登录尝试。
- 选择“失败和成功的登录”——系统审核成功和失败的登录尝试。

注意　选择“成功”、“失败”或“全部”后，必须重新启动服务器才能启用审核。

（6）选择“本账户”，这是默认选项。

（7）单击“确定”按钮，重启 SQL Server，所设置的身份验证模式生效。

2. 设置混合模式

操作步骤如下。

（1）运行“SQL Server Management Studio”，连接到所访问的服务器上。

（2）右击所连接的服务器，选择“属性”菜单，如图 11.1 所示。

（3）单击“SQL Server 属性”窗口中的“安全性”选项卡，如图 11.2 所示。

（4）选择“服务器身份验证”区域中的“SQL Server 和 Windows 身份验证模式(S)”单选按钮，即指定使用混合模式连接 SQL Server 服务器。

（5）单击“确定”按钮，重启 SQL Server，所设置的身份验证模式生效。

如何验证以上设置的认证模式起了作用？用什么方法去验证这两种设置的区别？

我们通过分析下面两个典型实例加深对 SQL Server 2005 的两种身份验证的理解。

【例 11.1】 XX 学院局域网内部 Windows Server 2003 服务器上新装了 SQL Server 2005 系统，且原服务器中已为单位员工设置了用户账户，现要求为其 SQL Server 2005 系统设置认证模式。

分析：由于原服务器上已经建立了员工的账户，为了充分利用 Windows Server 2003 的安全管理机制，可以选用 Windows 认证模式。这样，不用在 SQL Server 上另建一套账户，对账户的管理可交给 Windows Server 2003。

【例 11.2】 某单位要开发一个对外发布的网站，后台数据库用 SQL Server 2005，请问应该用哪种验证模式。

分析：由于网站中应用程序是基于 Internet 运行的，如果使用 Windows 认证模式，则需要为分布在各个位置的用户建立登录信息，这不太现实。如果使用 SQL Server 登录认证，所有用户登录信息都可以由服务器端的 SQL Server 来维护才可实现。

11.1.2 账户管理

SQL Server 账户包含两种：登录者和数据库用户。

- 登录者是面对整个 SQL Server 管理系统的，某位用户必须使用特定的登录账户才能连接到 SQL Server，但连接上并不说明就有访问数据库的权力。
- 数据库用户则针对 SQL Server 管理系统中的某个数据库而言，当某位用户用合法登录账户连接到 SQL Server 后，他还必须在所访问的数据中创建数据库用户。

登录者、数据库用户的关系如图 11.3 所示。

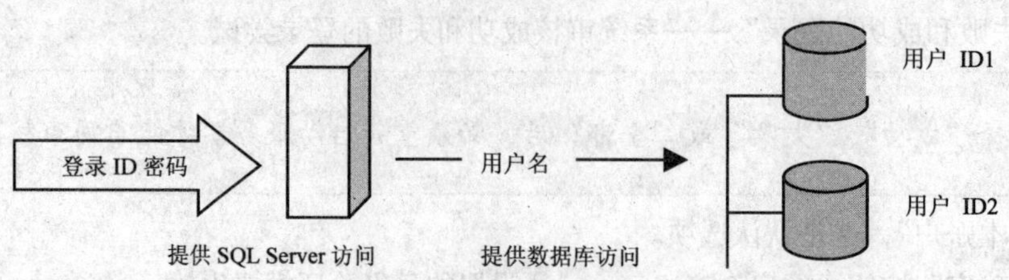

图 11.3 登录者、数据库用户的关系

为了说明管理登录账户、数据库用户的方法及原理，下面以解决一个实例的过程来学习。

【例 11.3】　XX 学院有两类用户，一类只要在校内访问 SQL Server 2005 服务器中的 Sales 数据库，如财务处的用户；另一类要求出差在校外也能访问 SQL Server 2005 服务器的 Sales 数据库。问：应如何为这两类用户设置登录账户和数据用户。

分析：由前面的知识可知，要访问 SQL Server 数据库，用户必须先登录 SQL Server，即拥有合法的登录账户，登录 SQL Server 后还必须具有访问 Sales 数据库的账户。因此可按如下思路解决。

（1）要使两类用户都能访问 SQL Server，必须将 SQL Server 服务器的身份验证模式设为“SQL Server 和 Windows 身份验证模式(S)”。

（2）对校内用户，只要将其原有的 Windows 账户设为 SQL Server 登录账户。

（3）对校外用户，要为其设置 SQL Server 登录账户。

（4）设置完登录者后，可在 Sales 数据库的用户中加入上述登录者，即可将其映射为合法的数据库用户。

1. 登录账户管理

（1）设置 Windows 用户连接 SQL Server

对于本身已在 Windows Server 2003 服务器系统中拥有账户的用户，且其只要求在局域网内连接 SQL Server，可直接将他们在 Windows Server 2003 拥有的账户设为 SQL Server 登录账户。

① 使用 SQL Server Management Studio 管理登录账户。操作步骤如下。

- 运行 SQL Server Management Studio，连接相应服务器。
- 展开“安全性”节点，然后单击“登录名”。
- 右击详细信息窗格的空白处，然后选择“新建登录名”。
- 在出现的界面中选择“常规”选项卡，如图 11.4 所示。

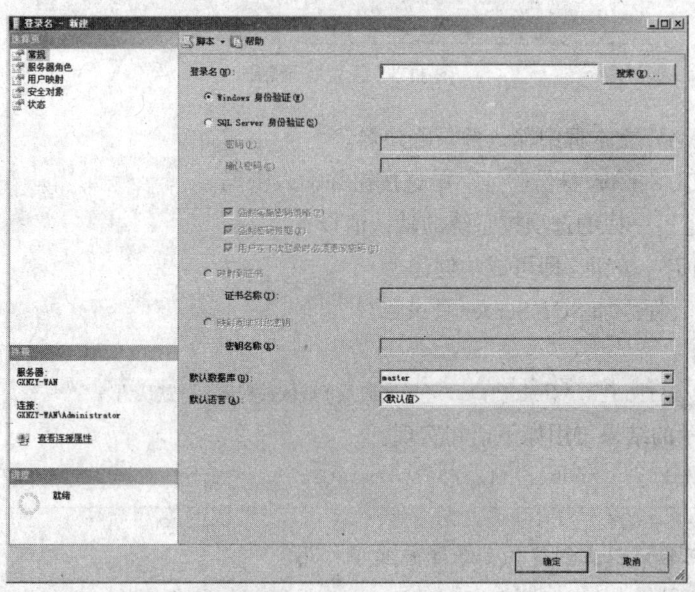

图 11.4　登录账户常规选项

- 在“登录名”一栏中，单击 搜索(E)... 进入“选择用户或组”界面，单击“####”→“####”，然后双击相应的账户并单击“确定”按钮，完成选定 Windows Server 2003 用户。

- 单击“确定”按钮，即可成功创建登录。

② 用存储过程设置 Windows 用户连接 SQL Server。如图 11.4 所示的结果可用如下语句：

```
EXECUTE sp_grantlogin 'work1\jyb'
```

（2）设置 SQL Server 登录账户。

如果用户没有 Windows Server 2003 账户，但又要访问 SQL Server 服务器，则只能为其建立 SQL Server 登录账户。

① 使用“SQL Server Management Studio”添加 SQL Server 登录账户。操作步骤如下。

- 运行“SQL Server Management Studio”，连接到所访问的服务器上。
- 展开“安全性”节点，然后单击“登录名”。
- 右击详细信息窗格的空白处，然后选择“新建登录名”。
- 在出现的界面中选择“常规”选项卡，如图 11.5 所示。

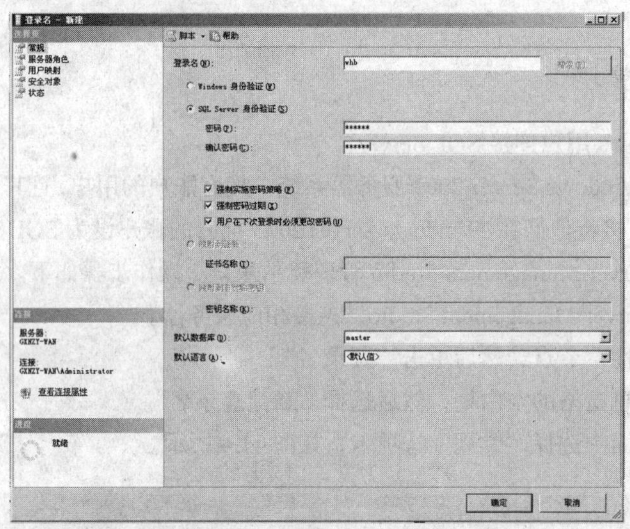

图 11.5　设置登录账户

- 在“登录名”文本框中输入登录账户名。
- 单击“SQL Server 身份验证”单选按钮并输入密码。
- “默认设置”一栏的选项按系统的默认值设置。
- 单击“确定”按钮，即可成功创建。

② 使用存储过程添加 SQL Server 登录账户。

语法格式如下：

```
[EXECUTE] sp_addlogin '登录名称','登录密码','默认数据库','默认语言'
```

如图 11.5 所示的结果可用如下语句实现：

```
EXECUTE sp_addlogin 'whb', '123456', 'master ', 'Simplified Chinese'
```

如何验证以上创建的登录账户起了作用？

（3）修改登录账户的属性。

对于创建好的登录账户，可修改的属性如下。

- 默认数据库。
- 默认语言。
- 登录账户是 SQL Server 账户的口令。

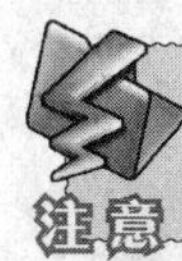

注意：登录账户是 Windows Server 2003 账户的口令要使用 Windows Server 2003 的用户管理器修改。

操作步骤如下。

- 运行“SQL Server Management Studio”，连接到所访问的服务器上。
- 展开“安全性”节点，然后单击“登录名”。
- 在右边的登录账户列表中双击要修改的账户，出现如图 11.6 所示的窗口。

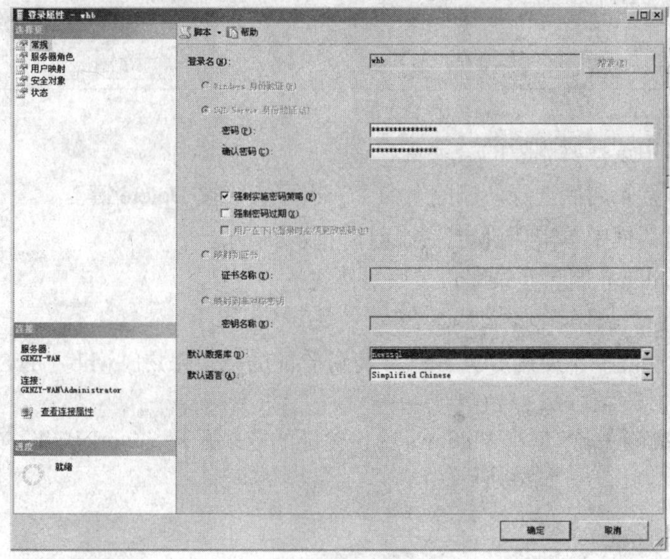

图 11.6　修改登录账户属性

- 修改相应选项后单击“确定”按钮。

（4）禁止登录账户。

① 暂时禁止。

- 运行“SQL Server Management Studio”，连接到所访问的服务器上。
- 展开“安全性”节点，然后单击“登录名”。
- 在右边的登录账户列表中双击要禁止的账户，出现如图 11.7 所示的窗口。
- 选择“状态”选项卡，然后选择“登录”→“禁用”，单击“确定”按钮完成对登录账户 whb 的禁止。

② 永久禁止。要永久禁止一个登录账户连接到 SQL Server，应当将该登录账户删除。

（5）删除登录账户。

① 使用对象资料管理器删除登录账户。操作步骤如下。

- 运行“SQL Server Management Studio”，连接到所访问的服务器上。
- 展开“安全性”节点，然后单击“登录名”。

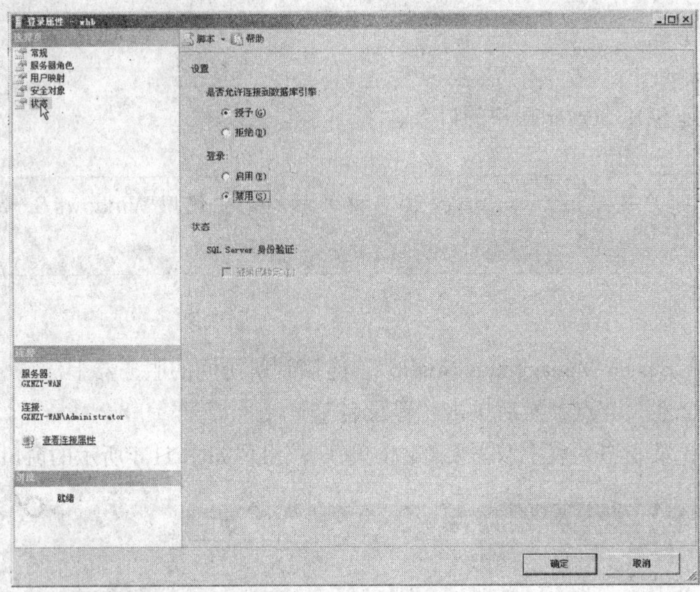

图 11.7　禁止登录账户

- 在右边窗口中选择要删除的登录名。
- 右键单击该登录名后选择“删除”命令，也可直接按 Delete 键。
- 在弹出的对话框中单击“确定”按钮即可成功删除。

② 使用 sp_droplogin 删除登录账户。语法格式：

```
[EXECUTE] sp_droplogin '登录名称'
```

【例 11.4】 要删除一个使用 SQL Server 身份验证的登录账户“whb”的 SQL 语句为:

```
EXECUTE sp_droplogin  whb
```

【例 11.5】 要删除一个使用 Windows 身份验证的登录账户“work1\jyb”的 SQL 语句为:

```
EXECUTE sp_revokelogin 'work1\jyb'
```

2. 数据库账户管理

（1）创建数据用户。

创建登录账户后，用户只能连接 SQL Server 服务器而已，还没有操作某个具体数据库的权力，也不能访问数据库中的数据。

用户要拥有访问数据库的权力，还必须将登录账户映射到数据库用户。用户是通过登录账户与数据库用户的映射关系取得对数据库的实际访问权的。

① 使用对象资源管理器创建数据库用户。操作步骤如下。

- 在对象资源管理器选择要管理的数据库，如 Sales。
- 展开 Sales 中的“安全性”，右击“用户”，然后选择“新建用户”。
- 在如图 11.8 所示的“数据库用户-新

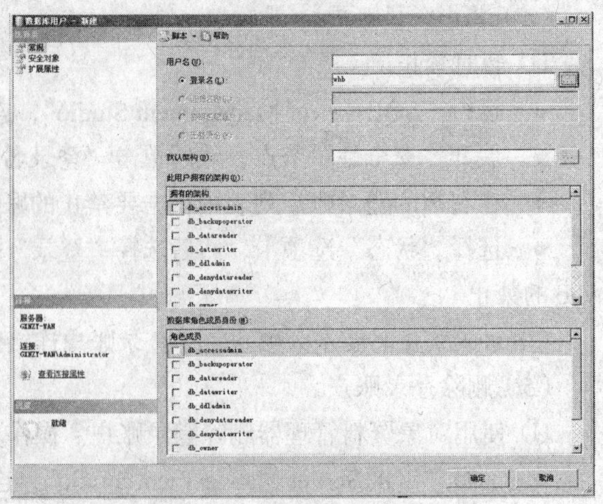

图 11.8　“数据库用户-新建”窗口

建”窗口中，单击“登录名”文本框后的[…]，选择“浏览”→选择相应的登录名，如“whb”。

- 在“用户名”文本框中输入在数据库中识别登录所用的用户账户名称，它可以与登录账户名称相同，也可以设为另外的名称。
- 根据实际要赋予这个用户的权力，从“数据库角色成员”栏中给此用户选择相应的角色。
- 单击“确定”按钮完成设置。

② 使用存储过程创建数据库用户。语法格式：

```
[EXECUTE] sp_grantdbaccess '登录账户名称', '数据库用户账户名称'
```

【例 11.6】 假如有使用 SQL Server 身份验证的登录账户“whb”，为其添加一个 Sales 数据库用户账户的方法如下。

① 在 SQL 查询分析器中，选择当前数据库为 Sales。

② EXECUTE sp_grantdbaccess 'whb', 'whb'，如图 11.9 所示。

（2）修改数据库用户。

修改数据库用户主要是修改为此用户所设置的用户权限，也就是修改该用户所属的数据库角色。

① 使用对象资源管理器修改。

- 在对象资源管理器选择要管理的数据库，如 Sales。
- 展开 Sales→安全性→“用户”。
- 右击要修改的用户账户并选择“属性”。
- 重新选择用户账户所属的数据角色，如图 11.10 所示。

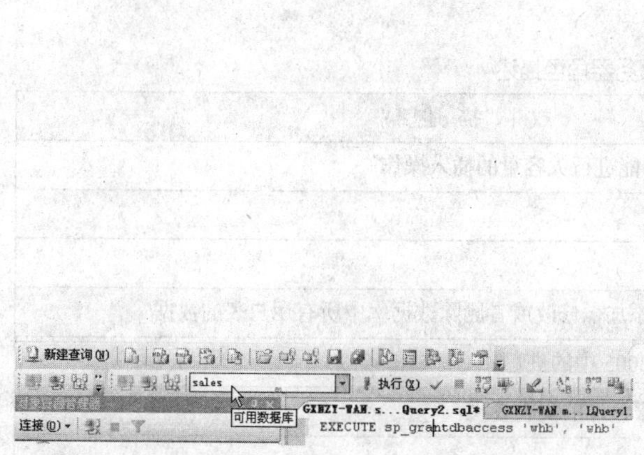

图 11.9　使用存储过程创建数据库用户

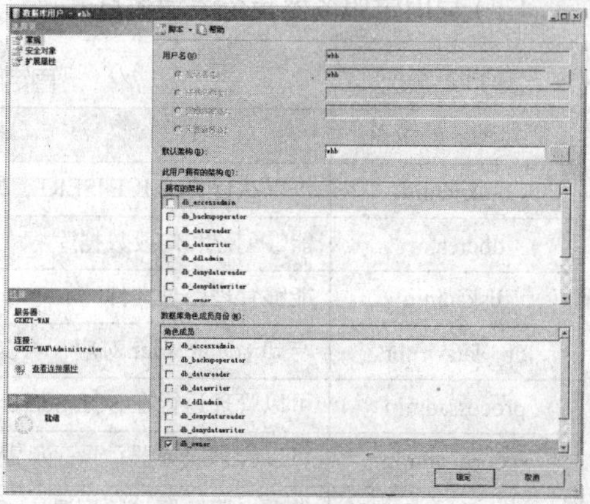

图 11.10　修改数据库用户

- 单击“确定”按钮。

② 使用系统存储过程修改用户账户所属的角色。

通过 T-SQL 语句修改用户账户所属角色时，要用到如下两个系统存储过程。

- sp_addrolemember：将数据库用户添加到一个数据库角色。
- sp_droprolemember：从一个数据库角色中删除一个用户账户。

【例 11.7】 将登录账户“whb”添加到 Sales 数据库，使其成为数据库用户“whb”，然后将“whb”添加到 Sales 数据库的 db_accessadmin 角色中。

```
Use sales
EXECUTE sp_grantdbaccess  'whb', 'whb'
EXECUTE sp_addrolemember  'db_accessadmin ', 'whb'
```

```
EXECUTE sp_helpuser  'whb'
```

（3）删除数据库用户。

删除数据库用户就删除了一个登录账户在当前数据库中的映射，此登录账户将失去访问数据库的权限，但仍能登录 SQL Server。

① 使用对象资源管理器删除数据用户，操作步骤如下。

- 在对象资源管理器选择要管理的数据库，如 Sales。
- 展开 Sales→“安全性”→“用户”。
- 右击要修改的用户账户并选择“删除”，或直接按 Delete 键。
- 单击“确定”按钮即可成功删除。

② 使用 T-SQL 语句。语法格式：

```
[EXECUTE] sp_revokedbaccess  '用户账户名称'
```

【例 11.8】 从当前数据库 Sales 中删除用户账户 whb。

```
EXECUTE sp_revokedbaccess  'whb'
```

11.1.3 角色管理

SQL Server 2005 中，可用角色来管理用户权限。角色分为两类：服务器角色和数据库角色。

1. 管理服务器角色

（1）向固定服务器角色添加成员。

表 11.1　　固定服务器角色描述

固定服务器角色	权 限 描 述
bulkadmin	可以执行 BULK INSERT，即能进行大容量的插入操作
dbcreator	能够创建和修改数据库
diskadmin	能够管理磁盘文件
db_datawriter	与 db_datareader 对应，可以添加、修改或者删除数据库中所有用户表的数据
processadmin	可以管理运行在 SQL Server 2005 中的进程
securityadmin	可以管理服务器登录，负责服务器的安全管理
serveradmin	能够对服务器进行配置
setupadmin	能够创建和管理扩展存储过程
sysadmin	具有最大的权限，可以执行 SQL Server 2005 的任何操作。Sa 就是这个角色（组）的成员

【例 11.9】 XX 学院需要一名对 SQL Server 服务器进行系统管理的人员，他现在拥有 SQL Server 身份认证模式的登录名 whb，现要升级他的权限，让其拥有对系统的所有操作权。

分析：在服务器固定角色中存在 sysadmin 角色，其可执行 SQL Server 中的任何任务，是 SQL Server 的数据库所有者组，根据需求在该角色中添加成员 whb 即可。

- 使用对象资源管理器实现上述目标。

操作步骤如下。

① 连接需要进行角色管理的服务器，展开相应数据库。

② 展开“安全性”→“服务器角色”。

③ 选择 sysadmin 角色。

④ 单击鼠标右键，选择“属性”，弹出“服务器角色属性”窗口。

⑤ 单击“添加”按钮，然后在弹出的“选择登录名”对话框中单击“浏览…”按钮，选择要添加的成员（如 whb），如图 11.11 所示。

⑥ 单击“确定”按钮，返回“服务器角色属性”窗口，新成员则成功添加在登录列表中。

⑦ 单击“确定”按钮完成本任务。

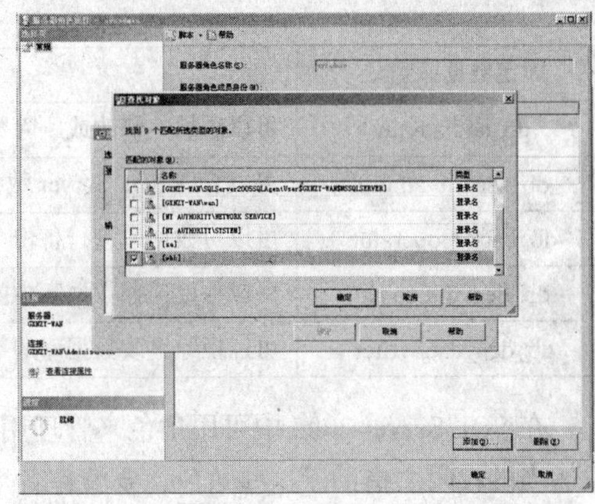

图 11.11　添加成员

- 使用存储过程 sp_addsrvrolemember 实现上述目标。

```
EXECUTE sp_addsrvrolemember 'whb', 'sysadmin'
```

（2）删除固定服务器角色。

【例 11.10】　如果因工作原因，登录名为 whb 的用户不应该再拥有管理 XX 学院 SQL Server 服务器的全部权力，但其仍能登录 SQL Server 服务器，应如何设置？

分析：可以删除登录账户 whb 在固定服务器角色 sysadmin 中的映射，不能删除其登录名，因为这样 whb 将不能登录 SQL Server。

- 使用对象资源管理器删除固定服务器角色中的成员。操作步骤如下。

① 连接需要进行角色管理的服务器，展开相应数据库。

② 展开“安全性”→“服务器角色”。

③ 选择 sysadmin 角色。

④ 单击鼠标右键，选择“属性”，弹出“服务器角色属性”窗口。

⑤ 在弹出的“服务器角色属性”窗口中选择要删除的登录成员（如 whb）。

⑥ 单击“删除”按钮，然后单击“确定”按钮即可成功删除。

- 使用存储过程 sp_dropsrvrolemember 删除固定服务器角色中的成员。

```
EXECUTE sp_dropsrvrolemember 'whb', 'sysadmin'
```

2. 管理数据库角色

数据库角色分为固定数据库角色和自建数据库角色两类。固定数据库角色描述如表 11.2 所示。

表 11.2　固定数据库角色描述

固定数据库角色	权 限 描 述
public	维持所有默认权限
db_owner	进行所有数据库角色的活动及数据库中的其他维护和配置活动，该角色的权限跨越所有其他固定数据库角色
db_accessadmin	在数据库中添加或删除 Windows NT 或 Windows 2000 组和用户以及 SQL Server 用户
db_datareader	可以查看来自数据库所有用户表的全部数据
db_datawriter	可以添加、更改或删除来自数据库中所有用户表的数据

续表

固定数据库角色	权 限 描 述
db_addladmin	可以添加、修改或删除数据库中的对象
db_securityadmin	可以管理 SQL Server 数据库角色和成员，并管理数据库中的语句和对象权限
db_backupoperator	可以对数据库进行备份
db_denydtareader	可以拒绝选择数据库中的数据
db_denydatawriter	可以拒绝更改数据库的数据

在 SQL Server 2005 中可用角色来管理用户权限，根据工作职能定义角色，然后给每个角色指派适当的权限。借助于这些角色，要管理各个用户的权限，只需要在角色之间移动用户即可。

（1）向固定数据库角色添加成员。

【例 11.11】 某用户的登录账户为 work1\jyb，在数据库 Sales 中的数据库用户账户为 jyb，如果他要对数据库 Sales 拥有任意操作权限，应如何设置？

分析：服务器固定角色中存在 db_owner，该角色的权限跨越所有其他固定数据库角色，只要把数据库用户 jyb 添加到该角色中即可满足要求。

- 用对象资源管理器实现向固定数据库角色添加成员，操作步骤如下。

① 在对象资源管理器选择要管理的数据库，如 Sales。

② 展开 Sales，单击“安全性”→“角色”→“数据库角色”。

③ 右键单击角色 db_owner，然后选择“属性”。

④ 在“常规”选项卡中单击“添加”按钮弹出“选择数据角色或用户”对话框。

⑤ 单击“浏览”按钮，在列表中选择要添加的数据库用户，如选择 jyb，然后单击“确定”按钮，如图 11.12 所示。

⑥ 此时在“数据库角色属性”窗口中出现新添加的成员，然后单击“确定”按钮完成数据库角色添加。

- 使用系统存储过程 sp_addrolemember 实现向固定数据库角色添加成员。

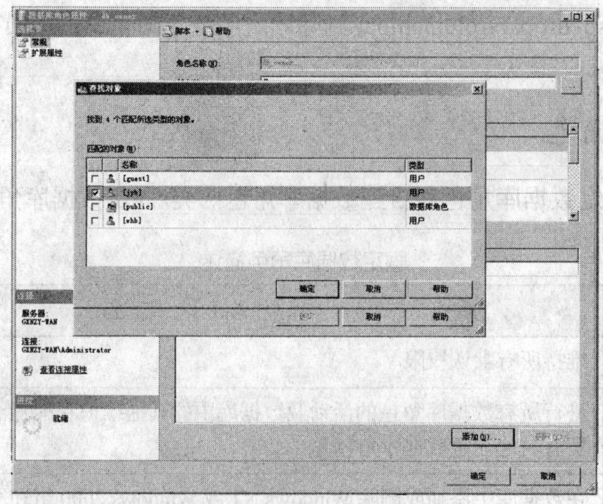

图 11.12 “数据库角色属性”窗口

```
EXECUTE sp_addrolemember 'db_owner', 'jyb'
```

（2）删除固定数据库角色成员。某用户的登录账户为 work1\jyb，在数据库 Sales 中的数据库

用户账户为 jyb，如果因工作原因，他不应该再拥有对数据库 sales 的全部操作权限，应如何设置？

分析：在数据库 sales 中，只要删除固定数据库角色 db_owner 中的成员 jyb 即可。

- 用对象资源管理器实现删除固定数据库角色成员。

操作步骤如下。

① 在对象资源管理器选择要管理的数据库，如 Sales。

② 展开 Sales，单击“安全性”→“角色”→“数据库角色”。

③ 右键单击角色 db_owner，然后选择“属性”。

④ 在弹出的“数据库角色属性”窗口中选择要删除的角色成员，如 jyb。

⑤ 单击“删除”按钮，然后单击“确定”按钮即可成功删除。

- 用系统存储过程 sp_droprolemember 实现删除固定数据库角色成员。

```
EXECUTE sp_droprolemember 'db_owner', 'jyb'
```

注意　在执行上述操作之前，必须确保登录账户 work1\jyb 已经映射为 Sales 的用户。

（3）建立自定义数据库角色。

【例 11.12】 如果 XX 学院的高级系统管理人员登录 SQL Server 服务器时需要对数据库 Sales 有一些特殊的访问要求，如何进行权限设置？

分析：对这类人员进行权限设置，为避免大量重复劳动，可设置用户自定义角色，规定该角色的权限，然后将需要该权限的人员加入其中即可。

- 使用对象资源管理器实现创建自定义数据库角色。

操作步骤如下。

① 在对象资源管理器选择要管理的数据库，如 Sales。

② 展开 Sales，单击“安全性”→“角色”→“数据库角色”。

③ 右击“数据库角色”→“新建数据库角色”，弹出“数据角色-新建”窗口。

④ 在“角色名称”文本框中输入新角色的名称，如“db_manage”，如图 11.13 所示。

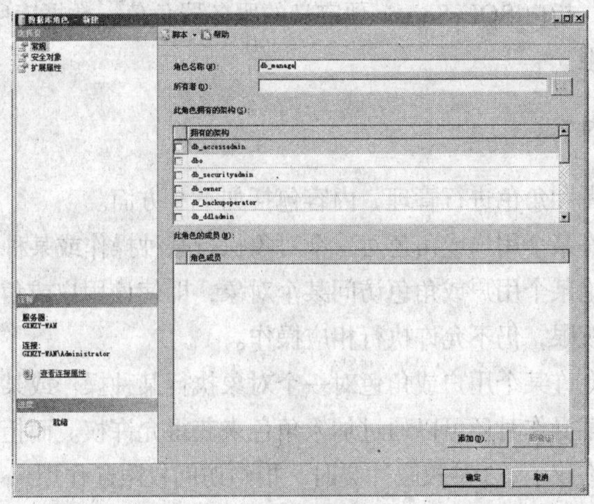

图 11.13　新建角色

可以为角色设置名称、所有者、架构、角色成员以及安全权限，这里我们只输入角色名称，然后单击“确定”按钮完成设置。

- 使用 Transact-SQL 的 CREATE ROLE 语句实现创建自定义数据库角色。

```
USE sales
CREATE ROLE db_manage
```

（4）删除自定义数据库角色。

- 使用对象资源管理器。

只要用鼠标右键单击要删除的自定义数据库角色，然后选择“删除”命令，单击“确定”按钮即可成功删除。

- 使用 Transact-SQL 语句。

```
USE sales
DROP ROLE db_manage
```

即可成功删除数据库 sales 中的自定义角色 db_manage。

11.1.4 权限管理

将一个登录账户映射为数据库中的用户账户，并将该用户账户添加到某种数据库角色中，其实都是为了对数据库的访问权限进行设置，以便让各个用户能进行适合于其工作职能的操作。

1. 权限种类

SQL Server 的权限包括对象权限、语句权限和固定角色权限 3 种类型。

（1）对象权限。对象权限具体内容包括如下内容。

- 对于表和视图，是否允许执行 SELECT，INSERT，UPDATE 和 DELETE 语句。
- 对于表和视图的字段，是否可以执行 SELECT 和 UPDATE 语句。
- 对于存储过程，是否可以执行 EXECUTE 语句。

（2）语句权限。相当于数据定义语言的语句权限，这种权限专指是否允许执行下列语句：CREATE TABLE，CREATE DEFAULT，CREATE PROCEDURE，CREATE RULE，CREATE VIEW，BACKUP DATABASE，BACKUP LOG。

（3）固定角色权限。指由 SQL Server 预定义的服务器角色、数据库所有者（dbo）和数据库对象所有者所拥有的权限。

2. 权限管理的内容

权限可由数据所有者和角色进行管理，内容包括如下 3 方面。

（1）授予权限。允许某个用户或角色对一个对象执行某种操作或某种语句。

（2）拒绝访问。拒绝某个用户或角色访问某个对象，即使该用户或角色被授予这种权限，或者由于继承而获得这种权限，仍不允许执行相应操作。

（3）取消权限。不允许某个用户或角色对一个对象执行某种操作或某种语句。不允许与拒绝是不同的，不允许执行某操作时还可以通过加入角色来获得允许权。而拒绝执行某操作时，就无法再通过角色来获得允许权了。3 种权限冲突时，拒绝访问权限起作用。

3. 管理数据库用户的权限

【例 11.13】 假设 whb 是数据库 Sales 的数据库用户，Sales 中有员工表 Employees，如果要

求 whb 只能查看 Employees 中的数据，不能做任何更改和删除，应如何设置？

分析：要实现上述目的，可对 SQL Server 中的 Sales 数据库用户 whb 进行必要的数据库访问权限设置。

（1）使用对象管理器管理数据库用户的权限。操作步骤如下。

① 运行 SQL Server Management Studio，在对象资源管理器中，展开要进行权限设置的数据库（如 Sales）。

② 选择“安全性”→“用户”，在列出的用户中选择要设置权限的用户（如 whb）。

③ 右击该用户，选择“属性”，系统打开“数据库用户”窗口，切换到“安全对象”选择页，如图 11.14 所示。

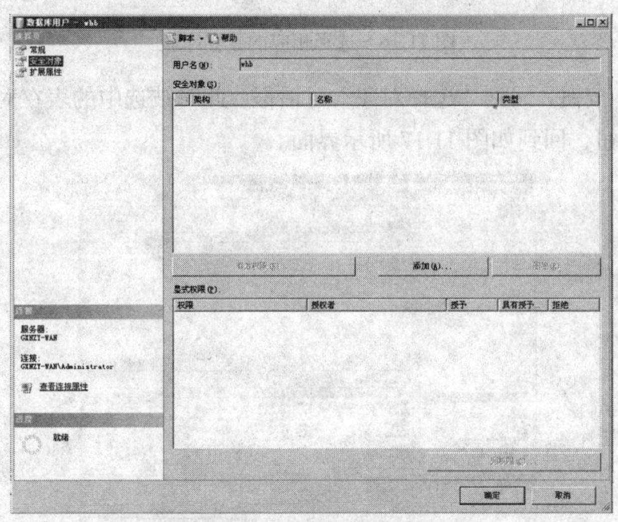

图 11.14 设置数据库用户的权限

④ 单击“添加”按钮，打开“添加对象”对话框，选择“特定对象”。

⑤ 单击“确定”按钮，系统打开“选择对象”对话框，然后单击“对象类型”按钮，系统打开“选择对象类型”对话框，选择“表”复选框，如图 11.15 所示。

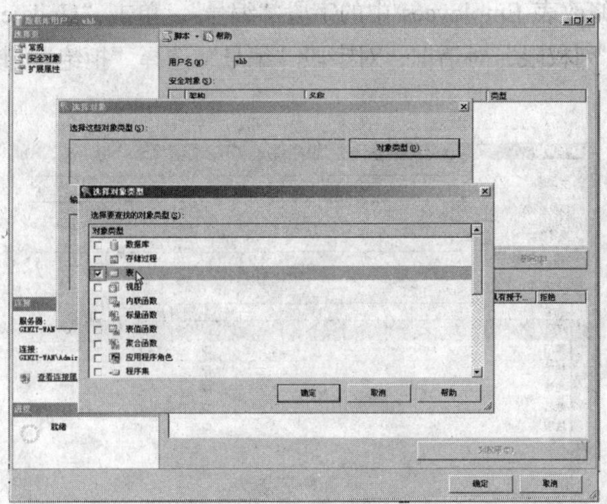

图 11.15 选择对象类型

⑥ 在图 11.15 中单击“确定”按钮，回到“选择对象”对话框，然后单击“浏览”按钮，打

开“查找对象”，选择相应的表，如图 11.16 所示。

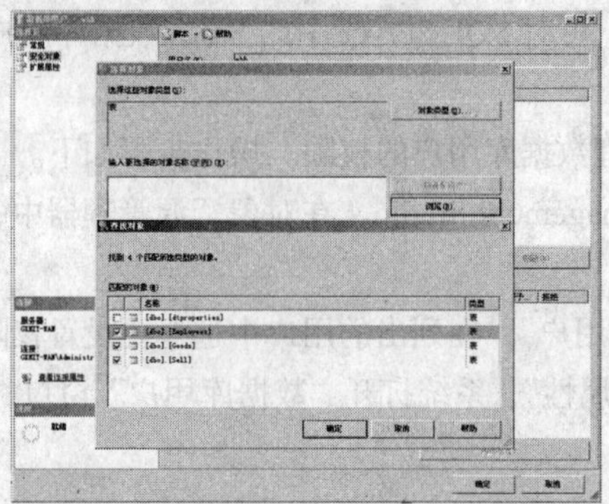

图 11.16　选择相应的数据库表

⑦ 单击“确定”按钮，回到“选择对象”对话框，此时被选中的表在对象名称框已存在，然后再单击“确定”按钮，回到如图 11.17 所示界面。

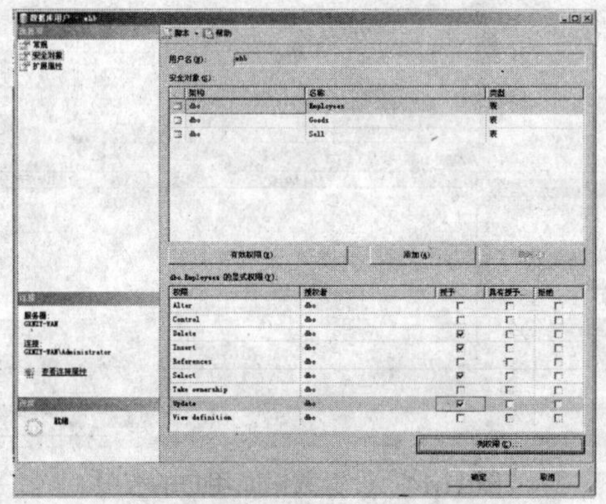

图 11.17　给数据库用户授予操作权限

⑧ 在“安全对象”列表中选择表 Employees，然后在下面的显示权限列表的“授予”列中选择“Delete”、“Insert”、“Update”、“Select”行复选框，如图 11.17 所示。

⑨ 为了设置不能修改表 Employees 中的字段“编号”，单击“Update”行，然后单击“列权限”按钮，系统打开“列权限”对话框，对字段“编号”选择“拒绝”，其他字段选择“授予”，如图 11.18 所示。

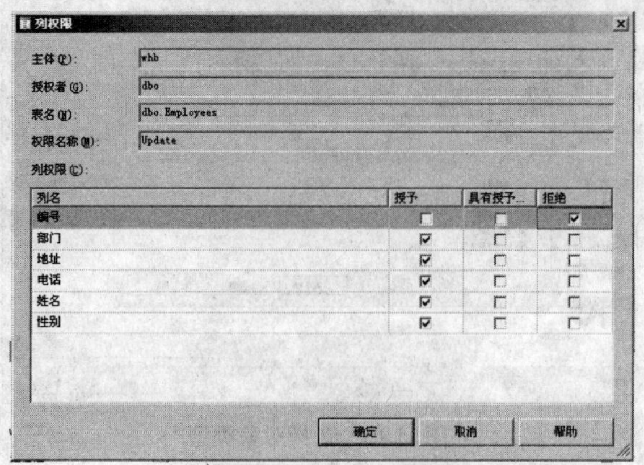

图 11.18　对特定字段授予相应权限

⑩ 单击“确定”按钮，完成权限设置，关闭对话框。

到此，数据库用户 whb 的权限已设置好了。

（2）使用 T-SQL 语句管理数据库用户的权限。在 SQL Server 中分别使用 GRANT、DENY 和 REVOKE 语句来授予权限、禁止权限和废除权限，语法格式如下：

```
GRANT 权限名称 [,…n] ON 表名称|视图名称|存储过程名称 TO 用户账户
DENY 权限名称 [,…n] ON 表名称|视图名称|存储过程名称 TO 用户账户
REVOKE 权限名称 [,…n] ON 表名称|视图名称|存储过程名称 TO 用户账户
```

例如，要实现例 11.13 中的目标可用如下语句：

```
USE sales
GRANT SELECT, INSERT,DELETE ON Employees TO whb
DENY UPDATE ON Employees (编号) TO whb
GRANT UPDATE ON Employees (姓名,性别,部门,电话,地址) TO whb
```

4. 管理数据库角色的权限

【例 11.14】 XX 学院有一群用户，他们对数据库 Sales 中的员工表 Employees 有访问权，但要求他们只能查看 Employees 中的数据，不能做任何更改和删除，应如何设置？

分析：按照例 11.13 的方法，给每个数据库用户设置权限可以解决本问题，但效率很差。

科学的方法是：新建一数据库角色，然后对此角色设置权限，把相关数据库用户添加到此角色中。新建数据库角色、向数据库角色中添加成员的方法前面已经学习，这里只要解决给数据库角色设置权限即可。

（1）使用对象资源管理器管理数据库角色的权限。操作步骤如下。

在“SQL Server Management Studio”的对象资源管理器，选中“数据库”→“Sales”→“安全性”→“角色”→“数据库角色”→“db_manage”，单击鼠标右键，在弹出的快捷菜单中选择“属性”，打开“数据库角色属性”，切换到“安全对象”选择页。

我们可以按照为数据库角色设置权限一样的方法设置权限，这里不再详细介绍。

（2）使用 T-SQL 语句管理数据库角色的权限。

```
USE sales
GRANT SELECT ON Employees TO ck
DENY INSERT,UPDATE,DELETE ON Employees TO ck
```

5. 管理数据库对象的权限

【例 11.15】 对于数据库 Sales，它的所有数据库用户对员工表 Employees 有访问权，但不能访问“地址”字段，而且所有用户都不能删除、修改和插入记录。

分析：可对所有用户正常设置其他权限，然后对“地址”字段设置为拒绝访问。

（1）使用对象资源管理器管理数据库对象的权限。操作步骤如下。

① 运行 SQL Server Management Studio，在对象资源管理器中，展开要进行权限设置的数据库（如 Sales）。

② 根据实际需要，执行下列操作之一。

- 若要设置表的访问权限，可以单击“表”。
- 若要设置视图的访问权限，可以单击“视图”。

- 若要设置存储过程的访问权限，可以单击“可编程性”→“存储过程”。

这里选择表。

③ 展开“表”，右击要设置权限的数据对象（如右击表 Employees），然后选择“属性”，系统打开“表属性”窗口，切换到“权限”选择页。

④ 单击“添加”按钮，系统打开“选择用户或角色”对话框，供用户选择用户或角色，如图 11.19 所示。

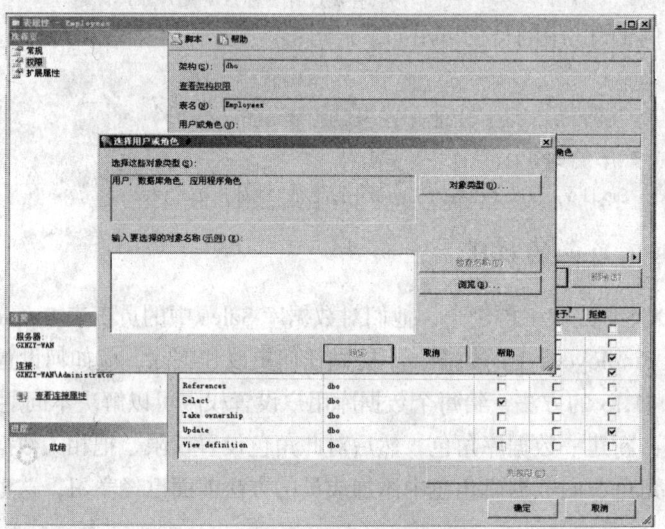

图 11.19 选择用户或角色

⑤ 在图 11.19 中，单击“浏览”按钮，系统弹出“查找对象”对话框，如图 11.20 所示。然后选择数据库角色或数据库角色或用户，单击“确定”按钮，关闭对话框。

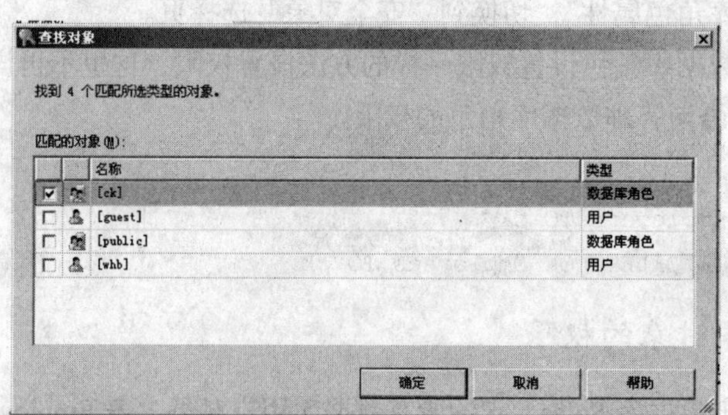

图 11.20 查找用户或角色

⑥ 回到图 11.19，单击“确定”按钮，选择的数据角色和用户就会加入到列表中。

（2）使用 T-SQL 语句管理数据库对象的权限。

```
USE sales
--给用户 WORK1\jyb,ck,public,whb 赋予查询表 Employees 的权限
GRANT SELECT ON Employees TO [WORK1\jyb],ck,[public],whb
--拒绝用户 WORK1\jyb,ck,public,whb 拥有对表 Employees 实施 INSERT,UPDATE,DELETE 的权限
DENY INSERT,UPDATE,DELETE ON Employees TO [WORK1\jyb],ck,[public],whb
--拒绝用户 WORK1\jyb,ck,public,whb 查询表 Employees 的字段“地址”
```

```
DENY SELECT (地址) ON Employees TO [WORK1\jyb],ck,[public],whb
```

11.1.5　SQL 安全管理的经验

1. 提高安全管理效率

（1）提高操作效率。

充分利用可视化管理方法和模板资源管理器，这样能有效提高安全管理效率。SQL Server 2005 在模板资源管理器中为数据安全管理提供了关于角色、用户等的管理模板。

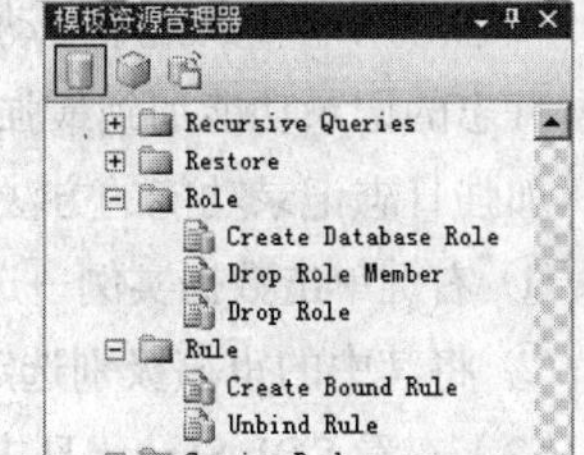

图 11.21　角色、规则等管理模板

操作方式如下。

① 运行“SQL Server Management Studio”。

② 单击“视图”→“模板资源管理器”，如图 11.21 所示。

（2）用组简化权限赋予过程。

对数据库用户的权限控制上，可以通过精心选择的全局组和数据角色来管理，加入权限需遵循如下原则。

① 用户通过 SQL Server Users 组获得服务器访问，通过 DB_Name Users 组获得数据库访问权限。

② 用户通过加入全局组获得权限，而全局组通过加入角色获得权限，角色直接拥有数据库里的权限。

③ 需要多种权限的用户通过加入多个全局组的方式获得相应权限。

例如，可以创建下面的基本组：SQL Server Administrator、SQL Server Users、SQL Server Denied、SQL ServerDB Creators、SQL Server Security Operators、SQL Server Database Security Operators、SQL Server Developers 以及 DB_Name Users（其中，DB_Name 是服务器上一个数据的名字）。

2. 管理好账号

（1）账号的密码管理。

密码安全是所有安全措施的重中之重，特别对于 sa 用户的密码。不要让 sa 账号的密码写于应用程序或者脚本中，同时数据中所有账号都应该使用强密码。强密码特征如下。

① 长度至少 7 个字符。

② 密码中组合使用字母、数字和符号字符。

③ 在字典中查不到。

④ 不是命令名，不是人名，不是用户名。

⑤ 定期更改。

⑥ 更改后的密码与以前的密码明显不同。另外，一定要养成定期修改密码的好习惯。定期查看是否有不符合密码要求的账号。

（2）特殊账号管理。

① guest 用户账号。如果存在 guest 用户账号，没有数据库用户账号的用户能够通过该账号访问数据库。如果管理员决定使用该账号，就应该给它分配一个合适的权限。

② public 角色权限。public 角色包含所有数据用户账号和那些角色从属关系不能改变的用户账号。应该特别注意给该角色分配哪种权限。

③ sa 账号。由于 SQL Server 不能更改 sa 用户名称，也不能删除这个超级用户，所以必须对这个账号进行最强的保护，使用一个特别强壮的密码。尽量不要在应用程序中使用 sa 账号，只有当没有其他方法登录到 SQL Server 实例时才使用 sa。

3. 管理好日志

（1）加强服务器日志。

日志可以记载数据库活动的所有记录，是安全管理的重要工具。实际工程应用中，都应该把数据日志的记录功能加到最强，从而审核数据库登录事件中所有的“失败与成功”。

加强日志记录功能的方法如下。

① 右键单击数据实例→选择“属性”，系统弹出“服务器属性”窗口，选择“安全性”选项卡。

② 将其中的审核级别选定为“失败和成功的登录”。

（2）查看 SQL Server 日志。

经常查看 SQL Server 日志，检查是否有可疑的登录事件发生。

查看 SQL Server 服务器日志的方法如下。

① 在数据库服务器的根目录下打开“管理”→“SQL Server 日志”。

② 双击某一日志记录，即可出现所有的日志。

4. 管理好扩展存储过程

SQL Server 2005 存储过程非常多，功能强大。从安全角度考虑，需要对存储过程，特别是扩展存储过程的权限进行有效的控制。如果有必要，可以删除一些不必要的存储过程，因为有些系统的存储过程很容易被人利用提升权限或进行破坏。

一般来说，需要处理的存储过程有以下几个。

（1）xp_cmdshell。

xp_cmdshell 是一个功能非常强大的工具，是进入操作系统的最佳捷径，是数据库留给操作系统的一个大后门。

可以用以下代码删除 xp_cmdshell 存储过程。

```
Usr master
sp_dropextendedproc 'xp_cmdshell'
```

如果需要这个存储过程，可以用下列语句恢复。

```
sp_addextendedproc 'xp_cmdshell', 'xpsql90.dll'
```

（2）OLE 自动存储过程。

自动存储过程包括：SP_OACreate、SP_OADestroy、SP_OAGeterrorinfo、SP_OAGetproperty、SP_OAMethod、SP_OASetproperty、SP_OAStop。

（3）注册表访问存储过程。

注册表存储过程功能强大，甚至能读出操作系统管理员密码，所以有必要进行处理。相关的存储过程如下。

```
xp_regaddmultistring、xp_regdeletekey、xp_regdeletevalue、xp_regenumvalues、xp_regread、
xp_regremovemultistring、xp_regwrite
```

5. 管理好端口

SQL Server 2005 数据库可通过相应程序端口连接访问，任何人都可能利用分析工具连接到数据库上，从而绕过操作系统的安全机制，进入数据库系统。因此，在数据库的安全管理中对端口的管理是至关重要的。

默认情况下，SQL Server 使用 1433 端口监听。而 1433 端口又是网络病毒利用的端口，实际应用的情况下我们都改用另外的端口（如 8099），同时拒绝对实际使用端口（如 8099）的扫描探测。

11.2 数据的导入导出

SQL Server 2005 集成了数据导入导出功能，它可以将桌面数据系统中的数据导入到 SQL Server 数据库，也可以将 SQL Server 数据库中的数据导出到其他数据库文件或文本文件。

11.2.1 数据的导出

数据的导出是将一个 SQL Server 数据库中的数据导出到一个文本文件、电子表格或其他格式的数据库（如 Access 数据库、FoxPro 数据库等）中。

导出到 Excel 2003 文件中

操作步骤如下。

（1）新建一个 Excel 2003 工作簿，并将其命名为 Excel_sales.xls，用于接受来自 SQL Server 数据库的数据。

（2）运行“SQL Server Management Studio”，连接到所访问的服务器上，在“对象资源管理器”中选择要管理的数据库，如 Sales。

（3）右击要倒出数据的数据库，如 Sales，然后选择“任务”→“导出数据”，系统运行“SQL Server 导入和导出向导”。

（4）单击“下一步”按钮，数据源利用原默认选中的“SQL Native Client”，“身份验证”、“数据库”也利用原默认选中的，如图 11.22 所示。

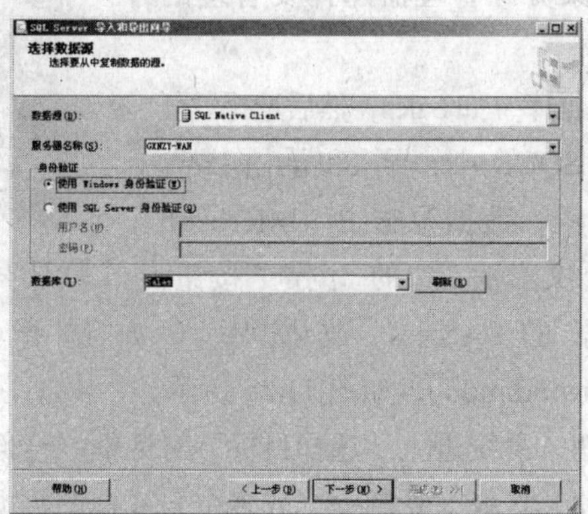

图 11.22　选择数据源

（5）单击“下一步”按钮，然后在“目标”下拉列表中选择“Microsoft Excel”，单击“浏览”

按钮选择相应的目标 Excel 文件，如图 11.23 所示。

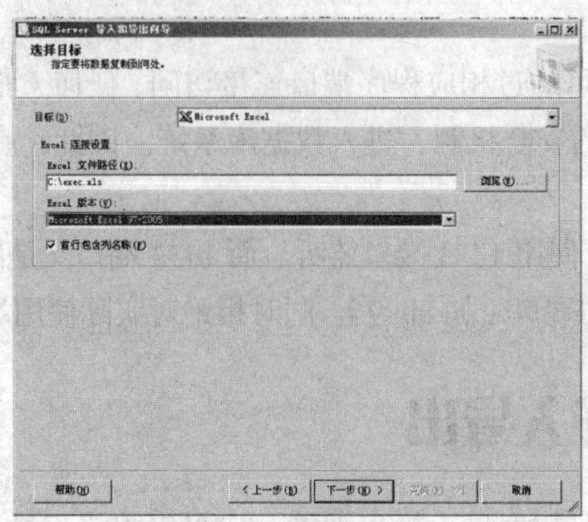

图 11.23 选择导出目标

（6）单击“下一步”按钮，选择“复制一个或多个表或视图数据”。

（7）单击“下一步”按钮，系统进入“源表或源视图”对话框，选择需要导出的表，如 Employees。

（8）单击“下一步”按钮，选择“立即执行”，然后再单击“下一步”→“完成”按钮。

（9）系统成功运行后，单击“关闭”按钮。

11.2.2 数据的导入

数据导入是将其他格式的数据（如文本数据、Access、Excel、FoxPro 等）导入到 SQL Server 数据库中。

下面介绍从 Access 2003 数据库导入数据到 SQL Server 数据库中的方法。

【例 11.16】 假如在目录 C:\Program Files\Microsoft Office\Office\Samples 下有一 Access 数据库 Northwind.mdb，此数据库的表如图 11.24 所示，现在要把“产品”表中的所有数据导入到 SQL Server 数据库 Sales 中。

操作步骤如下。

（1）运行“SQL Server Management Studio”，连接到所访问的服务器上，在对象资源管理器选择要管理的数据库，如 Sales。

（2）右击要导入数据的数据库，如 Sales，然后选择“任务”→“导入数据”，系统运行“SQL Server 导入和导出向导”。

（3）单击“下一步”按钮，数据源选中“Microsoft Access”，然后单击“文件名”文本框右边的“浏览”按钮，然后选择要导入数据的 Access 数据库（如选择 C:\Program Files\Microsoft Office\Office11\Samples\Northwind.mdb），如图 11.25 所示。

图 11.24 “Northwind.mdb 数据库”窗口

（4）单击“下一步”按钮，系统进入“选择目标”对话框，全部选中原默认选项。

（5）单击“下一步”按钮，选择“复制一个或多个表或视图数据”。

（6）单击“下一步”按钮，系统进入“源表或源视图”对话框，选择需要导入的表，如“产品”。

（7）单击“下一步”按钮，选择“立即执行”，然后再单击“下一步”→“完成”按钮。

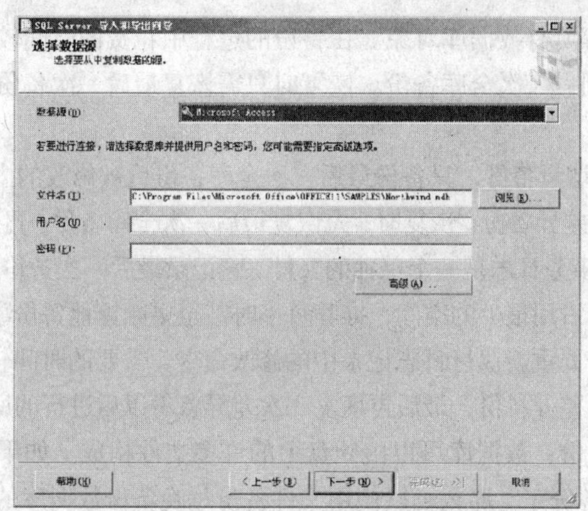

图 11.25　选择数据源

（8）系统成功运行后，单击“关闭”按钮。

11.3 数据库备份

数据库备份是一项十分重要的系统管理工作。备份是指制作数据库结构、对象和数据的拷贝，以便在数据库遭到破坏的时候能够修复数据库。

11.3.1　备份设备

备份设备是指用来存储备份数据的物理设备，常用的备份设备有磁盘备份设备、磁带备份设备和命名管道备份设备。

在备份数据库前先创建备份设备，当建立一个备份设备时，要给该设备分配一个逻辑备份名称和一个物理备份名称。

（1）磁盘备份设备。磁盘备份设备一般是指其他磁盘类存储介质，它的物理名称是备份设备存储在本地或网络上的物理名称，如“G:\DataBaseBak\sales.bak”。逻辑名称存储在 SQL Server 的系统表 sysdevices 中，使用逻辑名称的好处是比物理名称简单好记，如 sales_bak20050101。

磁盘备份设备可以定义在数据库服务器的本地磁盘上，也可以定义在通过网络连接的远程磁盘上。

（2）磁带备份设备。磁带备份设备与磁盘备份设备的使用方式基本一样，其区别如下。

- 磁带备份设备必须直接物理连接在运行 SQL Server 服务器的计算机上。
- 磁带备份设备不支持远程备份操作。

（3）命名管道备份设备。命名管道备份设备为使用第三方的备份软件和设备提供了一个灵活且强大的通道。

11.3.2　备份策略

数据库备份有 4 种类型，分别应用于不同的场合。

- 完全备份：这是大多数人常用的方式，它可以备份整个数据库，包含用户表、系统表、索引、视图和存储过程等所有数据库对象。在备份的过程中花费的时间较长，备份文件占用的空间也较大，一般推荐一周做一次全库备份。恢复时只需恢复最后一次备份就可以，这样该备份以后的操作将全部丢失。

- 差异备份：也叫增量备份，只备份最后一次全库备份后被修改的内容。备份时间短，空间占用小，推荐每天做一次差异备份。恢复时，先恢复最后一次全库备份，再恢复最后一次差异备份。
- 事务日志备份：事务日志是一个单独的文件，它记录最后一次备份后所有的事务日志记录，所以只需要很少的时间，占用很少的空间，推荐每小时甚至更频繁地备份事务日志。但是利用日志备份文件进行恢复时，需要重新执行日志记录中的修改命令，需要的时间较长。恢复时，先恢复一次全库备份，再恢复一次差异备份，最后再恢复一次差异备份以后进行的所有事务日志备份。
- 文件或文件组备份：数据库可以由硬盘上的许多文件构成。如果这个数据库非常大，并且一个晚上也不能将它备份完，那么可以使用文件备份每晚备份数据库的一部分。由于一般情况下数据库不会大到必须使用多个文件存储，所以这种备份不是很常用。

11.3.3 执行数据库备份

1. 创建备份设备

实施备份前，我们先要创建备份设备，备份设备实际上是以文件的方式进行存储的。

(1) 使用对象资源管理器创建备份设备。

① 运行“SQL Server Management Studio”，在对象资源管理器中，展开树型菜单，选择“备份设备”。

② 单击鼠标右键，选择“新建备份设备”，打开“备份设备”对话框。输入备份设备名称，如“SalesBak”，这个名称是逻辑名称，用来表示该备份设备。

单击“文件”右边的按钮，系统打开“定位数据文件”对话框，这里可以定义备份设备的路径和文件名。这里我们将备份设备的文件 SalesBak.bak 放在 E:\下，单击“确定”按钮，关闭对话框。

(2) 使用 T-SQL 语句创建备份设备。

要创建上述备份设备，可用如下语句。

```
EXEC sp_addumpdevice 'disk', 'SalesBak', 'E:\SalesBak.bak'
```

2. 备份数据库

创建完备份设备后，我们可以创建数据备份了。在 SQL Server 2005 中，无论数据库备份，还是差异数据库备份、事务日志备份、文件或文件组备份都执行相同的步骤。因此，掌握创建数据库备份的方法，就知道如何创建其他类型的备份了。

(1) 使用对象资源管理器备份。

① 运行“SQL Server Management Studio”，在对象资源管理器中，选中要备份的数据库 Sales。

② 单击鼠标右键，选择“任务”→“备份”，在弹出的窗口中，可以更改待备份的数据库，选择备份类型，设定备份位置等，如图 11.26 所示。

③ 单击“删除”，删除数据库默认备份的磁盘文件。然后单击“添加”按钮，在“选择备份目标”对话框中，单击“备份设备”单选按钮，并选择已创建的备份设备 SalesBak。

④ 单击“确定”按钮，开始备份数据库。备份完成后，系统弹出提示框，如图 11.27 所示。

（2）使用 T-SQL 语句备份数据库。

```
BACKUP DATABASE sales TO SalesBak
```

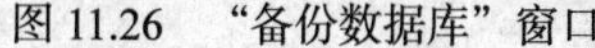

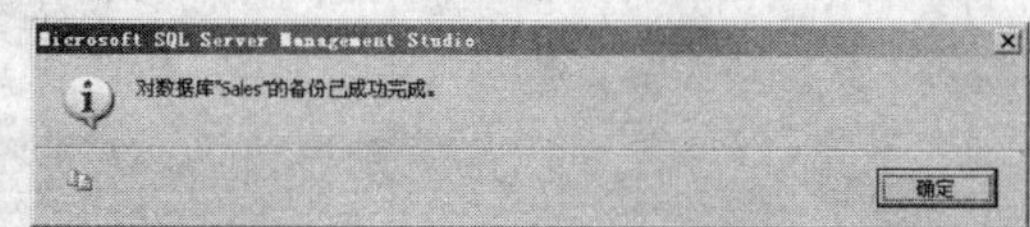

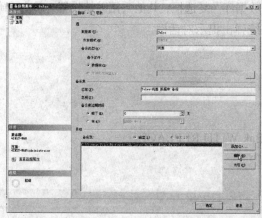

图 11.26　“备份数据库”窗口　　　　图 11.27　备份已完成

11.4 数据库恢复

1. 使用 SQL Server Management Studio 还原数据库

【例 11.17】　前面章节中，我们已经对 Sales 数据库进行了备份。那么我们首先在 Sales 中删除一些内容（比如表或视图等），然后利用备份文件进行恢复，查看操作效果。

操作步骤如下。

（1）在对象资源管理器中选中要还原的 Sales 数据库。

（2）右击选中的数据库，在弹出的菜单中选择“任务”→“还原”→“数据库”命令，系统弹出如图 11.28 所示的窗口。

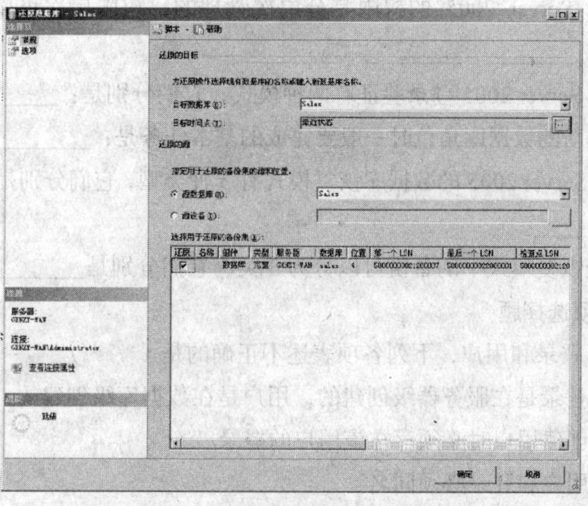

图 11.28　“还原数据库”窗口

（3）在该窗口中，还原数据库的名称将显示在“目标数据库”列表框中，若要创建新数据库，可在列表框中输入数据库名。在“目标时间点”文本框中，可以保留默认值（“最近状态”），也可以单击右边的浏览按钮打开“时点还原”对话框，选择具体的日期和时间。

（4）切换到“选项”页可查看或选择高级选项。

（5）在还原数据“选项”页中选中“覆盖现有数据库”复选框，其他采用默认设置，单击“确定”按钮，数据库 Sales 开始还原。还原成功后系统弹出提示对话框。

2. 利用 T-SQL 语句还原数据库

恢复整个数据库。

【例 11.18】 还原整个数据库。

```
RESTORE DATABASE sales    FROM SalesBak WITH REPLACE
```

本章小结

SQL Server 2005 管理是本课程中非常重要的内容，本章主要介绍了几种常用的管理方法：安全管理、数据导入导出、数据库备份和数据库恢复。每部分知识都给出了详细的操作步骤和丰富的实例，如对每个操作步骤都能融会贯通，并能掌握相应实例，则本章目标就达到了。

本章习题

一、填空题

1. SQL Server 2005 的权限是分层次管理的，权限层次可以分为 3 层，它们分别是：________、________、________。
2. SQL Server 2005 登录验证有两种模式，它们分别是：________和________。
3. 创建新的数据库角色时一般要完成的基本任务是：_______、________和________。
4. SQL Server 2005 的数据库恢复模式有 3 种类型，它们分别是：_______、________和________。
5. 完全恢复模式下的备份可以分为 3 类，它们分别是_______、_______和_______。

二、单项选择题

1. 关于登录和用户，下列各项表述不正确的是（　　）。
   A. 登录是在服务器级创建的，用户是在数据库级创建的
   B. 创建用户时必须存在该用户的登录
   C. 用户和登录必须同名
   D. 一个登录可以多个用户
2. 关于 SQL Server 2005 的数据库权限叙述不正确的是（　　）。
   A. SQL Server 2005 的数据库权限可以分为服务器权限、数据库权限和对象权限

B. 服务器权限能通过固定服务器角色进行分配，不能单独分配给用户

C. 数据库管理员拥有最高权限

D. 每个用户可以分配若干权限，并且用户有可能可以把其权限分配给其他用户

3. 关于 SQL Server 2005 的数据库角色叙述正确的是（　　）。

A. 用户可以自定义固定服务器角色

B. 数据库角色是系统自带的，用户一般不可以自定义

C. 每个用户拥有一个角色

D. 角色是用来简化很多权限分配给很多用户这一复杂任务的管理的

4. 下列关于数据备份的叙述错误的是（　　）。

A. 如果数据库很稳定就不需要经常做备份，反之要经常做备份以防数据库损坏

B. 数据库备份是一项很复杂的任务，应该由专业的管理人员来完成

C. 数据库备份也受到数据库恢复模式的制约

D. 数据库备份策略的选择应该综合考虑各方面因素，并不是备份做得越多、越全就越好

5. 关于 SQL Server 2005 的恢复模式叙述正确的是（　　）。

A. 简单恢复支持所有的文件恢复

B. 大容量日志模式不支持时间点恢复

C. 完全恢复模式是最好的安全模式

D. 一个数据库系统中最好是用一种恢复模式，以避免管理的复杂性

三、综合题

1. 简述 SQL Server 2005 登录验证的两种模式的区别。
2. 简述数据库权限管理中，角色有什么作用。
3. 什么是物理备份设备和逻辑备份设备，它们的区别是什么？
4. 数据库备份与数据库恢复有什么关系？

实验 10　备份和恢复数据库

1. 实验目的

（1）掌握数据库的备份的各种方法。

（2）掌握恢复数据库的方法。

2. 实验内容

用企业管理器和 SQL 语句两种方法实现下列操作，要求使用不同的数据库备份策略和恢复策略。

（1）创建本地磁盘备份设备。

（2）利用上面的备份设备备份 STUINFO 数据库。

（3）删除 STUINFO 数据库中的 t_student 表。

（4）从数据库备份中恢复数据库。

（5）验证被删除的表是否被恢复。

第12章 数据库综合开发应用

作为优秀的网络数据库管理系统，SQL Server 2005 被广泛用于各类管理信息系统的开发。本章主要以教师信息管理系统的分析、设计与实现为例，重点阐述实现本系统的数据库的需求分析、概念模型设计、逻辑设计和物理设计的实现方法。本章力求能将前面的知识点串接起来，并结合当前较为流行的 B/S 模式软件开发技术 ASP.NET 具体实现教师信息管理系统。

通过本章的学习和练习，不仅可以对 SQL Server 2005 的知识作总结和应用，还可体会到按软件工程的思想开发基于 SQL Server 2005 数据库的管理信息系统的过程。本章可作为本门课程的综合实训课。

12.1 系统需求分析

学院教师信息管理系统将实现以教师为中心的教师基本信息管理、论文信息管理、教材著作信息管理、培训进修信息管理、科研信息管理、获奖信息管理、主要业务技术工作管理、年度工作总结管理等。系统将成为学院全体教师的信息集散平台，同时也是一个宣传平台。

系统的用户有学生、教师、学院各部门领导、学院领导、社会人士等，不同用户对系统有不同的使用权限。

（1）学生：通过系统可全面了解学院教师对外公开的各类信息，以此形成对教师的科学的评价。

（2）教师：可添加、修改自身的各类信息，并可全面了解同行的各类信息，以此对同行形成较科学的评价。

（3）学院各部门领导：除了可作为普通教师对系统的所有教师信息进行查询外，还可对本部门的教师信息进行修改，并给教师写评语等。

（4）学院领导：可查询全院所有教师的所有信息，可修改自己分管部门的中层领导的信息，并可给相应教师写评语。

（5）社会人士：可有限制地查询教师信息，从而对学院师资情况形成较全面的认识。

12.2　系统总体设计

12.2.1　功能设计

基于 UML 技术思想对系统功能进行分析设计，并绘出系统用例图，如图 12.1 所示。

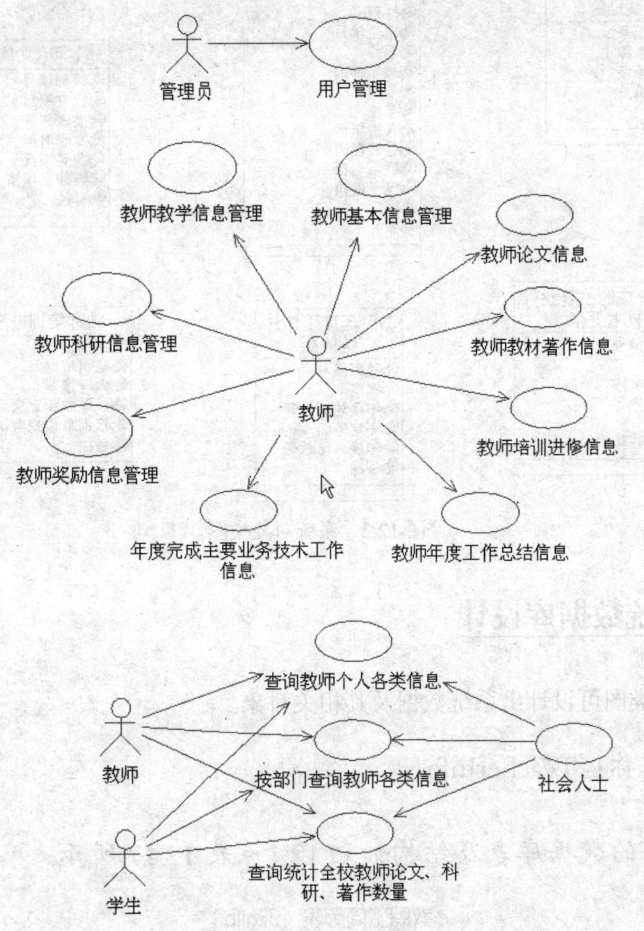

图 12.1　系统顶层 Use Case 图

12.2.2　建立系统对象类图

按照 UML 的思想，发现对象类及其联系，确定对象类图是面向对象分析的最基本任务。

对于教师信息管理系统可以抽象出以下一些主要对象类（这里主要关注数据库对象）。

在人员信息处理方面有“教师”类。

在以教师为核心的各类信息处理方面有“教师基本信息”类、“教师教学信息”类、“教师科研信息”类、“教师奖励信息”类、“教师论文信息”类、“教师教材著作信息”类、“教师培训进修信息”类、“教师年度工作总结信息”类、“年度完成的主要业务技术工作”类等。如图 12.2 所示。

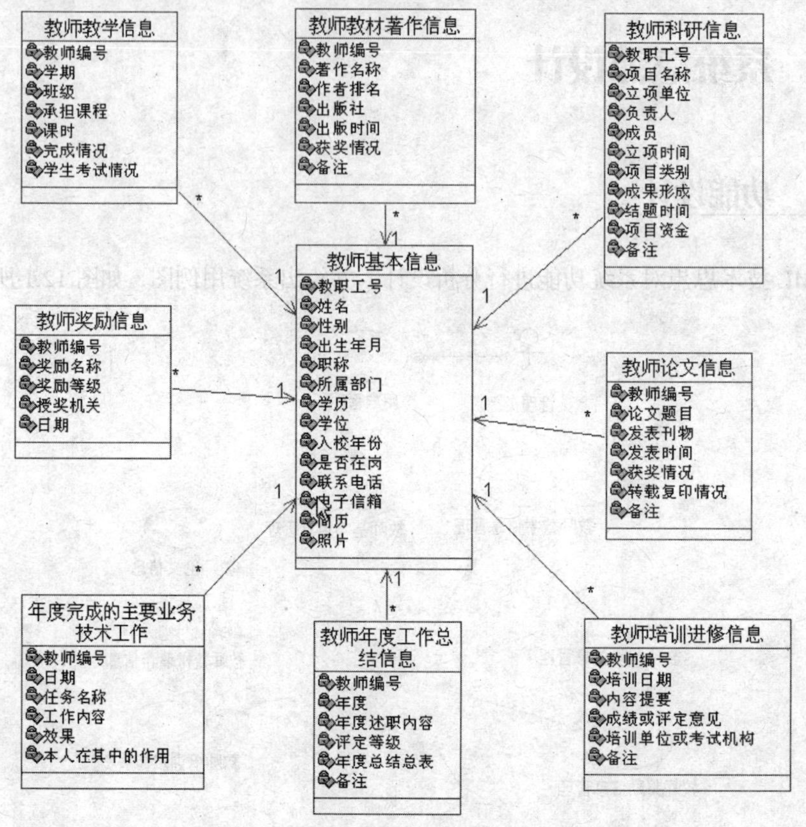

图 12.2　系统对象类图

12.2.3　系统数据库设计

根据系统对象类图可设计出系统数据及其相关对象。

1. 数据库名称：TeacherInfo

2. 系统拥有的数据库表及结构如表 12.1～表 12.17 所示

表 12.1　　教职工简历表（Jzgjlb）

字 段 名	中 文 简 称	数据类型和宽度	可 否 为 空	说　明
Jsbh	教师编号	Char(6)	Not null	主键
Xm	姓名	Varchar(12)	Not null	
Mm	密码	char(6)	Not null	
Xb	性别	char(2)	Not null	男/女
Mz	民族	Varchar(20)		

续表

字段名	中文简称	数据类型和宽度	可否为空	说　明
Jg	籍贯	Varchar(50)		
Csny	出生年月	Datetime		
Sfzh	身份证号	Char(18)		
Zzmmdm	政治面貌代码	Char(2)		有效的政治面貌编号(外键)
Gzsj	参加工作时间	Datetime		
Byxx	毕业学校	Varchar(50)		
Sxzy	所学专业			
Bysj	毕业时间	datetime		
Xldm	学历	Char(2)		有效的学历信息编号(外键)
Xwdm	学位	Char(2)		有效的学位信息编号(外键)
Wyqk	外语情况	Varchar(50)		
Ssbm	所属部门编号	Char(2)	Not null	有效的部门编号（外键）
Zw	职务	Varchar(20)		
Zcdm	职称代码	Char(2)		有效的职称信息编号(外键)
Gwdm	学术岗位代码	Char(2)		有效的学术岗位代码(外键)
Bgdh	办公电话	char(12)		
Sjhm	手机号码	char(11)		
Email	电子邮箱	Varchar(50)		可以有多个
Blog	个人博客	Varchar(50)		
Grjl	个人简历	text		
Zpmc	照片名称	Char(9)		如 010001.jpg

表 12.2　　　　科研项目表（Kyxm）

字段名	中文简称	数据类型和宽度	可否为空	说　明
ID		int	Not null	自动编号（identity 标识列）
Jsbh	教师编号	Char(6)	Not null	外键
Xmmc	项目名称	Varchar(100)	Not null	
Lxdw	立项单位	Varchar(100)		
Fzr	负责人	Varchar(12)		
Cy	成员	Varchar(50)		
Lxsj	立项时间	Datetime		
Xmlb	项目类别	Varchar(50)		
Cgxs	成果形式	Varchar(50)		
Jtsj	结题时间	Datetime		
Xmzj	项目资金	Numeric(18,2)		
Bz	备注	Varchar(50)		

表 12.3　　论文信息表（Lwxxb）

字 段 名	中 文 简 称	数据类型和宽度	可 否 为 空	说　明
ID		int	Not null	自动编号（identity 标识列）
Jsbh	教师编号	Char(6)	Not null	外键
Lwtm	论文题目	Varchar(100)		
Zzjsdm	作者角色代码	Varchar(2)		
Fbkw	发表刊物	Varchar(50)		
kwjbbh	刊物级别编号	Char(2)		
Fbqh	发表期号	Varchar(50)		
Fbsj	发表时间	Datetime		
Hjqk	获奖情况	Varchar(100)		
Bz	备注	Varchar(100)		

表 12.4　　著作教材信息（Zzxx）

字 段 名	中 文 简 称	数据类型和宽度	可 否 为 空	说　明
ID		int	Not null	自动编号（identity 标识列）
Jsbh	教师编号	Char(6)	Not null	外键
Zzmc	著作名称	Varchar(50)		
Zzjsdm	作者角色代码	Varchar(2)		
Zzpm	作者排名	Varchar(50)		
Cbs	出版社	Varchar(100)		
Cbsj	出版时间	Datetime		
Hjqk	获奖情况	Varchar(100)		
Bz	备注	Varchar(100)		

表 12.5　　教师获奖情况（Hjqk）

字 段 名	中 文 简 称	数据类型和宽度	可 否 为 空	说　明
ID		int	Not null	自动编号（identity 标识列）
Jsbh	教师编号	Char(6)	Not null	外键
Jlmc	奖励名称	Varchar(100)		
Hjdjdm	获奖等级代码	char(2)		外键
Bjdw	颁奖单位	Varchar(50)		
Hjrq	获奖日期	Datetime		

表 12.6　　教师培训进修信息表（Pxjx）

字 段 名	中 文 简 称	数据类型和宽度	可 否 为 空	说　明
ID		int	Not null	自动编号（identity 标识列）
Jsbh	教师编号	Char(6)	Not null	外键
Pxrq	培训日期	Datetime		
Nrty	内容提要	Varcahr(200)		

续表

字 段 名	中 文 简 称	数据类型和宽度	可 否 为 空	说　明
Cjhpdyj	成绩或评定意见	Varchar(50)		
Pxdwhsjg	培训单位或考试机构	Varchar(50)		
Bz	备注	Varchar(50)		

表 12.7　教师年度工作总结信息表（Jsndzjxxb）

字 段 名	中 文 简 称	数据类型和宽度	可 否 为 空	说　明
ID		int	Not null	自动编号（identity 标识列）
Jsbh	教师编号	Char(6)	Not null	外键
Nd	年度	Char(4)		
Ndsznr	年度述职内容	text		
Pddjdm	评定等级代码	Varchar(2)		外键
Ndzjzb	年度总结总表	Varchar(50)		把人事部门的总结表作为附件存储，可供下载
Bz	备注	Varchar(50)		

表 12.8　教师主要业务技术工作信息表（Zyyw）

字 段 名	中 文 简 称	数据类型和宽度	可 否 为 空	说　明
ID		int	Not null	自动编号（identity 标识列）
Jsbh	教师编号	Char(6)	Not null	外键
Rq	日期	Char(15)		如 2008.3 ~ 2008.7
Rwmc	任务名称	Varchar(50)		
Gznr	工作内容	Varchar(100)		
Xg	效果	Varchar(20)		
Brzr	本人在其中的作用	Varchar(50)		

表 12.9　部门信息表（Bmxx）

字段名	字段名称	数据类型	可否为空	说　明
ID		int	Not null	自动编号（identity 标识列）
Bmdm	部门代码	Char(3)	Not null	主键，取值如 101、102、201、202，其中第一位代表类别，后两位代表序号
Bmzwmc	部门中文名称	Varchar(20)	Not null	纯中文字符串

表 12.10　学历信息表（Xl）

字 段 名	字 段 名 称	数 据 类 型	可 否 为 空	说　明
ID		int	Not null	自动编号（identity 标识列）
Xldm	学历代码	Char(2)	Not null	主键
Xlmc	学历名称	Varchar(20)	Not null	纯中文字符串，不能重名

表 12.11 学位信息表（Xw）

字 段 名	字 段 名 称	数 据 类 型	可 否 为 空	说 明
ID		int	Not null	自动编号（identity 标识列）
Xwdm	学位代码	Char(2)	Not null	主键
Xwmc	学位名称	Varchar(20)	Not null	纯中文字符串，不能重名

表 12.12 职称信息表（Zc）

字 段 名	字 段 名 称	数 据 类 型	可 否 为 空	说 明
ID		int	Not null	自动编号（identity 标识列）
Zcdm	职称代码	Char(2)	Not null	主键
Zcmc	职称名称	Varchar(20)	Not null	纯中文字符串，不能重名

表 12.13 政治面貌信息表（Zzmm）

字 段 名	字 段 名 称	数 据 类 型	可 否 为 空	说 明
ID		int	Not null	自动编号（identity 标识列）
Zzmmdm	政治面貌代码	Char(2)	Not null	主键
Zzmmmc	政治面貌名称	Varchar(20)	Not null	纯中文字符串，不能重名

表 12.14 获奖等级信息表（Hjdj）

字 段 名	字 段 名 称	数 据 类 型	可 否 为 空	说 明
ID		int	Not null	自动编号（identity 标识列）
Hjdjdm	获奖等级代码	Char(2)	Not null	主键
Hjdjmc	获奖等级名称	Varchar(20)	Not null	纯中文字符串，不能重名

表 12.15 学术岗位信息表（Xsgw）

字 段 名	字 段 名 称	数 据 类 型	可 否 为 空	说 明
ID		int	Not null	自动编号（identity 标识列）
Xsgwdm	学术岗位代码	Char(2)	Not null	主键
Xsgwmc	学术岗位名称	Varchar(20)	Not null	纯中文字符串，不能重名

表 12.16 作者角色信息表（Zzjs）

字 段 名	字 段 名 称	数 据 类 型	可 否 为 空	说 明
ID		int	Not null	自动编号（identity 标识列）
Zzjsbh	作者角色编号	Char(2)	Not null	主键
Zzjsmc	作者角色名称	Varchar(20)	Not null	纯中文字符串，不能重名

表 12.17 刊物级别（Kwjb）

字 段 名	字 段 名 称	数 据 类 型	可 否 为 空	说 明
ID		int	Not null	自动编号（identity 标识列）
Kwjbbh	刊物级别编号	Char(2)	Not null	主键
Kwjbmc	刊物级别名称	Varchar(20)	Not null	纯中文字符串，不能重名

3. 视图

为提高数据库使用效率，增强数据库安全性，根据系统编程需要，设计如下系统视图。这里为了方便表达，数据库表和字段名称全部采用中文方式描述，具体创建视图请根据实际情况取名。

（1）视图 1：教师信息表视图。

- 说明：此视图通过右联接部门信息表、教师基本信息表，得到教师的详细信息。
- 基表：部门信息表、教师基本信息表。
- 视图包含字段：教师基本信息表.教师编号、教师基本信息表.姓名、教师基本信息表.性别、部门信息表.部门代码、部门信息表.中文名称（取别名为所在系部）、出生日期_（显示？年？月？日）、工作日期_（显示？年？月？日）、职称、职务、学历、学位、照片。

（2）视图 2：教师登录信息表视图。

- 说明：此视图通过教师基本信息表，得到教师的登录信息。
- 基表：教师基本信息表。
- 视图包含字段：教师编号、姓名、密码。

（3）视图 3：教师科研信息表视图。

- 说明：此视图通过右连接教师信息表视图、教师科研信息表，得到教师科研的详细信息。
- 基表：教师信息表视图、教师科研信息表。
- 视图包含字段：教师科研信息表.教师编号、教师信息表视图.姓名、教师信息表视图.所属系部、项目名称、立项单位、负责人、成员、立项时间、项目类别、成果形式、结题时间、项目资金。

（4）视图 4：教师论文信息表视图。

- 说明：此视图通过右连接教师信息表视图、教师论文信息表，得到教师论文的详细信息。
- 基表：教师信息表视图、教师论文信息表。
- 视图包含字段：教师论文信息表.教师编号、教师信息表视图.姓名、教师信息表视图.所属系部、论文题目、发表刊物、发表时间、获奖情况。

（5）视图 5：教师教材信息表视图。

- 说明：此视图通过右连接教师信息表视图、教师教材信息表，得到教师出版教材的详细信息。
- 基表：教师信息表视图、教师教材信息表。
- 视图包含字段：教师教材信息表.教师编号、教师信息表视图.姓名、教师信息表视图.所属系部、教师信息表视图.教研室、著作名称、作者排名、出版社、出版时间、获奖情况。

（6）视图 6：教师奖励信息表视图。

- 说明：此视图通过右连接教师信息表视图、教师奖励信息表，得到教师奖励的详细信息。
- 基表：教师信息表视图、教师奖励信息表。
- 视图包含字段：教师奖励信息表.教师编号、教师信息表视图.姓名、教师信息表视图.所属系部、教师信息表视图.教研室、奖励名称、奖励等级、授奖机关、授奖日期。

（7）视图 7：教师培训进修信息表视图。

- 说明：此视图通过右连接教师信息表视图、教师培训进修信息表，得到教师培训进修的详细信息。
- 基表：教师信息表视图、教师培训进修信息表。

● 视图包含字段：教师培训进修信息表.教师编号、教师信息表视图.姓名、教师信息表视图.所属系部、培训日期、内容提要、成绩或评定意见、培训单位或考试机构。

（8）视图 8：教师年度工作总结信息表视图。

● 说明：此视图通过右连接教师信息表视图、教师年度工作总结信息表，得到年度工作总结的详细信息。

● 基表：教师信息表视图、教师年度工作总结信息表。

● 视图包含字段：教师年度工作总结信息表.教师编号、教师信息表视图.姓名、教师信息表视图.所属系部、年度、评定等级、年度总结总表。

（9）视图 9：教师主要业务技术工作信息表视图。

● 说明：此视图通过右连接教师信息表视图、教师主要业务技术工作信息表，得到教师主要业务技术工作的详细信息。

● 基表：教师信息表视图、教师主要业务技术工作信息表。

● 视图包含字段：教师主要业务技术工作信息表.教师编号、教师信息表视图.姓名、教师信息表视图.所属系部、日期、任务名称、工作内容、效果、本人在其中的作用。

4. 设计系统存储过程

设计两个存储过程。

（1）创建一个带输入参数的存储过程 Proc_jslw，查询指定教师姓名或编号所发表论文信息，要求按发表时间倒序。

（2）创建一存储过程 Proc_lwkytj，统计各系部教师发表论文数量、科研项目数量，要求按系部编号排序。

5. 设计系统触发器

（1）创建一触发器，当试图删除系部信息表中的数据时，利用触发器进行校验，此系部的数据如果已用，提示不能删除。

（2）创建一触发器，当试图更改或删除教师基本信息表的记录时，要同时更新或删除教师科研信息表、教师教材信息表等相关表中对应的记录行。

12.3 系统具体实现

12.3.1 确定系统架构及开发技术

以目前的技术看，在局域网建立 B/S 结构的网络应用，并通过 Internet/Intranet 模式应用数据库，相对易于把握、成本也较低。它是一次性到位的开发，能实现不同的人员、从不同的地点、以不同的接入方式（比如 LAN、WAN、Internet/Intranet 等）访问和操作共同的数据库；它能有效地保护数据平台和管理访问权限，服务器数据库也很安全。特别是在.NET 技术出现后，B/S 架构开发管理软件更是方便、快捷、高效。本章主要介绍基于 ASP.NET 技术开发 B/S 架构的数据库应用软件。

12.3.2　系统数据库的实现

1. 数据库管理系统的选择

本系统选择 SQL Server 2005 作为实现系统的数据库管理系统。

2. 创建系统数据库及数据库对象

（1）在 SQL Server 2005 中创建名为 TeacherInfo 的数据库。

（2）按“12.2.3 系统数据库设计”设计的数据库及相关对象，在 TeacherInfo 数据库中创建相应的表（含主键、外键、索引、CHECK 约束、DEFAULT 约束）、触发器和存储过程。

12.3.3　基于 ASP.NET 技术操作数据库

1. ADO.NET 简介

一般来说，存取数据库是开发网络程序中最重要也最常用的部分。Visual Studio.NET 框架提供了 ADO.NET，利用它就可以方便地存取数据库。

准确地说，ADO.NET 是由很多类组成的一个类库。这些类提供了很多对象，分别用来完成数据库的连接、查询记录、插入记录、更新记录和删除记录等操作。其主要包括如下 5 个对象。

- Connection 对象：用来连接到数据库。
- Command 对象：用来对数据库执行 SQL 命令，如查询语句。
- DataReader 对象：用来从数据库返回只读数据。
- DataAdapter 对象：用来从数据库返回数据，并送到 DataSet 对象中，还要负责保证 DataSet 对象中的数据和数据库中的数据保持一致。
- DataSet 对象：它可以被认为是内存中的数据库。利用 DataAdapter 对象将数据库中的数据送到该对象中，然后就可以对其中的数据进行各种操作，最后在利用 DataAdapter 对象将更新反映到数据库中。

这 5 个对象提供了 2 种读取数据库的方式（见图 12.3）：一种是利用 Connetction、Command 和 DataReader 对象，这种方式只能读取数据库，也就是说不能修改记录，如果只是想查询记录的话，这种方式的效率更高些；第二种是利用 Connection、Command、DataAdapter 和 DataSet 对象，这种方式更灵活，可以对数据库进行各种操作，本章的两个示例均采用第二种读取数据库的方式。

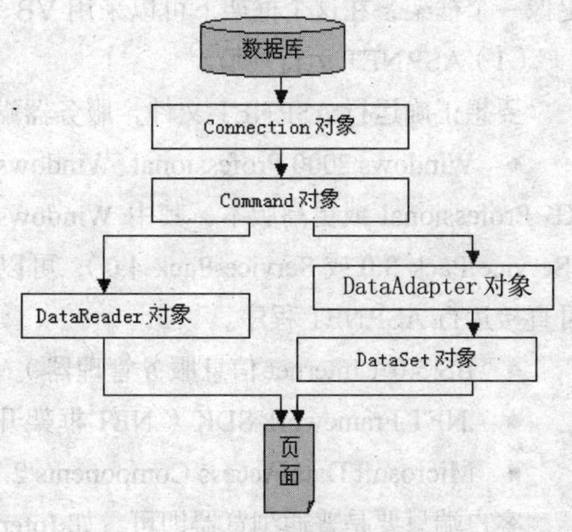

图 12.3　ADO.NET 读取数据库示意图

针对不同的数据库，ADO.NET 提供了两套类库：第一套类库可以存取所有基于 OLEDB 提供的数据库（表 12.18 中的第二列），如 SQL Server、Access、Oracle 等；第二套类库专门用来存取 SQL Server 数据库（表 12.18 中的第三列）。具体对象名称如表 12.18 所示。

表 12.18　　　　　　ADO.NET 具体对象名称

对　　象	Ole DB 数据库	SQL Server 数据库
Connection	OleDbConnection	SqlConnection
Command	OleDbCommand	SqlCommand
DataReader	OleDbDataReader	SqlDataReader
DataAdapter	OleDbDataAdapter	SqlDataAdapter
DataSet	DataSet	DataSet

对于 SQL Server 数据库，可以用第一套类库，也可以采用第二套类库，但采用第二套类库的效率更高些，本章两个示例均采用第二套类库。

无论使用哪种类库，都需要在设计页面导入名称空间。如果使用第二套类库，导入名称空间语法格式如下。

- 采用 ASP.NET 操作数据库需要导入名称空间语法：

```
<%@Import NameSpace="System.Data" %>
<%@Import Namespace="System.Data.SqlClient"%>
```

- 采用 VB.NET 操作数据库需要导入名称空间语法：

```
Imports System.Data
Imports System.Data.SqlClient
```

2. ASP.NET 操作数据库

ASP.NET 的全名是 Active Server Pages.NET，它的另外一个名称是 Active Server Pages+。ASP.NET 可以说是 ASP 的最新版本，但是 ASP.NET 并不像以往的 ASP1.0、ASP2.0 及 ASP3.0 只做了小幅度的修改，而是 Microsoft 提出的.NET 框架的一部分，它是一种以 Visual Studio.NET 框架为基础开发网上应用程序的全新模式。

ASP.NET 是 Visual Studio.NET 框架中专门用来开发网上应用程序的，它其实不是一种语言，更像一个框架，在这个框架下可以采用 VB、C#或其他 Visual Studio.NET 语言开发网上程序。

（1）ASP.NET 运行环境。

要想正确运行 ASP.NET 文件，服务器端必须安装如下软件。

- Windows 2000 Professional、Windows 2000 Server、Windows 2000 Advance Server、Windows XP Professional 或更高版本，其中 Windows 2000 系列需要安装 Service Pack 2.0 或更高服务包（Service Pack 3.0 或 Service Pack 4.0），可以到 Microsoft 的网站下载。安装 Windows Server 2003 可直接运行 ASP.NET 程序。
- IIS 5.0（Internet 信息服务管理器）。
- .NET Framework SDK（.NET 框架开发工具 SDK）。
- Microsoft Data Access Components 2.7（数据访问组件）。

客户端只要是普通浏览器即可，如 Internet Explorer 5.0 或更高版本。

（2）ASP.NET 开发工具。

本示例将使用 Dreamweaver MX 作为 ASP.NET 程序开发工具。

（3）ASP.NET 程序设计。

本示例所书写的程序代码部分采用 Visual Basic 的程序语法。

① 创建 ASP.NET 动态页。运行 Dreamweaver MX，单击“文件”→“新建”命令，会弹出如图 12.4 所示的“新建文档”对话框，在“常规”选项卡的“类别”中选择“动态页”，然后在右边的“动态页”中双击“ASP.NET VB”选项就会得到一个动态页面，然后对它命名后保存到 C:\Inetpub\wwwroot\路径下，请注意 ASP.NET 文件的扩展名称为.aspx。

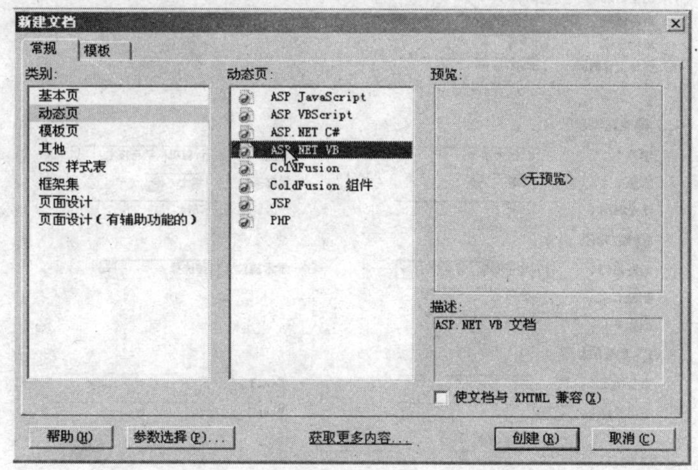

图 12.4　选择动态页 ASP.NET VB 选项

② 导入名称空间。因为我们要在程序中操作数据库，所以需要导入名称空间，将它们写在<%@ Page Language="VB" ContentType="text/html" ResponseEncoding="gb2312" %>的下面，如图 12.5 所示。

```
<%@Import NameSpace="System.Data" %>
<%@Import Namespace="System.Data.SQLclient"%
```

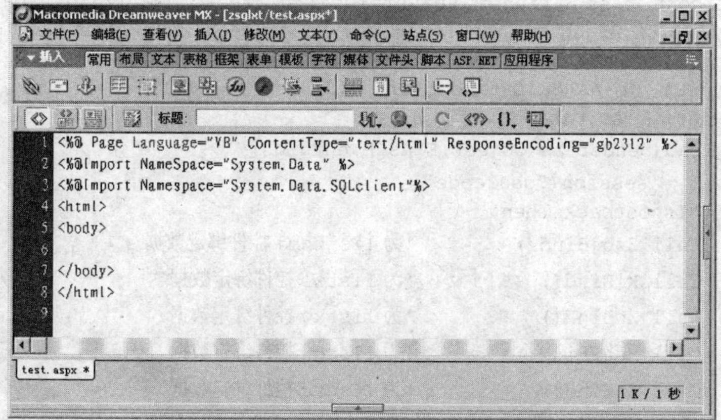

图 12.5　创建名称为 test 的动态页面

12.3.4　基于 ASP.NET 技术教师信息管理系统的具体实现

由于篇幅的限制，这里主要介绍几个较有代表性的功能。

1. 添加和修改教师个人信息程序页面的实现

（1）创建动态页面 jbxxedit.aspx，并保存到默认路径 C:\Inetpub\wwwroot\。

（2）创建教师基本信息添加修改界面，如图 12.6 所示。

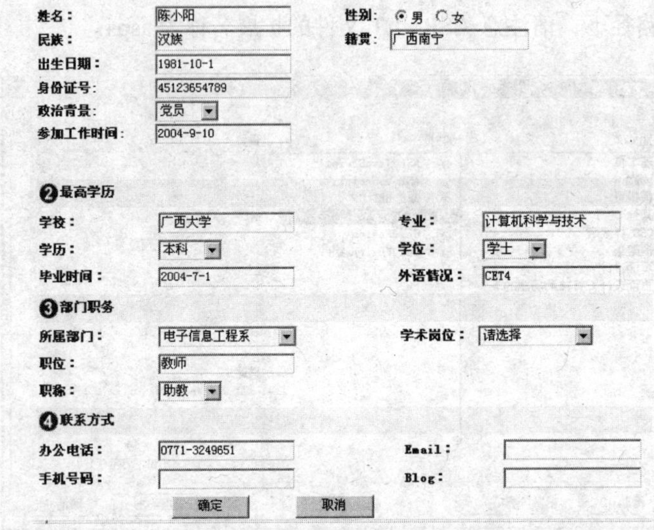

姓名：陈小阳　性别：男 女
民族：汉族　籍贯：广西南宁
出生日期：1981-10-1
身份证号：45123654789
政治背景：党员
参加工作时间：2004-9-10
❷最高学历
学校：广西大学　专业：计算机科学与技术
学历：本科　学位：学士
毕业时间：2004-7-1　外语情况：CET4
❸部门职务
所属部门：电子信息工程系　学术岗位：请选择
职位：教师
职称：助教
❹联系方式
办公电话：0771-3249651　Email：
手机号码：　Blog：
确定　取消

图 12.6　教师基本信息添加修改界面

程序代码如下：

程序 12.1　jbxxedit.aspx 添加和修改教师基本信息

```
<%@Import NameSpace="System.Data" %>
<%@Import Namespace="System.Data.SQLClient"%>
<Script Runat="server" Language="VB" >
   Public mysql, new_jzgh  As String
   Public strconn    As String =" server=local;uid=teac;pwd=123;database=teacherInfo"
   Public myconn    As sqlconnection = new Sqlconnection(strconn)
   Public mycomm   As SQLcommand
   Public mydata      As SqlDataAdapter
   Public myset    As DataSet
   Sub Page_load(Sender as Object,E As Eventargs)
      new_jzgh = session("usercode")
      If  Not Ispostback Then
            Call ZzbjBind()          '为 listzzbj 控件绑定数据
            Call XlBind()            '为 listxl 控件绑定数据
            Call XwBind()            '为 listxw 控件绑定数据
            Call XsgwBind()          '为 listgw 控件绑定数据
            Call ZcBind()            '为 listzc 控件绑定数据
            Call SsbmBind()          '为 listssbm 控件绑定数据
            Call BaseInfoBind()      '调用过程获取教师基本信息
       End if
      End Sub

   Sub ZzbjBind() '为 listzzbj 控件绑定数据事件过程
       mysql = "select * from zzbj order by zzbjdh"
       myconn.open
```

```
        mydata = New SqlDataAdapter(mysql,myconn)
        myset  = New DataSet()
        mydata.fill(myset,"zzbj")
        ListZzbj.DataSource=myset.tables("zzbj")
        ListZzbj.DataTextField="zzbjmc"
        ListZzbj.DataValueField = "zzbjdh"
        ListZzbj.Databind()
        ListZzbj.Items.Insert(0,"请选择")
        myconn.Close
    End Sub
    Sub XlBind() '为listxl控件绑定数据事件过程
        mysql = "select * from xl order by xldh"
        myconn.open
        mydata = New SqlDataAdapter(mysql,myconn)
        myset  = New DataSet()
        mydata.fill(myset,"xl")
        ListXl.DataSource=myset.tables("xl")
        ListXl.DataTextField="xlmc"
        ListXl.DataValueField = "xldh"
        ListXl.Databind()
        ListXl.Items.Insert(0,"请选择")
        myconn.Close
    End Sub
    Sub XwBind() '为listxw控件绑定数据事件过程
        mysql = "select * from xw order by xwdh"
        myconn.open
        mydata = New SqlDataAdapter(mysql,myconn)
        myset  = New DataSet()
        mydata.fill(myset,"xw")
        ListXw.DataSource=myset.tables("xw")
        ListXw.DataTextField="xwmc"
        ListXw.DataValueField = "xwdh"
        ListXw.Databind()
        ListXw.Items.Insert(0,"请选择")
        myconn.Close
    End Sub
    Sub SsbmBind() '为listzzbj控件绑定数据事件过程
        mysql = "select * from bmxx where bmlb = '2' order by bmdm"
        myconn.open
        mydata = New SqlDataAdapter(mysql,myconn)
        myset  = New DataSet()
        mydata.fill(myset,"ssbm")
        ListSsbm.DataSource=myset.tables("ssbm")
        ListSsbm.DataTextField="zwmc"
        ListSsbm.DataValueField = "bmdm"
        ListSsbm.Databind()
        ListSsbm.Items.Insert(0,"请选择")
        myconn.Close
    End Sub
    Sub XsgwBind() '为listgw控件绑定数据事件过程
        mysql = "select * from xsgw order by gwdh"
        myconn.open
        mydata = New SqlDataAdapter(mysql,myconn)
        myset  = New DataSet()
        mydata.fill(myset,"xsgw")
        ListGw.DataSource=myset.tables("xsgw")
        ListGw.DataTextField="gwmc"
```

```
            ListGw.DataValueField = "gwdh"
            ListGw.Databind()
            ListGw.Items.Insert(0,"请选择")
            myconn.Close
        End Sub
        Sub ZcBind()  '为 listzc 控件绑定数据事件过程
            mysql = "select * from zc order by zcdh"
            myconn.open
            mydata = New SqlDataAdapter(mysql,myconn)
            myset  = New DataSet()
            mydata.fill(myset,"zc")
            ListZc.DataSource = myset.tables("zc")
            ListZc.DataTextField="zcmc"
            ListZc.DataValueField = "zcdh"
            ListZc.Databind()
            ListZc.Items.Insert(0,"请选择")
            myconn.Close
        End Sub
        Sub BaseInfoBind() '获取教师基本信息的事件过程
            Dim i As Integer
            mysql  = "Select *,zzbjmc,zwmc,xlmc,xwmc,gwmc,zcmc From jzgjlb Left Join zzbj
on jzgjlb.zzbjdh = zzbj.zzbjdh Left Join bmxx On jzgjlb.ssbm = bmxx.bmdm " & _
             "Left Join xl on  jzgjlb.xldh = xl.xldh Left Join xw On jzgjlb.xwdh = xw.xwdh
Left Join xsgw On " & _
              "jzgjlb.gwdh = xsgw.gwdh Left Join zc On jzgjlb.zcdh = zc.zcdh  where jzgh='"&
new_jzgh &"' "
            mycomm  = New sqlcommand(mysql,myconn)
            myconn.Open
            Dim r As SqlDataReader=mycomm.ExecuteReader()
            If Not Isdbnull(r) And r.Read()Then      '当 r 不为空的时候，才对 r 进行读取操作
                TxtXm.Text     = Trim(r.Item("xm").ToString())
                Dim sex As String
                sex = Trim(r.Item("xb").ToString)
                If sex = "男" Then
                   RdMan.ChecKed = True
                Else
                   RdMan.ChecKed = False
                End If     '
                If sex = "女" Then
                   RdWm.ChecKed = True
                Else
                   RdWm.ChecKed = False
                End If
                TxtMz.Text     = Trim(r.Item("mz").ToString()) '用 Trim 函数去掉两侧空格
                TxtJg.Text     = Trim(r.Item("jg").ToString())
                TxtCsny.Text   = Trim(r.Item("csny").ToString())
                TxtSfzh.Text   = Trim(r.Item("sfzh").ToString())
                For i = 0 To ListZzbj.Items.Count - 1
                   '从第 0 项循环到最后一项，直到循环到与从数据库中读取的值相等为止
                   If ListZzbj.Items(i).Value = Trim(r.Item("zzbjdh").ToString())
                      ListZzbj.Items(i).Selected = True
                      Exit For '提前结束循环
                   End if
                Next i
                TxtGzsj.Text   = Trim(r.Item("gzsj").ToString())
                TxtByxx.Text   = Trim(r.Item("byxx").ToString())
```

```
            TxtSxzy.Text   = Trim(r.Item("sxzy").ToString())
            For i = 0 To ListXl.Items.Count - 1
               If ListXl.Items(i).Value = Trim(r.Item("xldh").ToString())
                  ListXl.Items(i).Selected = True
                  Exit For
               End if
            Next i
            For i = 0 To ListXw.Items.Count - 1
               If ListXw.Items(i).Value = Trim(r.Item("xwdh").ToString())
                  ListXw.Items(i).Selected = True
                  Exit For
               End if
            Next i
            TxtBysj.Text   = Trim(r.Item("bysj").ToString())
            TxtWyqk.Text   = Trim(r.Item("wyqk").Tostring())
            For i = 0 To ListSsbm.Items.Count - 1
               If ListSsbm.Items(i).Value = Trim(r.Item("ssbm").ToString())
                  ListSsbm.Items(i).Selected = True
                  Exit For
               End if
            Next i
            For i=0 To ListGw.Items.Count-1
               If ListGw.Items(i).Value = Trim(r.Item("gwdh").ToString()) Then
                  ListGw.Items(i).Selected = True
                  Exit For
               End If
            Next i
            TxtZw.Text     = Trim(r.Item("zw").ToString())
            For i = 0 To ListZc.Items.Count - 1
               If ListZc.Items(i).Value = Trim(r.Item("zcdh").ToString())
                  ListZc.Items(i).Selected = True
                  Exit For
               End if
            Next i
            TxtBgdh.Text   = Trim(r.Item("bgdh").ToString())
            TxtEmail.Text  = Trim(r.Item("Email").ToString())
            TxtSjhm.Text   = Trim(r.Item("sjhm").ToString())
            TxtBlog.Text  = Trim(r.Item("blog").ToString())
        End If
        myconn.Close
    End Sub
    Sub BtnOk_Click(sender As object,e As eventargs)
        Call InfoUpdate()  '调用过程更新教师基本信息
    End Sub
    Sub InfoUpdate() '更新教师基本信息的事件过程
        Dim new_xb,new_xm,new_mz,new_jg,new_sfzh,new_byxx,new_sxzy,new_wyqk,new_zw As
String
        Dim new_csny,new_bysj,new_gzsj,new_bgdh,new_sjhm,new_email,new_blog As String
        If RdMan.ChecKed = True Then
            new_xb = "男"
        End If
        If RdWm.ChecKed = True Then
            new_xb = "女"
        End If
        new_xm = Trim(TxtXm.Text)
        new_mz = Trim(TxtMz.Text)
        new_jg = Trim(TxtJg.Text)
```

```
            new_sfzh = Trim(TxtSfzh.Text)
            new_byxx = Trim(TxtByxx.Text)
            new_sxzy = Trim(TxtSxzy.Text)
            new_wyqk = Trim(TxtWyqk.Text)
            new_zw = Trim(TxtZw.Text)
            new_csny = Trim(TxtCsny.Text)
            new_bysj = Trim(TxtBysj.Text)
            new_gzsj = Trim(TxtGzsj.Text)
            new_bgdh = Trim(TxtBgdh.Text)
            new_sjhm = Trim(TxtSjhm.Text)
            new_email = Trim(TxtEmail.Text)
            new_blog = Trim(TxtBlog.Text)
        mysql = "update jzgjlb set "& _
                "xm    = '"& new_xm &"',"& _
                "xb      = '"& new_xb &"',"& _
                "mz    = '"& new_mz &"',"& _
                "jg    = '"& new_jg &"',"& _
                "csny  = '"& new_csny &"',"& _
                "sfzh  = '"& new_sfzh &"',"& _
                "zzbjdh  = '"& ListZzbj.SelectedItem.Value &"',"& _
                "gzsj  = '"& new_gzsj &"',"& _
                "byxx  = '"& new_byxx &"',"& _
                "sxzy  = '"& new_sxzy &"',"& _
                "xldh    = '"& ListXl.Selecteditem.Value &"',"& _
                "xwdh    = '"& ListXw.Selecteditem.Value &"',"& _
                "bysj  = '"& new_bysj &"',"& _
                "wyqk  = '"& new_wyqk &"',"& _
                "ssbm  = '"& ListSsbm.Selecteditem.Value &"', "& _
                "gwdh    = '"& ListGw.Selecteditem.Value &"',"& _
                "zw    = '"& new_zw &"'," & _
                "zcdh    = '"& ListZc.Selecteditem.Value &"',"& _
                "bgdh  = '"& new_bgdh &"',"& _
                "sjhm  = '"& new_sjhm &"',"& _
                "email = '"& new_email &"',"& _
                "blog  = '"& new_blog &"' "& _
                "where jzgh='"& new_jzgh &"' "
            mycomm = New Sqlcommand(mysql,myconn)
            myconn.Open
            mycomm.Executenonquery()
            myconn.Close
            Response.Write("<script language=javascript>alert('基本信息修改成功！');</" &
"script>")
        End Sub
    </script>

    <%@Import NameSpace="System.Data" %>
    <%@Import Namespace="System.Data.SQLClient"%>
    <Script Runat="server" Language="VB" >
        Public mysql, new_jzgh  As String
        Public strconn    As String =" server=local;uid=teac;pwd=123;database=teacherInfo"
        Public myconn    As sqlconnection = new Sqlconnection(strconn)
        Public mycomm   As SQLcommand
        Public mydata      As SqlDataAdapter
```

```
Public myset    As DataSet
Sub Page_load(Sender as Object,E As Eventargs)
    new_jzgh = session("usercode")
    If  Not Ispostback Then
        Call ZzbjBind()
        Call XlBind()
        Call XwBind()
        Call XsgwBind()
        Call ZcBind()
        Call SsbmBind()
        Call BaseInfoBind()
    End if
End Sub
Sub ZzbjBind()
    mysql = "select * from Zzmmxxb order by zzbjdh"
    myconn.open
    mydata = New SqlDataAdapter(mysql,myconn)
    myset  = New DataSet()
    mydata.fill(myset,"zzbj")
    ListZzbj.DataSource=myset.tables("zzbj")
    ListZzbj.DataTextField="zzbjmc"
    ListZzbj.DataValueField = "zzbjdh"
    ListZzbj.Databind()
    ListZzbj.Items.Insert(0,"请选择")
    myconn.Close
End Sub
Sub XlBind()
    mysql = "select * from Xlxxb order by xldh"
    myconn.open
    mydata = New SqlDataAdapter(mysql,myconn)
    myset  = New DataSet()
    mydata.fill(myset,"xl")
    ListXl.DataSource=myset.tables("xl")
    ListXl.DataTextField="xlmc"
    ListXl.DataValueField = "xldh"
    ListXl.Databind()
    ListXl.Items.Insert(0,"请选择")
    myconn.Close
End Sub
Sub XwBind()
    mysql = "select * from Xwxxb order by xwdh"
    myconn.open
    mydata = New SqlDataAdapter(mysql,myconn)
    myset  = New DataSet()
    mydata.fill(myset,"xw")
    ListXw.DataSource=myset.tables("xw")
    ListXw.DataTextField="xwmc"
    ListXw.DataValueField = "xwdh"
    ListXw.Databind()
    ListXw.Items.Insert(0,"请选择")
    myconn.Close
End Sub
Sub SsbmBind()
    mysql = "select * from Xbxxb order by bmdm"
    myconn.open
    mydata = New SqlDataAdapter(mysql,myconn)
    myset  = New DataSet()
    mydata.fill(myset,"ssbm")
```

```
        ListSsbm.DataSource=myset.tables("ssbm")
        ListSsbm.DataTextField="zwmc"
        ListSsbm.DataValueField = "bmdm"
        ListSsbm.Databind()
        ListSsbm.Items.Insert(0,"请选择")
        myconn.Close
    End Sub
    Sub XsgwBind()
        mysql = "select * from xsgw order by gwdh"
        myconn.open
        mydata = New SqlDataAdapter(mysql,myconn)
        myset  = New DataSet()
        mydata.fill(myset,"xsgw")
        ListGw.DataSource=myset.tables("xsgw")
        ListGw.DataTextField="gwmc"
        ListGw.DataValueField = "gwdh"
        ListGw.Databind()
        ListGw.Items.Insert(0,"请选择")
        myconn.Close
    End Sub
    Sub ZcBind()
        mysql = "select * from Zcxxb order by zcdh"
        myconn.open
        mydata = New SqlDataAdapter(mysql,myconn)
        myset  = New DataSet()
        mydata.fill(myset,"zc")
        ListZc.DataSource = myset.tables("zc")
        ListZc.DataTextField="zcmc"
        ListZc.DataValueField = "zcdh"
        ListZc.Databind()
        ListZc.Items.Insert(0,"请选择")
        myconn.Close
    End Sub
    Sub BaseInfoBind()
    Dim i As Integer
        mysql  = "Select *,zzbjmc,zwmc,xlmc,xwmc,gwmc,zcmc From jzgjlb Left Join Zzmmxxb
on jzgjlb.zzbjdh = zzbj.zzbjdh Left Join bmxx On jzgjlb.bmdm = bmxx.bmdm " & _
    "Left Join Xlxxb on  jzgjlb.xldh = Xlxxb.xldh Left Join xw On jzgjlb.xwdh = xw.xwdh
Left Join xsgw On " & _
  "jzgjlb.gwdh = xsgw.gwdh Left Join zc On jzgjlb.zcdh = zc.zcdh  where jzgh='"& new_jzgh
&"' "
        mycomm  = New sqlcommand(mysql,myconn)
        myconn.Open
        Dim r As SqlDataReader=mycomm.ExecuteReader()
        If Not Isdbnull(r) And r.Read()Then
            TxtXm.Text    = Trim(r.Item("xm").ToString())
            Dim sex As String
            sex = Trim(r.Item("xb").ToString)
            If sex = "男" Then
               RdMan.ChecKed = True
            Else
               RdMan.ChecKed = False
            End If
            If sex = "女" Then
               RdWm.ChecKed = True
            Else
               RdWm.ChecKed = False
```

```
            End If
            TxtMz.Text     = Trim(r.Item("mz").ToString())
            TxtJg.Text     = Trim(r.Item("jg").ToString())
            TxtCsny.Text   = Trim(r.Item("csny").ToString())
            TxtSfzh.Text   = Trim(r.Item("sfzh").ToString())
            For i = 0 To ListZzbj.Items.Count - 1
                If ListZzbj.Items(i).Value = Trim(r.Item("zzbjdh").ToString())
                    ListZzbj.Items(i).Selected = True
                    Exit For
                End if
            Next i
            TxtGzsj.Text   = Trim(r.Item("gzsj").ToString())
            TxtByxx.Text   = Trim(r.Item("byxx").ToString())
            TxtSxzy.Text   = Trim(r.Item("sxzy").ToString())
            For i = 0 To ListXl.Items.Count - 1
                If ListXl.Items(i).Value = Trim(r.Item("xldh").ToString())
                    ListXl.Items(i).Selected = True
                    Exit For
                End if
            Next i
            For i = 0 To ListXw.Items.Count - 1
                If ListXw.Items(i).Value = Trim(r.Item("xwdh").ToString())
                    ListXw.Items(i).Selected = True
                    Exit For
                End if
            Next i
            TxtBysj.Text   = Trim(r.Item("bysj").ToString())
            TxtWyqk.Text   = Trim(r.Item("wyqk").Tostring())
            For i = 0 To ListSsbm.Items.Count - 1
                If ListSsbm.Items(i).Value = Trim(r.Item("bmdm").ToString())
                    ListSsbm.Items(i).Selected = True
                    Exit For
                End if
            Next i
            For i=0 To ListGw.Items.Count-1
                If ListGw.Items(i).Value = Trim(r.Item("gwdh").ToString()) Then
                    ListGw.Items(i).Selected = True
                    Exit For
                End If
            Next i
            TxtZw.Text     = Trim(r.Item("zw").ToString())
            For i = 0 To ListZc.Items.Count - 1
                If ListZc.Items(i).Value = Trim(r.Item("zcdh").ToString())
                    ListZc.Items(i).Selected = True
                    Exit For
                End if
            Next i
            TxtBgdh.Text   = Trim(r.Item("bgdh").ToString())
            TxtEmail.Text  = Trim(r.Item("Email").ToString())
            TxtSjhm.Text   = Trim(r.Item("sjhm").ToString())
            TxtBlog.Text  = Trim(r.Item("blog").ToString())
        End If
        myconn.Close
    End Sub
    Sub BtnOk_Click(sender As object,e As eventargs)
        InfoUpdate()
        Response.Redirect("jbxx.aspx")
    End Sub
    Sub InfoUpdate()
```

```
        Dim new_xb,new_xm,new_mz,new_jg,new_sfzh,new_byxx,new_sxzy,new_wyqk,new_zw As
String
        Dim new_csny,new_bysj,new_gzsj,new_bgdh,new_sjhm,new_email,new_blog As String
        If RdMan.ChecKed = True Then
            new_xb = "男"
        End If
        If RdWm.ChecKed = True Then
            new_xb = "女"
        End If
        new_xm = Trim(TxtXm.Text)
        new_mz = Trim(TxtMz.Text)
        new_jg = Trim(TxtJg.Text)
        new_sfzh = Trim(TxtSfzh.Text)
        new_byxx = Trim(TxtByxx.Text)
        new_sxzy = Trim(TxtSxzy.Text)
        new_wyqk = Trim(TxtWyqk.Text)
        new_zw = Trim(TxtZw.Text)
        new_csny = Trim(TxtCsny.Text)
        new_bysj = Trim(TxtBysj.Text)
        new_gzsj = Trim(TxtGzsj.Text)
        new_bgdh = Trim(TxtBgdh.Text)
        new_sjhm = Trim(TxtSjhm.Text)
        new_email = Trim(TxtEmail.Text)
        new_blog = Trim(TxtBlog.Text)
        mysql = "update jzgjlb set "& _
            "xm   = '"& new_xm &"',"& _
            "xb      = '"& new_xb &"',"& _
            "mz   = '"& new_mz &"',"& _
            "jg   = '"& new_jg &"',"& _
            "csny  = '"& new_csny &"',"& _
            "sfzh  = '"& new_sfzh &"',"& _
            "zzbjdh  = '"& ListZzbj.SelectedItem.Value &"',"& _
            "gzsj  = '"& new_gzsj &"',"& _
            "byxx  = '"& new_byxx &"',"& _
            "sxzy  = '"& new_sxzy &"',"& _
            "xldh   = '"& ListXl.Selecteditem.Value &"',"& _
            "xwdh   = '"& ListXw.Selecteditem.Value &"',"& _
            "bysj  = '"& new_bysj &"',"& _
            "wyqk  = '"& new_wyqk &"',"& _
            "bmdm  = '"& ListSsbm.Selecteditem.Value &"', "& _
            "gwdh   = '"& ListGw.Selecteditem.Value &"',"& _
            "zw   = '"& new_zw &"'," & _
            "zcdh   = '"& ListZc.Selecteditem.Value &"',"& _
            "bgdh  = '"& new_bgdh &"',"& _
            "sjhm  = '"& new_sjhm &"',"& _
            "email = '"& new_email &"',"& _
            "blog  = '"& new_blog &"' "& _
            "where jzgh='"& new_jzgh &"' "
        mycomm = New Sqlcommand(mysql,myconn)
        myconn.Open
        mycomm.Executenonquery()
        myconn.Close
    End Sub
```

```
    </script>

    <!--以下是界面代码-->
    <form runat="server">
    <table cellSpacing="0" cellPadding="2" width="100%" border="0">
    <tr>
      <td    bgColor="#efefef"><table    width="100%"    border="0"    cellspacing="0"
cellpadding="0">
     <tr>
      <td width="64%"><img height="22" src="images/1.gif" width="22" align="absmiddle"
/><strong>基本信息</strong></td>
     <td width="36%" align="right"><a href="jbxx.aspx">返回</a></td>
     </tr>
    </table></td>
    </tr>
    <td>
    <table cellSpacing="0" cellPadding="0" width="100%" border="0">
    <tr>
     <td style="WIDTH: 609px" width="609"><table width="100%" border="0" cellspacing="0"
cellpadding="0">
    <tr>
    <td width="119"><span class="STYLE4">姓名: </span></td>
    <td width="185"><asp:TextBox ID="TxtXm" runat="server" /></td>
    <td width="45"><strong>性别:</strong></td>
    <td width="260"><table width="100%" border="0" cellspacing="0" cellpadding="0">
    <tr>
    <td width="15%"><asp:RadioButton ID="RdMan" runat="server" Text='男' GroupName="RdXb"
/></td>
    <td width="85%"><asp:RadioButton ID="RdWm" Text="女" runat="server" GroupName="RdXb"
/>
    </td>
    </tr>
    </table></td>
    </tr>
    <tr>
    <td width="119"><strong>民族: </strong></td>
    <td width="185"><asp:TextBox ID="TxtMz" runat="server" /></td>
    <td width="45"><strong>籍贯:</strong></td>
    <td width="260"><asp:TextBox ID="TxtJg" runat="server" /></td>
    </tr>
    <tr>
    <td width="119"><span class="STYLE4">出生日期: </span></td>
    <td width="185"><table width="100%" border="0" cellspacing="0" cellpadding="0">
    <tr>
    <td><asp:TextBox ID="TxtCsny" runat="server" /></td>
    </tr>
    </table>                              </td>
    <td width="45"> </td>
    <td width="260"> </td>
    </tr>
    <tr>
    <td width="119"><span class="STYLE4">身份证号:</span></td>
    <td width="185"><asp:TextBox ID="TxtSfzh" runat="server" /></td>
    <td width="45"> </td>
    </tr>
    <tr>
```

```
<td width="119"><span class="STYLE4">政治面貌:</span></td>
<td width="185">
<asp:DropDownList ID="ListZzbj" runat="server" AutoPostBack="false">
</asp:DropDownList></td>
<td width="45"> </td>
<td width="260"> </td>
</tr>
<tr>
<td width="119"><span class="STYLE4">参加工作时间:</span></td>
<td width="185"><table width="100%" border="0" cellspacing="0" cellpadding="0">
<tr>
<td width="31%"><asp:TextBox ID="TxtGzsj" runat="server" /></td>
<td width="69%"> </td>
</tr>
</table></td>
<td width="45"> </td>
<td width="260"> </td>
</tr>
</table></td>
<td vAlign="top" width="26%"> 
<asp:image id="ImgPhoto" runat="server" Height="160px" Width="120px"></asp:image>
<FONT face="宋体"><BR>
<asp:button id="Button1" runat="server" Text="上传..."></asp:button></FONT></td>
                    </tr>
                </table>
            </td>
        </tr>
        <tr>
<td bgColor="#efefef"><IMG height="22" src="images/2.gif" width="22" align="absMiddle">
<strong>最高学历</strong></td>
        </tr>
        <tr>
            <td>
<table cellSpacing="0" cellPadding="2" width="100%" border="0">
<tr>
<td width="110"><strong>学校: </strong></td>
<td width="226"><asp:textbox id="TxtByxx" runat="server"></asp:textbox></td>
<td width="75"><strong>专业: </strong></td>
<td width="369"><asp:textbox id="TxtSxzy" runat="server"></asp:textbox></td>
</tr>
<tr>
<td><strong>学历: </strong></td>
<td><asp:dropdownlist id="ListXl" runat="server">
</asp:dropdownlist></td>
<td><strong>学位: </strong></td>
<td><asp:dropdownlist id="ListXw" runat="server">
 </asp:dropdownlist></td>
                    </tr>
                    <tr>
<td><strong>毕业时间: </strong></td>
<td><table width="100%" border="0" cellspacing="0" cellpadding="0">
  <tr>
    <td width="25%"><asp:textbox id="TxtBysj" runat="server"></asp:textbox></td>
    <td width="8%"> </td>
    <td width="43%"> </td>
                    </tr>
```

```
                              </table></td>
    <td><strong>外语情况：</strong></td>
    <td><asp:textbox id="TxtWyqk" runat="server"></asp:textbox></td>
                          </tr>
                        </table>
                    </td>
                </tr>
                <tr>
                    <td    bgColor="#efefef"><IMG    height="22"    src="images/3.gif"
width="22" align="absMiddle"><strong>部门职务</strong></td>
                </tr>
                <tr>
                    <td>
                        <table cellSpacing="0" cellPadding="2" width="100%" border="0">
                          <tr>
    <td width="96"><strong>所属部门：</strong></td>
                           <td width="216"><FONT face="宋体">
                             <asp:dropdownlist                         id="ListSsbm"
runat="server"></asp:dropdownlist>
                           </FONT></td>
    <td width="73"><strong>学术岗位：</strong></td>
    <td width="316"><font face="宋体">
      <asp:dropdownlist id="ListGw" runat="server">
      </asp:dropdownlist>
                           </font></td>
                          </tr>
                          <tr>
    <td><strong>职位：</strong></td>
    <td><asp:textbox id="TxtZw" runat="server"></asp:textbox></td>
    <td> </td>
    <td> </td>
    </tr>
    <tr>
    <td><strong>职称：</strong></td>
      <td><font face="宋体">
        <asp:DropDownList ID="ListZc" runat="server">
                           </asp:DropDownList>
      </font></td>
    <td> </td>
    <td> </td>
    </tr>
            </table>
                    </td>
                </tr>
                <tr>
                    <td    bgColor="#efefef"><IMG    height="22"    src="images/4.gif"
width="22" align="absMiddle"><strong>联系方式</strong></td>
                </tr>
                <tr>
                    <td>
                        <table cellSpacing="0" cellPadding="2" width="100%" border="0">
    <tr>
    <td width="108"><strong>办公电话：</strong></td>
    <td width="227"><asp:textbox id="TxtBgdh" runat="server"></asp:textbox></td>
    <td width="87"><strong>Email：</strong></td>
    <td width="342"><asp:textbox id="TxtEmail" runat="server"></asp:textbox></td>
```

```
    </tr>
    <tr>
      <td><strong>手机号码：</strong></td>
      <td><asp:TextBox ID="TxtSjhm" runat="server"></asp:TextBox></td>
      <td><strong>Blog：</strong></td>
      <td><asp:TextBox ID="TxtBlog" runat="server"></asp:TextBox></td>
   </tr>
    <tr>
      <td colspan="4"><table width="100%" border="0" cellspacing="0" cellpadding="0">
       <tr>
        <td width="16%" align="right"> </td>
        <td width="15%"><asp:Button ID="BtnOk" Width="75px" Text="确定" runat="server"
OnClick="BtnOk_Click" /></td>
   <td width="69%"><asp:Button ID="BtnCancel" Width="75px" Text="取消" runat="server"
/></td>
   </tr>
   </table></td>
   </tr>
   </table>
   </td>
   </tr>
     </table>
   <FONT face="宋体">   </FONT>
   </form>
```

2. 教师获奖情况记录添加修改

（1）创建动态页面 hjqk.aspx，并保存到默认路径 C:\Inetpub\wwwroot\。

（2）创建教师获奖情况记录添加修改界面，如图 12.7 所示。

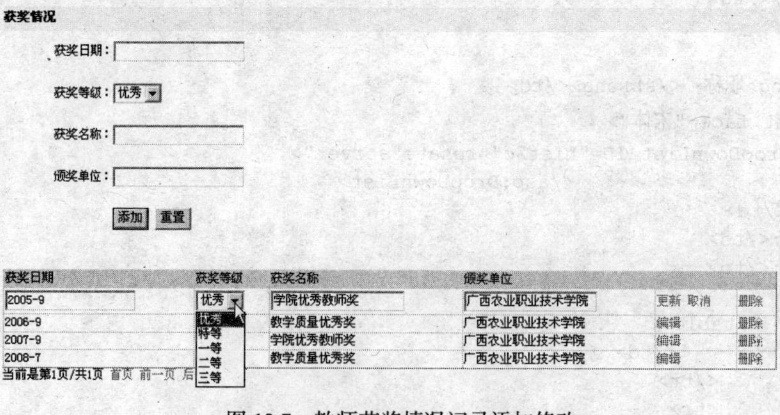

获奖情况
获奖日期：
获奖等级：优秀
获奖名称：
颁奖单位：
添加 重置
获奖日期 获奖等级 获奖名称 颁奖单位
2005-9 优秀 学院优秀教师奖 广西农业职业技术学院 更新 取消 删除
2006-9 教学质量优秀奖 广西农业职业技术学院 编辑 删除
2007-9 学院优秀教师奖 广西农业职业技术学院 编辑 删除
2008-7 教学质量优秀奖 广西农业职业技术学院 编辑 删除
优秀 特等 一等 二等 三等
当前是第1页/共1页 首页 前一页

图 12.7 教师获奖情况记录添加修改

程序代码如下：

程序 12.2 hjqk.aspx 教师获奖情况记录添加修改

```
<%@Import NameSpace="System.Data" %>
<%@Import Namespace="System.Data.SQLClient"%>
<script runat="server">
   Public mysql ,New_jzgh, New_id  As String
   Public strconn  As String =" server=local;uid=teac;pwd=123;database=teacherInfo"
   Public myconn  As sqlconnection = new Sqlconnection(strconn)
   Public mycomm  As SqlCommand
```

```
    Public mytable   As DataTable
    Public myset     As DataSet
    Public mydata    As SqlDataAdapter
    Public I, new_hjdj    As Integer
    Sub Page_load(SEnder As Object,E As Eventargs)
        New_jzgh = session("usercode")
        If Not Ispostback Then
            Call MyDataGridBind() '调用MyDataGridBind( )过程数据绑定
            Call HjdjBind() '调用HjdjBind( )过程绑定数据
        End if
    End Sub
    Sub HjdjBind() '绑定获奖等级信息
        mysql = "select * from hjdj order by hjdjdh"
        myconn.open
        mydata = New SqlDataAdapter(mysql,myconn)
        myset  = New DataSet()
        mydata.fill(myset,"jhjun")
        ListHjdj.Datasource=myset.tables("jhjun")
        ListHjdj.DataTextField="hjdjmc"
        ListHjdj.DataValueField = "hjdjdh"
        ListHjdj.Databind()
        myconn.Close
    End Sub
    Sub HjqkAdd() '添加"获奖情况信息"的事件过程
        mysql = "Insert into hjqk(jzgh,hjrq,hjdjdh,hjmc,bjdw) values('"& New_jzgh
&"','"& TxtHjrq.Text &"','"& ListHjdj.SelectedItem.Value &"','"& TxtHjmc.Text &"','"&
TxtBjdw.Text &"')"
        mycomm = New Sqlcommand(mysql,myconn)
        myconn.Open
        mycomm.Executenonquery()
        myconn.Close
        Response.Write("<script language=javAscript>alert('记录添加成功，可以继续添加!
');</" & "script>")
    End Sub
    Sub BtnAdd_Click(sEnder As object,e As eventargs)
        Call HjqkAdd() '调用HjqkAdd过程实现获奖情况数据的添加
        Response.Redirect("hjqk.aspx")
    End Sub

    Sub MyDataGridBind()    '为MyDataGrid控件绑定数据的事件过程
        mysql="select * ,hjdjmc from hjqk left join hjdj on  hjqk.hjdjdh = hjdj.hjdjdh
where jzgh = '"& New_jzgh &"' "
        mycomm=New Sqlcommand(mysql,myconn)  '建立Command对象
        mydata = New SqlDataAdapter(mycomm)  '建立SqlDataAdapter对象
        myset = New DataSet()    '建立DataSet对象
        mydata.Fill(myset,"jhjun") '填充DataSet
        MyDataGrid.DataSource=myset.tables("jhjun")  '指定数据源
        MyDataGrid.DataBind() '执行绑定
        LblMsg.Text=" 当 前 是 第 " & MyDataGrid.CurrentPageIndex+1 & " 页 / 共 " &
MyDataGrid.PageCount & "页"
    End Sub
    '单击翻页按钮时，执行该事件过程
```

```
        Sub Lbl_Click(sEnder As object,e As eventargs)
            Dim s As string=sEnder.commandname
            '判断当前所单击的按钮
            Select CAse s
            CAse "first" '单击“首页”按钮
                MyDataGrid.CurrentPageIndex=0 '将当前页的索引置为 0
            CAse "prev"
                If MyDataGrid.CurrentPageIndex>0 Then '判断当前页的索引是否大于 0
                    MyDataGrid.CurrentPageIndex -=1
                End If
            CAse "next"
                If MyDataGrid.CurrentPageIndex<MyDataGrid.PageCount-1 Then
                '判断当前页的索引是否小于总页数
                    MyDataGrid.CurrentPageIndex +=1
                End If
            CAse "lAst"
                MyDataGrid.CurrentPageIndex=MyDataGrid.PageCount-1 '总页数减 1 为当前索引值
            End Select
            Call MyDataGridBind() '重新绑定数据
        End Sub
        '单击“重置”按钮时，执行该事件过程
        Sub BtnReset_Click(sEnder As object,e As eventargs)
            Response.Redirect("hjqk.aspx")
        End Sub
        Sub MyDataGrid_ItemDataBound(sender As Object, e As DataGridItemEventArgs)
            '这个判断语句表示，只有对于数据行才执行，对于标题栏和脚注栏则不执行

            If   e.Item.ItemType=ListItemType.Item   Or   e.Item.ItemType=ListItemType.
AlternatingItem      Then
                '下面找到删除按钮控件，它其实是一个 LinkButton 控件
                Dim lbtnDel As LinkButton                    '定义一个 LinkButton 控件
                lbtnDel=e.Item.Cells(6).Controls(0)          '它位于第 4 列第 0 个控件
                '下面添加 JavAscript 事件
                lbtnDel.Attributes.Add("onclick","javAscript:return confirm('你确定要删除
该记录吗？');")
            End If
            If(e.Item.ItemType = ListItemType.EditItem) Then
            '判断语句，判断当前是否处于编辑模式
                Dim   DpList   As   DropDownList   =   CType(e.Item.FindControl("DropHjdj"),
DropDownList) '使用 FindContrul 方法获取 DropHjdj 控件
                mysql = "select * from hjdj order by hjdjdh"
                myconn.open
                mydata = New SqlDataAdapter(mysql,myconn)
                myset  = New DataSet()
                mydata.Fill(myset,"jhjun")
                DpList.DataSource=myset.tables("jhjun")
                DpList.DataTextField="hjdjmc"
                DpList.DataValueField = "hjdjdh"
                DpList.Databind()
                myconn.Close
                mysql  =  "select  hjdjdh  from  hjqk  Where  id="  &   MyDataGrid.DataKeys
(CInt(E.Item.ItemIndex)) &""
```

```
            mycomm  = New sqlcommand(mysql,myconn)
            myconn.Open
            Dim r As SqlDataReader=mycomm.ExecuteReader()
            If Not Isdbnull(r) And r.Read()Then
               For i = 0 To DpList.Items.Count - 1
                  If DpList.Items(i).Value = Trim(r.Item("hjdjdh"))
                     DpList.Items(i).Selected = True
                     Exit For
                  End if
               Next i
            End If
            myconn.Close
         End If
      End Sub
      '单击删除时，执行该事件过程
      Sub MyDataGrid_Delete(SEnder As Object, E As DataGridCommandEventArgs)
         mysql="Delete  from  hjqk  Where  id="  &   MyDataGrid.DataKeys(CInt(E.Item.
ItemIndex))
         mycomm=New Sqlcommand(mysql,myconn)
         '执行删除操作
         myconn.Open()
         mycomm.ExecuteNonQuery()
         myconn.Close()
         '重新绑定
         MyDataGrid.EditItemIndex = -1
         Call MyDataGridBind()
      End Sub
      '单击编辑时，执行该事件过程
      Sub MyDataGrid_Edit(sEnder As object,e As datagridcommandeventargs)
         MyDataGrid.EditItemIndex=cint(e.item.itemindex)    '获取当前编辑项的索引
         Call  MyDataGridBind()
      End Sub
      '单击取消时，执行该事件过程
      Sub MyDataGrid_Cancel(sEnder As object,e As datagridcommandeventargs)
         MyDataGrid.EditItemIndex=-1  '当前编辑项的索引为-1，表示不编辑
         Call  MyDataGridBind()
      End Sub
      '单击更新时，执行该事件过程
      Sub MyDataGrid_update(sEnder As object,e As datagridcommandeventargs)
         Dim hjrq,hjdjdh,hjmc,bjdw As TextBox
         Dim DpList As DropDownList
         DpList = e.item.cells(1).controls(1) '获取获奖等级分列中的第 2 个控件
         hjrq   = e.item.cells(0).controls(0) '获取获奖日期
         hjmc   = e.item.cells(2).controls(0) '获取获奖名称
         bjdw   = e.item.cells(3).controls(0) '获取颁奖单位
         mysql = "update hjqk set "& _
             "hjrq    = '"& hjrq.Text &"',"& _
             "hjdjdh  = '"& DpList.SelectedItem.Value &"',"& _
             "hjmc    = '"& hjmc.Text &"' ,"& _
             "bjdw    = '"& bjdw.Text &"' "& _
             "where id ="& MyDataGrid.DataKeys(cint(e.item.itemindex)) &" "
         mycomm  = New Sqlcommand(mysql,myconn)
```

```
            myconn.Open
            mycomm.Executenonquery()
            myconn.Close
            MyDataGrid.edititemindex=-1
            Call MyDataGridBind()
        End Sub
    </script>

    <html>
    <body>
    <form runat="server">
    <!-插入记录时用到的控件-->
    获奖日期: <Asp:TextBox ID="TxtHjrq" runat="server" />
    <br>
    获奖等级: <Asp:DropDownList ID="ListHjdj" runat="server"></Asp:DropDownList>
    <br>
    获奖名称: <Asp:TextBox ID="TxtHjmc" runat="server" />
    <br>
    颁奖单位: <Asp:TextBox ID="TxtBjdw" runat="server" />
    <br>
    <Asp:Button ID="BtnAdd" runat="server" Text="添加" OnClick="BtnAdd_Click" />
    <Asp:Button ID="BtnUpdate" runat="server" Text="重置" OnClick="BtnReset_Click" />
    <br>
     <!-DataGrid 控件用于查询和编辑记录信息-->
    <Asp:datagrid ID="MyDataGrid" OnDeleteCommand="MyDataGrid_Delete"
     OnItemDataBound="MyDataGrid_ItemDataBound" runat="server" AllowPaging="true"
    HeaderStyle-BackColor="#CCCCCC"
    AutoGenerateColumns="false" PageSize="20" PagerStyle-Visible="false" Width="90%"
DataKeyField="id"
    OnEditCommand="MyDataGrid_Edit" OnUpdateCommand="MyDataGrid_Update"
    OnCancelCommand="MyDataGrid_Cancel">
    <columns>
    <Asp:boundcolumn DataField="hjrq" HeaderText="获奖日期"></Asp:boundcolumn>
        <asp:TemplateColumn HeaderText="获奖等级">
            <itemtemplate>
                <asp:Label Text='<%# Container.DataItem("hjdjmc") %>' runat="server"/>
            </itemtemplate>
             <edititemtemplate>
                <asp:DropDownList ID="DropHjdj" runat="server">
                 </asp:DropDownList>
            </edititemtemplate>
        </asp:templateColumn >
    <Asp:boundcolumn DataField="hjmc" HeaderText="获奖名称"></Asp:boundcolumn>
    <Asp:boundcolumn DataField="bjdw" HeaderText="颁奖单位"></Asp:boundcolumn>
    <Asp:boundcolumn DataField="hjdjdh" Visible = "false" HeaderText="需隐藏的列
"></Asp:boundcolumn>
    <Asp:editcommandcolumn EditText="编辑" UpdateText="更新" CancelText="取消"
></Asp:editcommandcolumn>
    <Asp:ButtonColumn Text="删除" CommandName="Delete"/>
    </columns>
    </Asp:datagrid>
    </form>
    </body>
    </html>
```

教师主要业务信息、培训进修信息、论文信息、教材著作信息、科研项目信息等记录信息的添加修改实现原理与教师获奖情况记录添加修改实现原理基本一样，只是对应的数据库表和项目不同而已，在此代码的基础上稍作修改便可应用。

3. 教师科研、论文、著作信息综合查询

（1）创建动态页面 InfoSearch.aspx，并保存到默认路径 C:\Inetpub\wwwroot\。

（2）教师科研、论文、著作信息综合查询程序运行界面，如图 12.8 所示。

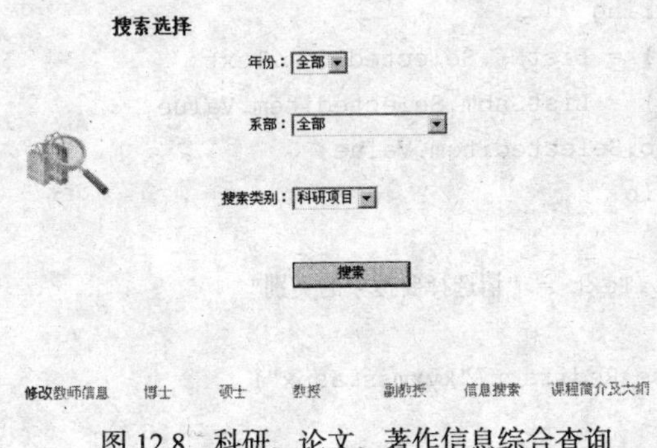

图 12.8　科研、论文、著作信息综合查询

程序代码如下：

程序 12.3　InfoSearch.aspx 教师科研、论文、著作信息综合查询

```
<%@ Page Language="VB" ContentType="text/html" ResponseEncoding="gb2312" %>
<%@Import NameSpace="System.Data" %>
<%@Import Namespace="System.Data.SQLClient"%>
<script runat="server">
   Public mysql     As String
   Public strconn    As String =" server=local;uid=teac;pwd=123;database=teacherInfo"
   Public myconn   As sqlconnection = new Sqlconnection(strconn)
   Public mycomm    As SQLcommand
   Public mytable   As DataTable
   Public myset     As DAtaset
   Public mydata    As SqlDataAdapter
   Public i       As Integer
   Sub Page_load(SEnder As Object,E As Eventargs)
       If Not Ispostback Then
           Call ListNfBind()
           Call ListSsbmBind()
       End if
   End Sub
   Sub ListNfBind()
       For i= Year(Now) To 2000 step -1
           ListNf.Items.Add(i)
       Next i
       ListNf.Items.Insert(0,"全部")
   End Sub
   Sub ListSsbmBind()
       mysql = "select * from bmxx where bmlb = '2' order by bmdm"
       myconn.open
```

```
        mydata = New SqlDataAdapter(mysql,myconn)
        myset  = New DataSet()
        mydata.fill(myset,"ssbm")
        ListSsbm.DataSource=myset.tables("ssbm")
        ListSsbm.DataTextField="zwmc"
        ListSsbm.DataValueField = "bmdm"
        ListSsbm.Databind()
        ListSsbm.Items.Insert(0,"全部")
        myconn.Close
    End Sub
    Sub BtnSs_Click(SEnder As Object,E As Eventargs)
        Dim sslb As String
        Session("ssnf") = ListNf.SelectedItem.Text
        Session("ssbm") = ListSsbm.Selecteditem.Value
        sslb = ListSslb.Selecteditem.Value
        Select Case sslb
            case "0"
                LblLbts.Text = "请选择要搜索的类别"
            case "1"
                Response.Redirect("kyxmss.aspx")
            case "2"
                Response.Redirect("lwxxss.aspx")
            case "3"
                Response.Redirect("zzxxss.aspx")
        End Select
    End Sub
</script>
<!--以下是界面的主要控件代码-->
<html>
<body>
<form runat="server">
年份：<asp:DropDownList ID="ListNf" runat="server"></asp:DropDownList>
<br>
系部：<asp:DropDownList ID="ListSsbm" runat="server"></asp:DropDownList>
<br>
搜索类别：<asp:DropDownList ID="ListSslb" runat="server">
            <asp:ListItem Value="0">请选择</asp:ListItem>
            <asp:ListItem Value="1">科研项目</asp:ListItem>
          <asp:ListItem Value="2">发表论文</asp:ListItem>
          <asp:ListItem Value="3">出版著作</asp:ListItem>
        </asp:DropDownList>
        <asp:Label ID="LblLbts" runat="server" ForeColor="#FF3300" />
<br>
<asp:Button ID="BtnSs" Width="100px" OnClick="BtnSs_Click" runat="server" Text="搜索"
/>
</form>
</body>
```

（3）查询结果界面如图 12.9 所示。

XX 学院科研项目信息

在结果中进一步搜索

姓名：　搜索

项目名称：　搜索

序号	姓名	项目名称	立项单位	负责人	成员	项目类别	成果形式	项目资金	立项时间	结题时间
1	[illegible]	含有黄酮类化合物的新饮料	广西区教育厅	陈规	陈规 李明明	厅级	学术论文	资助	2007-8-4	2009-10
2	[illegible]	重金属对植物毒性的研究	广西区教育厅	王海	王海 廖志明	厅级	学术论文	资助	2007-8	2009-5
3	陈小阳	高职院校教学管理信息平台	广西区教育厅	李谢	李谢 陈小阳	省级	软件	自筹	2008-1	2009-10

共 3 条记录 当前是第1页/共1页 首页 前一页 后一页 尾页

图 12.9　科研、论文、著作信息综合查询结果界面

程序代码如下：

程序 12.4　kyxmxx.aspx 教师科研项目信息明细查询

```
<%@Import NameSpace="System.Data" %>
<%@Import Namespace="System.Data.SQLClient"%>
<script runat="server">
   Public mysql ,New_jzgh, New_id, ssbmcx, ssnf    As String
   Public strconn  As String =" server=local;uid=teac;pwd=123;database=teacherInfo"
   Public myconn  As sqlconnection = new Sqlconnection(strconn)
   Public mycomm  As SQLcommand
   Public mytable  As DataTable
   Public myset     As DatAset
   Public mydata  As SqlDataAdapter
   Sub Page_load(SEnder As Object,E As Eventargs)
       ssbmcx = Session("ssbm")
       ssnf = Session("ssnf")
       If Not Ispostback Then
           Call MyDataGridBind() '调用MyDataGridBind()过程数据绑定
       End if
   End Sub
   Sub MyDataGridBind()    '为MyDataGrid控件绑定数据的事件过程
       If ssbmcx="全部" Then
           If ssnf="全部" Then
              mysql="select *  from kyxmcx  "
           Else
             mysql="select *  from kyxmcx where substring(lxsj,1,4) = '"& ssnf &"' "
           End If
       Else
           If ssnf="全部" Then
              mysql="select *  from kyxmcx where ssbm = '"& ssbmcx &"' "
           Else
           mysql="select  *   from  kyxmcx  where  ssbm  =  '"&  ssbmcx  &"'  and
substring(lxsj,1,4) = '"& ssnf &"' "
           End If
       End If
       mycomm=New Sqlcommand(mysql,myconn)  '建立Command对象
       mydata = New SqlDataAdapter(mycomm)  '建立SqlDataAdapter对象
       myset = New DatAset()   '建立DataSet对象
       mydata.Fill(myset,"jhjun") '填充DataSet
       MyDataGrid.DataSource=myset.tables("jhjun")  '指定数据源
       MyDataGrid.DataBind() '执行绑定
       mytable = myset.tables("jhjun")
       LblMsg.Text=" 当 前 是 第 "  &  MyDataGrid.CurrentPageIndex+1  &  " 页 / 共 "  &
MyDataGrid.PageCount & "页"
```

```
        LblJlsm.Text =  mytable.Rows.Count
    End Sub
    Sub Lbl_Click(sEnder As object,e As eventargs)
        Dim s As string=sEnder.commandname
        '判断当前所单击的按钮
        Select CAse s
        CAse "first" '单击“首页”按钮
            MyDataGrid.CurrentPageIndex=0 '将当前页的索引置为 0
        CAse "prev"
            If MyDataGrid.CurrentPageIndex>0 Then '判断当前页的索引是否大于 0
                MyDataGrid.CurrentPageIndex -=1
            End If
        CAse "next"
            If MyDataGrid.CurrentPageIndex<MyDataGrid.PageCount-1 Then
            '判断当前页的索引是否小于总页数
                MyDataGrid.CurrentPageIndex +=1
            End If
        CAse "lAst"
            MyDataGrid.CurrentPageIndex=MyDataGrid.PageCount-1 '总页数减 1 为当前索引值
        End Select
        Call MyDataGridBind() '重新绑定数据
    End Sub
    Sub BtnBtss_Click(SEnder As Object,E As Eventargs)
        MyDataGrid.CurrentPageIndex=0
        Dim btss As String
        btss = Trim(TxtBtss.Text)
        If btss = "" Then
            LblMcts.Text = "请输入项目名称"
        Else
            LblMcts.Text = ""
            If ssbmcx="全部" Then
                If ssnf="全部" Then
                    mysql="select *  from kyxmcx where xmmc like '%"& btss &"%' "
                Else
                    mysql="select *  from kyxmcx where substring(lxsj,1,4) = '"& ssnf &"'
and xmmc like '%"& btss &"%'"
                End If
            Else
                If ssnf="全部" Then
                    mysql="select *  from kyxmcx where ssbm = '"& ssbmcx &"' and xmmc like
'%"& btss &"%' "
                Else
                    mysql="select *  from kyxmcx where ssbm = '"& ssbmcx &"' and
substring(lxsj,1,4) = '"& ssnf &"' and xmmc like '%"& btss &"%'"
                End If
            End If
            mycomm=New Sqlcommand(mysql,myconn)  '建立 Command 对象
            mydata = New SqlDataAdapter(mycomm)  '建立 SqlDataAdapter 对象
            myset = New DAtaset()    '建立 DataSet 对象
            mydata.Fill(myset,"jhjun") '填充 DataSet
            MyDataGrid.DataSource=myset.tables("jhjun")  '指定数据源
            MyDataGrid.DataBind() '执行绑定
            mytable = myset.tables("jhjun")
            LblMsg.Text="当前是第" & MyDataGrid.CurrentPageIndex+1 & "页/共" &
```

```
MyDataGrid.PageCount & "页"
                LblJlsm.Text =  mytable.Rows.Count
            End If
        End Sub
        Sub BtnXmss_Click(SEnder As Object,E As Eventargs)
            MyDataGrid.CurrentPageIndex=0
            Dim xmss As String
            xmss = Trim(TxtXmss.Text)
            If xmss = "" then
                LblXmts.Text = "请输入姓名"
            Else
                LblXmts.Text = ""
                If ssbmcx="全部" Then
                    If ssnf="全部" Then
                        mysql="select *  from kyxmcx where xm like '%"& xmss &"%' "
                    Else
                        mysql="select *  from kyxmcx where substring(lxsj,1,4) = '"& ssnf &"'
and xm like '%"& xmss &"%'"
                    End If
                Else
                    If ssnf="全部" Then
                        mysql="select *  from kyxmcx where ssbm = '"& ssbmcx &"' and xm like
'%"& xmss &"%' "
                    Else
                        mysql="select *  from kyxmcx where ssbm = '"& ssbmcx &"' and
substring(lxsj,1,4) = '"& ssnf &"' and xm like '%"& xmss &"%'"
                    End If
                End If
                mycomm=New Sqlcommand(mysql,myconn)  '建立 Command 对象
                mydata = New SqlDataAdapter(mycomm)  '建立 SqlDataAdapter 对象
                myset = New DatAset()    '建立 DataSet 对象
                mydata.Fill(myset,"jhjun") '填充 DataSet
                MyDataGrid.DataSource=myset.tables("jhjun")  '指定数据源
                MyDataGrid.DataBind() '执行绑定
                mytable = myset.tables("jhjun")
                LblMsg.Text="当前是第" & MyDataGrid.CurrentPageIndex+1 & "页/共" &
MyDataGrid.PageCount & "页"
                LblJlsm.Text =  mytable.Rows.Count
            End If
        End Sub
    </script>
<!—以下是界面主要控件代码-->
    <form runat="server">
    姓名: <asp:TextBox ID="TxtXmss" Width="200px" runat="server" />
    <asp:Label ID="LblXmts" ForeColor="#FF3300"  runat="server" />
    <br>
    项目名称: <asp:TextBox ID="TxtBtss" Width="200px" runat="server" />
    <asp:Button ID="BtnBtss" OnClick="BtnBtss_Click" Width="100px" runat="server" Text="
搜索" />
     <asp:Label ID="LblMcts" ForeColor="#FF3300"  runat="server" />
    <br>
    <Asp:datagrid ID="MyDataGrid"  runat="server" AllowPaging="true"
    HeaderStyle- BackColor="#CCCCCC"
    AutoGenerateColumns="false"  PageSize="20"  PagerStyle-Visible="false"  Width="90%"
DataKeyField="id"
```

```
        >
          <columns>
          <ASP:TEMPLATECOLUMN   HeaderText="序号"
         ItemStyle-Width="20%">
            <ITEMTEMPLATE> <%# Container.ItemIndex + 1%> </ITEMTEMPLATE>
          </ASP:TEMPLATECOLUMN>
            <asp:hyperlinkcolumn  DataTextField="xm"  DataNavigateUrlField="id"  Data
NavigateUrlFormatString="jsxxll.aspx?id={0}"    FooterStyle-Font-Size="14px"    Target
="_blank"  HeaderText ="姓名" ></asp:hyperlinkcolumn>
          <Asp:boundcolumn DataField="xmmc"  HeaderText="项目名称"></Asp:boundcolumn>
          <Asp:boundcolumn DataField="lxdw"  HeaderText="立项单位"></Asp:boundcolumn>
          <Asp:boundcolumn DataField="fzr"   HeaderText="负责人"></Asp:boundcolumn>
          <Asp:boundcolumn DataField="cy"    HeaderText="成员"></Asp:boundcolumn>
          <Asp:boundcolumn DataField="xmlb"  HeaderText="项目类别"></Asp:boundcolumn>
          <Asp:boundcolumn DataField="cgxs"  HeaderText="成果形式"></Asp:boundcolumn>
          <Asp:boundcolumn DataField="xmzj"  HeaderText="项目资金"></Asp:boundcolumn>
          <Asp:boundcolumn DataField="lxsj"  HeaderText="立项时间"></Asp:boundcolumn>
          <Asp:boundcolumn DataField="jtsj"  HeaderText="结题时间"></Asp:boundcolumn>
          </columns>
        </Asp:datagrid>
    </form>
```

本章小结

本章以开发教师信息管理系统为例，重点介绍了实现该系统的数据库的分析设计过程，并结合 ASP.NET 技术进行具体编程设计实现。通过本章的学习，不仅系统性地复习了 SQL Server 2005 的知识，而且对基于 SQL Server 2005 开发管理信息系统起到抛砖引玉的作用。

附　录

销售数据库设计和规范化

SQL Server 是典型的关系型数据库管理系统。关系型数据库的设计是为了生成一组关系模式，使人们既不需存储不必要的冗余信息，又方便获取信息。数据库设计的方法是首先建立 E-R 模型，然后将 E-R 模型转换为关系模型，最后对关系模型进行规范化处理。

附录以一个简化的销售数据库为实例，讲解数据库的设计和规范化过程，目的是使读者了解这一设计过程。读者可以在学习之后再对该数据库进行适当的扩充和完善。

附录 1　建立 E-R 模型

E-R 模型（实体-联系，Entity-Relationship）是用 E-R 图来表示的，它是企业运营方式的信息化描述。企业规则的变化直接影响着 E-R 图的结构和实体间的联系。E-R 图直观易懂，是系统开发人员和企业客户之间很好的沟通媒介。E-R 图有 3 个要素。

1. 实体：指客观存在并可相互区分的事物，可以是人、物，也可以是某些概念或事物与事物之间的联系。例如员工、商品、销售等实体。在 E-R 图中使用矩形框表示，框内写上实体名。

2. 属性：指实体具有的特征。例如，员工实体的属性有编号、姓名、性别、部门、电话、地址等；销售实体的属性有销售编号、商品编号、数量、销出时间等。在 E-R 图中使用椭圆框表示，框内写上属性名，并用无向边与其实体相连。

3. 联系：指实体之间的相互关联，实体间的联系可以分为一对一、一对多、多对多 3 种类型。例如，员工实体和销售实体之间的联系是“员工进货”，这是一对多的联系，即一个员工可以有多次销售记录，一次销售记录只可以由一个员工完成。联系在 E-R 图中使用菱形框表示，并以适当的含义命名，名字写在菱形框中，用无向连线将参加联系的实体矩形框分别与菱形框相连，并在连线上标明联系的类型，即 1-1、1-N 或 N-M。

销售数据库的 E-R 图表示如图附录 1 所示。

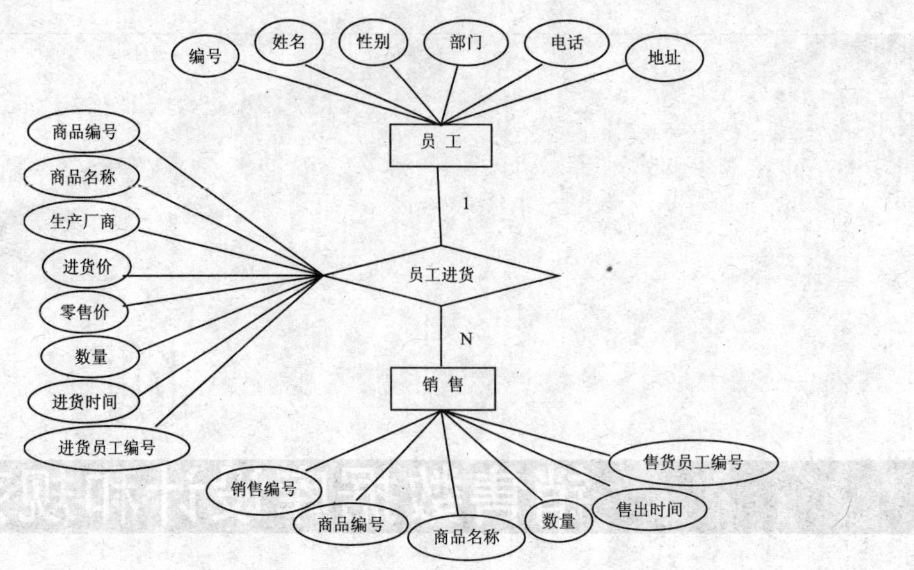

附录 1　销售数据库的 E-R 图

附录 2　E-R 图转换为关系模型

在关系型数据库中，关系模型就是用二维表格来表示实体及实体之间联系的模型。将 E-R 图转换为关系模型的方法是：将一个实体或一个联系转换为一个表，实体的属性以及联系的属性就是表中的列，实体标识符就是表的主关键字。

将图 13.1 所示的销售数据库的 E-R 图转换为关系模型，则有以下 3 个表。

1. 用 Employees 表表示员工实体，该表有编号、姓名、性别、部门、电话、地址等列。编号是该表的主键，能唯一的标识表中的每一行。

2. 用 goods 表表示员工进货联系，该表有商品编号、商品名称、生产厂商、进货价、零售价、数量、进货时间、进货员工编号等列。商品编号是该表的主键，能唯一的标识表中的每一行。

3. 用 sell 表表示商品销售表实体，该表有销售编号、商品编号、商品名称、生产厂商、数量、售出时间、售货员工编号等列。销售编号是该表的主键，能唯一的标识表中的每一行。

附录 3　关系模型的规范化

规范化的目的是为了使表的结构更加合理，消除存储异常，减少数据冗余，便于插入、删除和更新数据，提高存储效率。关系数据库中可以使用 3 个规范化模式来对关系模型进行规范化处理。3 个范式如表附录 1 所示。

表附录 1　　规范化模式

范　式	内　容
第一范式	组成一个关系的每个属性都是不可再分割的数据项
第二范式	在满足第一范式的前提下，关系中的每一个非主属性都完全函数依赖于主键
第三范式	在满足第二范式的前提下，关系中的任何一个非主属性都不传递依赖于任何主键

下面对销售数据库关系模型中建立的 3 个表进行规范化处理。

1. 是否满足第一范式

Employees 表中的所有属性都是不可再分割的数据项。例如，不能将员工的编号和姓名两个属性放在同一列中显示，也不能将编号分割为“编”和“号”两个列。goods 表和 sell 表也都满足第一范式的要求。

2. 在满足第一范式的前提下，是否满足第二范式

在 Employees 表中,每一行只表示一个员工的信息，通过主键编号可以唯一的确定一个员工的姓名、性别、部门、电话或地址等非主属性，即 Employees 表的所有非主属性都完全函数依赖于主键，所以 Employees 表满足第二范式的要求。同样分析 goods 表和 sell 表，也都满足第二范式的要求。

销售数据库中各个表的主键都只由一个属性构成，分析起来比较简单。如果一个表的主键由两个属性构成，则要判断每一个非主属性是完全函数依赖还是部分依赖于主键，如果是部分依赖，就要删除产生部分依赖的非主属性。例如，假设学生成绩表的属性为课程编号、学号、成绩、考试时间，其中主键是“(课程编号，学号)”，而考试时间只依赖于主键中的课程编号这一部分，所以考试时间属性是部分依赖于主键，应该在此表中删除。

3. 在满足第二范式的前提下，是否满足第三范式

在 sell 表中，商品编号依赖于销售编号，而商品名称则依赖于商品编号，所以商品名称传递依赖于销售编号。sell 表不满足第三范式的要求，应该删除商品名称属性，消除传递依赖关系。同样分析 Employees 表和 goods 表，也都满足了第三范式的要求。

参考文献

[1] 杨志国，王小琼，李世娇. 站长札记：SQL Server 2005. 北京：电子工业出版社，2007.

[2] Budk Woody. SQL Server 2005 管理员指南. 北京：清华大学出版社，2007.

[3] 飞狼. SQL Server 2005 数据库管理与应用指南. 北京：人民邮电出版社，2007.

[4] 施威铭研究室. SQL Server 2000 设计务实. 北京：人民邮电出版社，2001.

[5] 微软公司. 数据库程序设计——SQL Server 2000 数据库程序设计. 北京：高等教育出版社，2004.

[6] 郑阿奇. SQL Server 实用教程. 北京：电子工业出版社，2002.

[7] 尚俊杰. ASP.NET 程序设计. 北京：清华大学出版社，北京交通大学出版社，2004.

[8] 高精和. 精通 ASP.NET 程序设计. 北京：中国铁道出版社，2001.